高等职业教育精品工程规划教材

Pro/Engineer Wildfire 5.0 中文版应用与实训教程

陈建荣 主 编

林绢华 徐承意 易平波 副主编

陈智刚 主 审

电子工业出版社
Publishing House of Electronics Industry
北京·BEIJING

内 容 简 介

本书以最新中文版 Pro/E 野火 5.0 为操作平台,结合精选经典案例,针对 Pro/ENGINEER Wildfire 5.0 的二维草图、零件设计、装配设计、模具设计、工程图等模块进行全面介绍。本书注重职业技能的培养,突出实践动手能力。本书浅显易懂、内容详细、步骤完整,使读者在学习过程中可轻松地根据书中的步骤进行操作,以达到熟练运用的目的。

本书既适合作为高职高专院校的模具、数控、机电一体化、计算机辅助设计、材料成型及汽车等专业的教材,也可作为应用型本科、成人教育、自学考试、中职学校和培训班的教材,以及供从事产品开发、模具设计工作的工程设计人员学习使用。

本书随书所附光盘内容除书中范例、练习源文件外,还提供了全程操作的多媒体视频教学录像,方便读者学习时使用。

未经许可,不得以任何方式复制或抄袭本书之部分或全部内容。
版权所有,侵权必究。

图书在版编目(CIP)数据

Pro/Engineer Wildfire 5.0 中文版应用与实训教程 / 陈建荣主编. —北京:电子工业出版社,2014.5
高等职业教育精品工程规划教材

ISBN 978-7-121-22463-8

Ⅰ. ①P… Ⅱ. ①陈… Ⅲ. ①机械设计—计算机辅助设计—应用软件—高等职业教育—教材 Ⅳ. ①TH122

中国版本图书馆 CIP 数据核字(2014)第 025897 号

责任编辑:郭乃明　　特约编辑:范 丽
印　　刷:北京京师印务有限公司
装　　订:北京京师印务有限公司
出版发行:电子工业出版社
　　　　　北京市海淀区万寿路 173 信箱　邮编　100036
开　　本:787×1 092　1/16　印张:20.5　字数:524.8 千字
印　　次:2014 年 5 月第 1 次印刷
印　　数:3 000 册　定价:45.00 元(含光盘 1 张)

凡所购买电子工业出版社图书有缺损问题,请向购买书店调换。若书店售缺,请与本社发行部联系,联系及邮购电话:(010) 88254888。

质量投诉请发邮件至 zlts@phei.com.cn,盗版侵权举报请发邮件至 dbqq@phei.com.cn。

服务热线:(010) 88258888。

前 言

Pro/ENGINNER（简称 Pro/E）是由美国 PTC 公司开发的大型 CAD/CAM/CAE 集成软件。该软件广泛应用于工业产品的造型设计、机械设计、模具设计、加工制造、有限元分析、机械仿真及关系数据库管理等方面，是当今最优秀的三维设计软件之一。掌握应用软件 Pro/E 对于高职高专院校的学生来说是十分必要的，学习时应结合专业知识，了解软件的基本功能，学习利用软件解决专业中的实际问题。本书是编者积多年产品设计和从事教学的经验及体会，综合学校软件教学的特点而编写的。本书包含大量的工程实例，学习后不但可以学会软件功能，更能提高解决实际问题的能力。

本书与同类教材比较，有以下特点。

（1）知识覆盖面较广。全书包含了二维草图、零件设计、装配设计、模具设计、工程图等模块内容。

（2）在内容组织上突出"易懂、实用"的原则，精心选取了 Pro/E 的一些常用功能和工程实例来构成全书的主要内容。

（3）以实训项目带教学，以典型案例为主线，将理论知识融入到大量的实例中，使学生能够快速掌握绘图技能。

（4）通俗易懂，操作步骤叙述详尽，讲解由浅入深，循序渐进，既有基础知识又有高级应用。

（5）所附光盘内容非常丰富，不但提供了书中范例的零部件素材文件，而且提供了全程操作的多媒体视频教学录像，方便读者学习时使用。

本书所附光盘使用说明。

（1）实例源文件放置于"chap#"文件夹（#代表各项目号）中。

（2）供参考学习之用的操作视频文件放在光盘根目录下的"视频演示"文件夹中。

（3）操作视频文件为 avi 格式，读者可以通过相关的视频播放软件直接观看。

（4）注意：本书配套光盘中的实例所使用的软件版本是 Pro/E 野火 5.0，请使用 Pro/E 野火 5.0 及以上的版本打开配套光盘中的文件。建议读者事先将光盘中的内容复制到计算机硬盘中，以方便练习操作。

本书由江西现代职业技术学院陈建荣任主编，由江西现代职业技术学院林绢华、徐承意、易平波任副主编，由江西现代职业技术学院陈智刚教授主审，参加本书编写工作的还有南昌师范学院的万晓丹。其中项目四、七、八、九、十由陈建荣编写，项目一、二由林绢华编写，项目五由徐承意编写，项目三由易平波编写，项目六由万晓丹编写。全书由陈建荣统稿和定稿。

由于时间仓促，加之编者水平有限，书中难免存在疏漏之处，恳请各位同仁和广大读者予以批评指正。

编 者

目　录

项目一　Pro/ENGINEER Wildfire 5.0 基本操作 (1)

  1.1　Pro/ENGINEER Wildfire 5.0 功能简介 (2)
      1.1.1　Pro/ENGINEER 系统的参数化设计特性 (2)
      1.1.2　Pro/ENGINEER 的基本设计模式 (3)
  1.2　Pro/ENGINEER 的启动与退出 (3)
      1.2.1　启动 Pro/E Wildfire 5.0 (3)
      1.2.2　退出 Pro/E Wildfire 5.0 (4)
  1.3　Pro/ENGINEER Wildfire 5.0 界面 (4)
  1.4　鼠标的基本操作 (7)
  1.5　基本的文件管理操作 (8)
      1.5.1　新建文件 (8)
      1.5.2　打开文件 (9)
      1.5.3　保存文件 (10)
      1.5.4　拭除文件 (11)
      1.5.5　删除文件 (11)
      1.5.6　关闭文件与退出系统 (12)
  1.6　设置工作目录 (12)
  1.7　Config.pro 配置基础 (13)
  拓展练习 (14)

项目二　二维草图绘制 (15)

  2.1　草绘工作界面 (16)
      2.1.1　进入草绘工作界面 (16)
      2.1.2　"草绘器"工具栏 (16)
      2.1.3　"草绘器诊断工具"工具栏 (17)
      2.1.4　草绘命令工具栏 (17)
  2.2　几何图元的绘制 (17)
      2.2.1　绘制点与坐标系 (17)
      2.2.2　绘制直线 (18)
      2.2.3　绘制矩形 (19)
      2.2.4　绘制圆与椭圆 (20)
      2.2.5　绘制圆弧 (21)

  2.2.6 绘制样条曲线 ……………………………………………………………………（23）
  2.2.7 建立文本 ……………………………………………………………………（24）
  2.2.8 倒圆角与倒椭圆角 …………………………………………………………（25）
  2.2.9 绘制边 ………………………………………………………………………（26）
  2.2.10 调色板 ………………………………………………………………………（26）
 2.3 几何图元的约束 ……………………………………………………………………（27）
  2.3.1 几何约束的类型 ……………………………………………………………（27）
  2.3.2 解决过度约束 ………………………………………………………………（28）
  2.3.3 几何约束实例 ………………………………………………………………（28）
 2.4 几何图形的编辑 ……………………………………………………………………（29）
  2.4.1 选取图元 ……………………………………………………………………（29）
  2.4.2 几何图元的镜像 ……………………………………………………………（30）
  2.4.3 几何图元的平移、缩放、旋转 ……………………………………………（30）
  2.4.4 几何图元的修剪 ……………………………………………………………（31）
  2.4.5 几何图元的复制 ……………………………………………………………（32）
 2.5 几何图元的尺寸标注 ………………………………………………………………（32）
  2.5.1 尺寸强化 ……………………………………………………………………（33）
  2.5.2 尺寸标注 ……………………………………………………………………（33）
 2.6 尺寸标注的修改 ……………………………………………………………………（36）
 实训1 草图绘制综合训练一 …………………………………………………………（37）
 实训2 草图绘制综合训练二 …………………………………………………………（40）
 拓展练习 …………………………………………………………………………………（42）

项目三 创建基准特征 ……………………………………………………………………（46）

 3.1 基准特征概述 ………………………………………………………………………（46）
  3.1.1 创建基准特征的方法 ………………………………………………………（46）
  3.1.2 基准的显示与关闭 …………………………………………………………（47）
 3.2 创建基准平面 ………………………………………………………………………（47）
  3.2.1 "基准平面"对话框 ………………………………………………………（47）
  3.2.2 选取放置参照和约束 ………………………………………………………（47）
  3.2.3 参照选取方法和基准平面创建步骤 ………………………………………（48）
  3.2.4 基准平面特征创建实例 ……………………………………………………（48）
 3.3 创建基准轴 …………………………………………………………………………（50）
  3.3.1 基准轴对话框 ………………………………………………………………（51）
  3.3.2 参照选取方法及基准轴创建步骤 …………………………………………（51）
  3.3.3 基准轴的创建方法 …………………………………………………………（51）
  3.3.4 基准轴特征创建实例 ………………………………………………………（51）
 3.4 创建基准曲线 ………………………………………………………………………（53）
  3.4.1 草绘基准曲线 ………………………………………………………………（53）
  3.4.2 基准曲线 ……………………………………………………………………（53）

  3.4.3　基准曲线特征创建实例一 ……………………………………………（53）
  3.4.4　基准曲线特征创建实例二 ……………………………………………（55）
 3.5　创建基准点 ……………………………………………………………………（55）
  3.5.1　基准点的创建方式 ……………………………………………………（56）
  3.5.2　创建基准点（一般基准点） …………………………………………（56）
  3.5.3　基准点特征创建实例 …………………………………………………（56）
  3.5.4　创建偏移坐标系基准点 ………………………………………………（58）
  3.5.5　创建域基准点 …………………………………………………………（58）
 3.6　创建坐标系 ……………………………………………………………………（58）
  3.6.1　"坐标系"对话框 ………………………………………………………（58）
  3.6.2　坐标系创建实例 ………………………………………………………（59）
 实训3　基准特征综合训练 …………………………………………………………（61）
  拓展练习 …………………………………………………………………………（66）

项目四　基础建模特征 ……………………………………………………………（68）

 4.1　基础知识 ………………………………………………………………………（69）
  4.1.1　草绘平面与参照平面的概念 …………………………………………（69）
  4.1.2　伸出项与切口 …………………………………………………………（69）
  4.1.3　创建实体特征的基本方法 ……………………………………………（69）
 4.2　创建拉伸特征 …………………………………………………………………（70）
  4.2.1　拉伸特征介绍 …………………………………………………………（70）
  4.2.2　拉伸特征建模实例 ……………………………………………………（71）
 4.3　旋转特征 ………………………………………………………………………（75）
  4.3.1　旋转特征介绍 …………………………………………………………（75）
  4.3.2　旋转特征建模实例 ……………………………………………………（76）
 4.4　扫描特征 ………………………………………………………………………（79）
  4.4.1　确定扫描轨迹线 ………………………………………………………（79）
  4.4.2　设置属性参数 …………………………………………………………（80）
  4.4.3　扫描特征建模实例一 …………………………………………………（81）
  4.4.4　扫描特征建模实例二 …………………………………………………（82）
  4.4.5　扫描特征建模实例三 …………………………………………………（84）
 4.5　混合特征 ………………………………………………………………………（86）
  4.5.1　混合实体特征基本概念 ………………………………………………（86）
  4.5.2　平行混合特征建模实例一 ……………………………………………（87）
  4.5.3　平行混合特征建模实例二 ……………………………………………（89）
  4.5.4　旋转混合特征建模实例 ………………………………………………（90）
  4.5.5　一般混合特征建模实例 ………………………………………………（92）
 4.6　可变截面扫描特征 ……………………………………………………………（93）
  4.6.1　可变截面扫描特征建模实例一 ………………………………………（94）
  4.6.2　可变截面扫描特征建模实例二 ………………………………………（96）

4.7 螺旋扫描特征 (97)
  4.7.1 螺旋扫描特征建模实例一 (98)
  4.7.2 螺旋扫描特征建模实例二 (99)
  4.7.3 螺旋扫描特征建模实例三 (101)
4.8 扫描混合特征 (103)
  4.8.1 扫描混合特征建模实例 (103)
实训4 泵体模型的创建 (107)
实训5 塑料瓶模型的创建 (112)
拓展练习 (117)

项目五 创建工程特征 (123)

5.1 孔特征 (123)
  5.1.1 孔特征建模综合实例 (125)
5.2 壳特征 (131)
  5.2.1 壳特征建模实例 (131)
5.3 倒圆角特征 (132)
  5.3.1 倒圆角特征建模实例 (134)
5.4 倒角特征 (137)
  5.4.1 倒角特征建模实例 (137)
5.5 创建筋特征 (139)
  5.5.1 创建轮廓筋特征 (139)
  5.5.2 轮廓筋特征建模实例 (140)
  5.5.3 创建轨迹筋特征 (141)
  5.5.4 轨迹筋特征建模实例 (141)
5.6 拔模特征 (142)
  5.6.1 拔模特征建模实例 (143)
实训6 底座模型的创建 (144)
实训7 滚轮模型的创建 (146)
拓展练习 (149)

项目六 特征的操作与修改 (152)

6.1 镜像 (152)
6.2 特征操作 (153)
  6.2.1 特征操作功能介绍 (153)
  6.2.2 特征复制 (153)
  6.2.3 【新参照】方式复制 (154)
  6.2.4 【镜像】方式复制 (154)
  6.2.5 【移动】方式复制 (154)
  6.2.6 复制特征建模实例 (155)
6.3 特征阵列 (157)

6.3.1　阵列概述 ……………………………………………………………………（157）
　　　6.3.2　阵列特征的分类 ……………………………………………………………（157）
　　　6.3.3　尺寸阵列特征建模实例 ……………………………………………………（157）
　　　6.3.4　轴、填充阵列特征建模实例 ………………………………………………（160）
　　　6.3.5　曲线阵列特征建模实例 ……………………………………………………（162）
　实训8　塑料盖模型的创建 ……………………………………………………………（162）
　实训9　机箱外壳模型的创建 …………………………………………………………（167）
　拓展练习 …………………………………………………………………………………（171）

项目七　零件装配 ………………………………………………………………………（174）

　7.1　新建组件文件 ………………………………………………………………………（175）
　7.2　元件放置 ……………………………………………………………………………（175）
　7.3　装配约束 ……………………………………………………………………………（177）
　7.4　装配状态 ……………………………………………………………………………（180）
　实训10　虎钳的装配 ……………………………………………………………………（181）
　实训11　调节阀的装配 …………………………………………………………………（188）
　7.5　装配相同零件 ………………………………………………………………………（192）
　　　7.5.1　【重复】功能 ………………………………………………………………（192）
　　　7.5.2　创建镜像零件 ………………………………………………………………（192）
　　　7.5.3　创建镜像元件装配实例 ……………………………………………………（193）
　7.6　组件分解 ……………………………………………………………………………（193）
　　　7.6.1　创建分解视图的方法 ………………………………………………………（193）
　　　7.6.2　创建分解视图实例 …………………………………………………………（194）
　　　7.6.3　创建修饰偏移线 ……………………………………………………………（195）
　拓展练习 …………………………………………………………………………………（196）

项目八　曲面设计 ………………………………………………………………………（202）

　8.1　曲面的创建方式 ……………………………………………………………………（203）
　8.2　与实体特征相似的曲面特征 ………………………………………………………（203）
　　　8.2.1　创建扫描曲面实例 …………………………………………………………（204）
　　　8.2.2　创建可变剖面扫描曲面实例 ………………………………………………（204）
　　　8.2.3　创建填充曲面特征实例 ……………………………………………………（206）
　8.3　边界混合曲面 ………………………………………………………………………（207）
　　　8.3.1　创建边界混合曲面实例 ……………………………………………………（209）
　8.4　曲面复制 ……………………………………………………………………………（211）
　　　8.4.1　曲面复制实例 ………………………………………………………………（211）
　8.5　延伸曲面 ……………………………………………………………………………（212）
　　　8.5.1　延伸曲面实例 ………………………………………………………………（213）
　8.6　曲面修剪 ……………………………………………………………………………（214）
　　　8.6.1　曲面修剪实例 ………………………………………………………………（215）

8.7 曲面偏移 (218)
　　8.7.1 曲面偏移实例 (219)
8.8 曲面合并 (219)
　　8.8.1 曲面合并操作实例 (220)
8.9 曲面加厚 (221)
8.10 曲面的实体化操作 (221)
　　8.10.1 实体化操作实例 (222)
实训12 瓶盖模型的创建 (223)
实训13 扇叶模型的创建 (227)
拓展练习 (235)

项目九 典型模具设计 (238)

9.1 模具设计流程 (238)
9.2 模具设计文件管理 (240)
　　9.2.1 创建模具设计专用工作目录 (240)
　　9.2.2 模具设计产生的文件 (240)
　　9.2.3 模具中各组件的命名方法 (241)
实训14 轮架模具设计 (241)
实训15 电话机外壳模具设计 (251)
实训16 按键模具设计 (258)
实训17 对讲机外壳模具设计 (265)
9.3 模架及其他模具零件设计 (274)
　　9.3.1 EMX项目准备 (274)
　　9.3.2 加载标准模架 (276)
　　9.3.3 加载其他标准件 (281)
拓展练习 (284)

项目十 工程图设计 (287)

10.1 工程图环境简介 (288)
10.2 工程图设计基础 (288)
　　10.2.1 工程图配置文件中参数的设置 (289)
　　10.2.2 工程图模板的创建 (290)
10.3 创建工程视图、尺寸标注及技术要求的标注和编写 (294)
实训18 泵体零件工程图创建 (294)
10.4 工程视图的其他创建方法 (309)
实训19 轴类零件工程图创建 (309)
实训20 板类零件工程图创建 (313)
实训21 支架类零件工程图创建 (315)
拓展练习 (317)

项目一 Pro/ENGINEER Wildfire 5.0 基本操作

教学导航

【教学目标】
1. 了解 Pro/E 系统的参数化特征
2. 认识 Pro/E 工作界面
3. 掌握三键鼠标在 Pro/E 中的基本操作
4. 会进行文件操作与管理
5. 会 Pro/E 配置文件基本操作

【知 识 点】
1. Pro/E 工作界面
2. 文件操作与管理

【重点与难点】
1. 拭除和删除文件
2. 设置工作目录

【学习方法建议】
1. 课堂：多动手操作实践
2. 课外：课前预习，课后练习、勤于动脑，与所学过的知识联系应用

【建议学时】
2 学时

Pro/ENGINEER 系统是美国 PTC 公司推出的全参数化大型三维 CAD/CAM 一体化通用软件包。PTC 公司 1985 年成立于波士顿，现已发展为全球 CAD/CAE/CAM/PDM 领域最具代表性的著名软件公司，其软件产品的总体设计思想体现了 MDA（Mechanical Design Automation）软件的新发展，所采用的新技术比其他 MDA 软件具有优越性。

PTC 公司提出的单一数据库、参数化、基于特征、全相关及工程数据库再利用等概念改变了 CAD 的传统观念，这种全新的概念已成为当今世界机械 CAD/CAE/CAM 领域的标准。Pro/ENGINEER 软件的功能非常强大，有 80 多个专用模块，为工业产品设计提供了完整的解决方案，集零件设计、产品装配、模具开发、NC 加工、钣金设计、铸件设计、造型设计、逆向工程、自动测量、机构仿真、应力分析、产品数据库管理等功能于一身。它主要包括三维实体造型、装配模拟、加工仿真、NC 自动编程以及有限元分析等常规功能模块，同时也有模具设计、钣金设计、电路布线和装配管路设计等专有模块,以实现 DFM（Design For Manufacturing）、DFA（Design For Assemble）、ID（Inverse Design）以及 CE（Concurrent Engineering）等先进的设计方法和模式,广泛应用于机械、电子、汽车、模具、航空、航天、家电、工业设计等行业。

本项目主要介绍 Pro/ENGINEER Wildfire 5.0 简体中文版的一些入门知识。

1.1 Pro/ENGINEER Wildfire 5.0 功能简介

1.1.1 Pro/ENGINEER 系统的参数化设计特性

1. 三维实体模型

三维实体模型除了可以将用户的设计概念以最真实的模型在计算机上呈现出来之外,还可让用户随时计算出产品的体积、面积、质心、重量、惯性矩等,用以了解产品的真实性,并补足传统面框架、线框架的不足。用户在产品设计的过程中,可以随时掌握以上重点,设计物理参数,并减少许多人为计算时间。

2. 单一数据库

Pro/ENGINEER 可随时由三维实体模型产生二维工程图,而且自动标注工程图尺寸,在三维或二维图形上做尺寸修正时,其相关的二维图形或三维实体模型均自动修改,同时装配、制造等相关设计也会自动修改,如此可确保数据的正确性,并避免反复修改浪费时间。由于采用单一数据库,提供了所谓双向关联性的功能,此种功能也正符合了现代产业中所谓的同步工程观念。

3. 以特征作为设计单位

Pro/ENGINEER 是一个基于特征的实体模型建模工具。它可根据工程设计人员的习惯思维模式,以各种特征（Feature）作为设计的基本单位,方便地创建零件的实体模型。如孔（Hole）、倒角（Chamfer）、倒圆（Round）、筋板（Rib）和抽壳（Shell）等,均为零件设计的基本特征。用这种方法来建立形体,更自然、更直观,无须采用复杂的几何设计方式;可以随意勾画草图,轻松改变模型。这一功能也被称为特征驱动。

此外,因为以特征作为设计的单元,工程技术人员可以在设计过程中导入实际制造观念,在模型中可随时对特征做合理、不违反几何规则之顺序调整（Reorder）、插入（Insert）、删除（Delete）、重新定义（Redefine）等修正操作。

图 1-1 所示即为由一个个特征创建的模型。

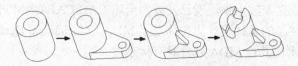

图 1-1

4. 参数式设计

Pro/ENGINEER 是一个参数化系统,在工程设计中,用可变参数而不是固定尺寸表达零件形状或部件装配关系,即通过设置参数就可以表达零件形状或部件装配关系,同时也允许通过改变参数以完成零件的形状或部件的装配关系的修改。这样,工程设计人员可任意建立形体尺寸和功能之间的关系。任何一个参数改变，其相关的特征也会自动修正，以保持设计者的设计意图。当特征之间存在参考关系时，特征之间即产生所谓的父/子（parent/child）关系。同时，模型参数不仅表达模型的形状，而且具有实际的物理意义。通过引用系统参数（System parameters）或设置用户定义参数（User-defined parameters），设计人员可以方便地得出模型的体积、面积、质心、重量、惯性矩。Pro/ENGINEER 是第一个参数化实体建模系统，而参数化设计实际上已成为 CAD/CAM 系统的发展趋势。

正因为采用参数化设计，在设计过程中，工程技术人员可以随时改变模型的驱动尺寸，还可以通过加入关系式（Relations）增加特征之间的参数关系。关系式是数学方程，用于驱动模型，并提高捕捉设计意图层次的关联尺寸或其他参数，通过关系式可以减少模型的独立驱动尺寸，这样在修改模型时可以减少逐一修改尺寸的工作，并可减少错误发生。

1.1.2 Pro/ENGINEER 的基本设计模式

在 Pro/ENGINEER 中，要将某个设计从构想变成所需的产品时，通常要经过 3 个基本的 Pro/E 设计环节，即零件设计环节、组件设计环节和绘图设计环节。每个基本设计环节都被视为独立的 Pro/E 模式，拥有各自的特性、文件扩展名和与其他模式之间的关系。

1. 零件设计模式

零件设计模式的文件扩展名为.prt。在零件设计模式下可以创建和编辑拉伸、旋转、扫描、混合、倒圆角和倒角等特征，这些特征便构成了零件模型。

2. 组件设计模式

组件设计模式的文件扩展名为.asm。零件创建好之后，可以使用组件设计模块创建一个空的组件文件，并在该组件文件中装配各个零件，以及为零件分配其在成品中的位置。同时，为了更好地检查或显示零件关系，可以在组件中定义分解视图。

在组件设计模式下，还可以很方便地规划组件框架等，例如，使用骨架模型，从而实现自顶而下设计。

在组件中可以使用模型分析工具来测量组件的质量属性和体积等，分析整个组件中的各个元件之间是否存在干涉现象，以便完善组件设计。

3. 绘图设计模式

绘图设计模式也俗称工程图模式，其文件扩展名为.drw。在绘图设计模式下，可直接根据三维零件和组件文件中所记录的尺寸，为设计创建成品精确的机械工程图。在 Pro/ENGINEER 绘图设计模式下，用户可以根据设计情况有选择性地显示和拭除来自三维模型中的尺寸、形位公差和注释等项目。

1.2 Pro/ENGINEER 的启动与退出

1.2.1 启动 Pro/E Wildfire 5.0

有如下三种方法。

方法 1：双击桌面快捷方式。

按照安装说明安装 Pro/ENGINEER Wildfire 5.0 软件后，若在 Windows 操作系统桌面上出现

Pro/ENGINEER Wildfire 5.0 快捷方式图标,那么双击该快捷方式图标,即可启动 Pro/ENGINEER Wildfire 5.0。

方法 2: 使用"开始"菜单方式。

进入 Windows 后,执行【开始】→【程序】→【PTC】→【Pro ENGINEER】→【Pro ENGINEER】命令,即可打开 Pro/ENGINEER Wildfire 5.0 系统。

方法 3: 双击运行 **Pro/ENGINEER** 系统安装路径中 **Bin** 文件夹下的"**proe.bat**"文件。

1.2.2 退出 Pro/E Wildfire 5.0

有如下两种主要方式。

1. 在菜单栏中,选择【文件】→【退出】命令。
2. 单击 Pro/ENGINEER Wildfire 5.0 界面右上角的 ✕ (关闭) 按钮。

1.3 Pro/ENGINEER Wildfire 5.0 界面

启动 Pro/ENGINEER 中文野火版 5.0 程序,新建一个文件或者打开一个已存在的文件,便可以看到一个完整的主操作界面。

Pro/ENGINEER 中文野火版 5.0 的工作界面由标题栏、菜单栏、工具栏、导航区、图形设计区(即用于显示模型的图形窗口)、信息提示区等组成,如图 1-2 所示。各组成部分的主要功能及含义如下。

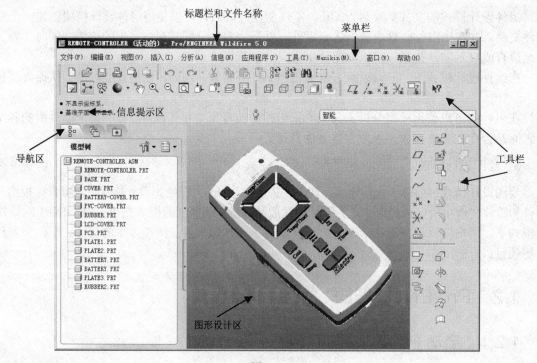

图 1-2

1. 标题栏

标题栏位于 Pro/ENGINEER Wildfire 5.0 主窗口界面的最上方,在标题栏中显示了当前应用程序（软件）名称。当新建或打开模型文件时，在标题栏中还显示出该文件的名称，若该文件是当前活动的，则在该文件名称后面显示"活动的"字样。如果同时打开多个相同或不同的模型窗口，则只能有一个窗口是活动（激活）的。

在标题栏右侧部位，提供了几个实用的按钮，包括■（最小化）按钮、■（最大化）按钮和■（关闭）按钮。

2. 菜单栏

菜单栏位于标题栏的下方。通常，不同设计模式的菜单栏项目会有所不同。例如，在零件设计主模式下，菜单栏上包含10个主菜单项目，如图1-3所示。

文件(F)　编辑(E)　视图(V)　插入(I)　分析(A)　信息(N)　应用程序(P)　工具(T)　窗口(W)　帮助(H)

图 1-3

- 【文件】：主要用于文件的管理，包括新建、打开、保存、保存为副本、拭除、打印以及输出对象等命令。
- 【编辑】：主要用于对现有特征进行操作，除基本的复制、粘贴功能外，还能执行曲面的编辑操作、特征操作等。
- 【视图】：主要用于对当前环境的视图、特征的外观，系统的显示设置进行调整。
- 【插入】：主要用于对当前模型进行添加特征等操作。
- 【分析】：主要用于测量模型的物质性质，对曲线和曲面性质进行分析。
- 【信息】：主要用于查阅当前模型的相关信息。
- 【应用程序】：主要用于标准模块和其他应用模块之间的切换。
- 【工具】：主要用于设置选项、快捷键、环境和定制屏幕等。
- 【窗口】：主要用于管理Pro/ENGINEER系统下的多个窗口。
- 【帮助】：主要用于给用户提供常见帮助信息和技术支持。

3. 工具栏

Pro/ENGINEER提供了各种实用而直观的工具栏，在这些工具栏上集中了常用的工具按钮。系统允许用户根据需要或者操作习惯，对相关的工具栏进行设置，例如设置调用哪些工具栏，自定义工具栏上的命令按钮以及设置相关工具栏在屏幕中的显示位置等。

4. 导航区

在系统默认状态下，导航区位于主操作界面（窗口）的左侧位置。导航区内一共具有3个选项卡，从左到右分别为■（模型树）、■（文件夹浏览器）和■（收藏夹）选项卡，见图1-4。

模型树

文件夹浏览器

收藏夹

图 1-4

表 1-1 给出了导航区各选项卡的主要功能与用途。

表 1-1 导航区各选项卡主要功能与用途

导航区选项卡	主要功能和用途
（模型树）	模型结构以分层（树）形式显示，根对象（当前零件或组件）位于树的顶部，附属对象（零件或特征）位于下部
（文件夹浏览器）	"文件夹浏览器"是一个可扩展的树，通过它可以浏览文件系统以及计算机上可供访问的其他位置；导航某个文件夹时，该文件夹中的内容就出现在 Pro/ENGINEER 的浏览器中
（收藏夹）	可将所喜爱的链接保存到"收藏夹"导航器中；在"收藏夹"导航器中可包含到目录、Web 位置或"Windchill 属性"页面的链接

5．图形设计区

图形设计区，也称图形窗口或者模型窗口，是显示模型、坐标系、基准平面等的区域，是设计工作的焦点区域。

如果用户不满意现有默认的系统颜色，例如图形区域的背景色，则可以自行设置。下面以将图形区域的背景色设置为白色为例，其具体的设置方法如下：

（1）选择菜单命令【视图】→【显示设置】→【系统颜色】，打开如图 1-5 所示的"系统颜色"对话框。

（2）在"图形"选项卡上，取消"混合背景"复选框的勾选状态。

（3）单击"背景"复选框左侧的颜色按钮，打开如图 1-6 所示的"颜色编辑器"对话框。在"颜色编辑器"对话框中，将颜色设置为白色，然后单击【关闭】按钮。

图 1-5

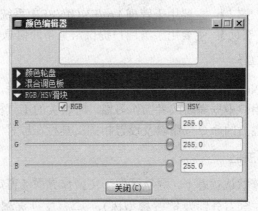

图 1-6

（4）单击"系统颜色"对话框中的【确定】按钮，接受新配色方案。

6．信息提示区

本书所述的信息区包括信息提示区、操控板以及状态栏等，如图 1-7 所示，注意有些资料将信息提示区称为消息区，并将其归纳在操控板的范畴内。初学者应该多留意信息提示区显示的内容，以便能够更好地掌握命令操作。

对于不同的提示信息，系统的文字图标也不相同。系统将提示的信息分为 5 类，表 1-2 中列出了系统提供的 5 类信息。"信息提示栏"非常重要，在创建模型过程中，应该时时注意"信息提示栏"的提示，从而掌握问题所在，知道下一步应该作何选择。

图 1-7 信息区

在信息区的状态栏中,具有一个实用的选择过滤器列表框,它的功能是使用户根据设置的过滤条件快捷地在图形区域中选择所需的对象。例如,在零件设计模式的某特定操作状态下的选择过滤器列表框如图 1-8 所示,假设从该列表框中选择"基准"选项,那么则只能在图形区域中选择基准特征。

图 1-8

表 1-2 "信息提示栏"系统提示信息种类

图 标	信 息 种 类
	信息（Information）
	提示（Prompts）
	警告（Warning）
	错误（Error）
	严重错误（Critical）

1.4 鼠标的基本操作

在 Pro/ENGINEER 的使用中鼠标是一个很重要的工具,通过与其他键组合使用,可以完成各种图形要素的选择,还可以用来进行模型截面的绘制工作。需要注意的是,Pro/E 中使用的是有滚轮的三键鼠标。

表 1-3 列出了鼠标各键在不同模型创建阶段的用途。

表 1-3 鼠标各键在不同模型创建阶段的用途

使用类型	鼠标功能键	鼠标左键	鼠标中键	鼠标右键
二维草绘模式 （鼠标按键单独使用）		1. 画连续直线（样条曲线）。 2. 画圆（圆弧）	1. 终止画圆（圆弧）。 2. 完成一条直线（样条曲线），开始下一条（样条曲线）。 3. 取消画相切圆弧	弹出快捷菜单
三维模式	鼠标按键单独使用	选取模型	1. 旋转模型。有滚轮按下滚轮。 2. 有滚轮时,转动滚轮可缩放模型	在模型窗口或工具栏中单击将弹出快捷菜单
	与 Ctrl 键或 Shift 键配合使用	无	1. 与 Ctrl 键配合,并且上下移动鼠标可缩放模型。 2. 与 Ctrl 键配合,并且上下移动鼠标可旋转模型。 3. 与 Shift 键配合并且移动鼠标可平移模型	无

1.5 基本的文件管理操作

常用的文件操作包括新建文件、打开文件、保存文件、拭除文件、删除文件和关闭文件等，这些基本的文件操作命令都位于【文件】菜单中。

1.5.1 新建文件

在工具栏中单击 ▯ （创建新对象）按钮，或者在【文件】菜单中选择【新建】命令，可通过打开的"新建"对话框来创建一个新的文件。在 Pro/ENGINEER 系统中，可以创建多种类型的文件，如表 1-4 所示。

表 1-4　Pro/ENGINEER 文件类型

创建的文件类型	创建文件说明	文件后缀扩展名
草绘（Sketch）	创建二维图形	.sec
零件（Part）	创建实体零件、钣金件和主体零件等	.prt
组件（Assembly）	创建各类组件，包括"设计"、"互换"、"校验"、"处理计划"、"NC 模型"和"模具布局"等子类型组件	.asm
制造（Manufacturing）	创建三维零件及三维装配体的加工流程、模具型腔和铸造型腔等	.mfg
绘图（Drawing）	制作二维工程图	.drw
格式（Format）	制作工程图格式	.frm
报表（Report）	创建报表文件	.rep
图表（Diagram）	创建图表文件	.dgm
布局（Layout）	产品装配规划	.lay
标记（Markup）	创建标记文件	.mrk

下面以新建一个实体零件文件为例，说明具体的操作步骤。

1．单击 ▯ （创建新对象）按钮，打开"新建"对话框。

2．在"新建"对话框的"类型"选项组中，选中"零件"单选按钮；在"子类型"选项组中，选中"实体"单选按钮；在"名称"文本框中输入文件名 chap01，取消选中"使用缺省模板"复选框，以取消使用默认模板，此时"新建"对话框如图 1-9 所示。然后单击【确定】按钮。

3．弹出"新文件选项"对话框，在"模板"选项组中选择 mmns_part_solid，如图 1-10 所示，单击【确定】按钮。

图 1-9

图 1-10

4. 进入零件设计模式，此实体零件文件中存在着预定义好的 3 个基准平面（RIGHT 基准平面、TOP 基准平面、FRONT 基准平面）和一个基准坐标系（PRT_CSYS_DEF），如图 1-11 所示。

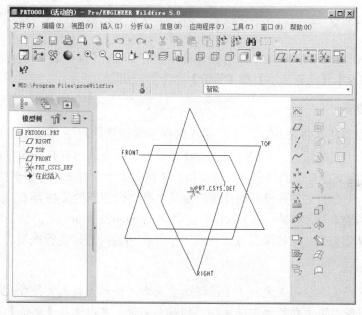

图 1-11

1.5.2 打开文件

运行 Pro/ENGINEER 系统后，在主操作界面的菜单栏中选择【文件】→【打开】命令，或者在工具栏中单击 ☞（打开现有对象）按钮，弹出"文件打开"对话框，查找到所需要的模型文件后，可以单击 预览▼ 按钮来预览模型，如图 1-12 所示。最后单击 打开 ▼ 按钮，完成文件的打开操作。

如果在"文件打开"对话框上单击 ■在会话中 按钮，则那些存在于系统进程内存中的文件便显示在对话框的文件列表框中，此时从中选择所需要的文件来打开即可。

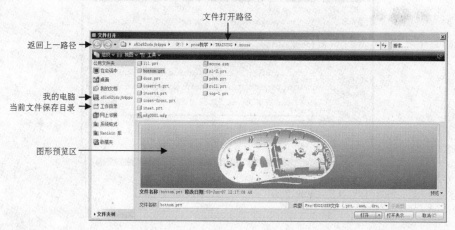

图 1-12

> **提示：**
> 从启用 Pro/ENGINEER 系统到关闭 Pro/ENGINEER 系统，可以将这个过程理解为一个进程。

在这期间,用户创建的或者打开的模型文件(即使用过的模型文件),都会存在于系统进程内存中,除非用户执行相关命令将其从内存中拭除。

1.5.3 保存文件

在 Pro/ENGINEER 系统中,保存文件的命令主要有 3 种:【保存】、【保存副本】和【备份】。下面分别介绍【保存】、【保存副本】和【备份】命令的应用。

1.【保存】命令

该命令的主要功能是将文件以原名的形式保存在其原来的目录下或在当前设定的工作目录下。该命令对应的工具按钮为 ▣ (保存)。选择【保存】命令,将打开"保存对象"对话框,第 1 次保存时可以指定文件存放的位置,当再次执行【保存】命令时就不可以更改了,选择【保存】命令每保存一次,先前的文件并没有被覆盖,而是系统会创建新的文件版本并附加一个数字式的文件扩展名来注明版本号,例如,第 1 次保存文件名为 chap01_1.prt.1,而第 2 次保存文件名则为 chap01_1.prt.2,以此类推。这种保存方式有利于文件在出现问题时进行恢复。

> **提示:**
> 这些通过保存而生成的同名文件(不妨将这些同名文件称为版本文件或过程文件)会占用一定的内存。若要清除当前工作目录下的这些旧的版本文件,可以选择【文件】菜单下的相关命令【删除】→【旧版本】来清除目录中除最新版本以外的其他所有版本。

2.【保存副本】命令

使用该命令可以保存活动对象的副本,副本的文件名不能与原文件名相同,也就是可以将当前活动的文件以新名形式保存在相同的或者不同的目录之下,并且可以根据设计需要为新文件指定系统所认可的数据类型,如图 1-13 所示。

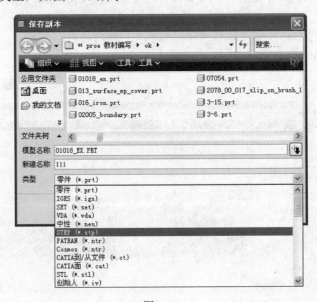

图 1-13

> **提示:**
> 【保存副本】命令执行后,当前文件并不会转变为保存的副本文件,这一点与 Word 等 Windows

程序中的【另存为】命令完全不同。

3.【备份】命令

该命令将当前文件同名备份到当前目录或一个其他目录中，它与【保存副本】命令的区别是：如果当前文件是一个装配文件，【保存副本】命令只保存当前的文件，【备份】命令却可以将所有的有关零件都复制到新目录中去。

4. 重命名

选择该命令可实现对当前工作界面中的模型文件重新命名。"重命名"对话框如图 1-14 所示。在"新名称"栏中输入新的文件名称，然后根据需要相应选择"在磁盘上和进程中重命名"（更改模型在硬盘及内存中的文件名称）或"在进程中重命名"（只更改模型在内存中的文件名称）选项。

> 提示：
> 任意重命名模型会影响与其相关的装配模型或工程图，因此重命名模型文件应该特别慎重。

1.5.4 拭除文件

选择【拭除】命令可将内存中的模型文件删除，但并不删除硬盘中的原文件。拭除文件的菜单命令如图 1-15 所示。

图 1-14

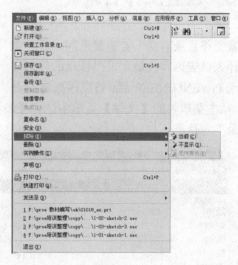

图 1-15

【当前】：将当前工作窗口中的模型文件从内存中删除。
【不显示】：将没有显示在工作窗口中，但存在于内存中的所有模型文件从内存中删除。

> 提示：
> 正在被其他模块使用的文件不能被拭除。

1.5.5 删除文件

删除文件和拭除文件是有区别的，删除文件是指将相应文件从磁盘中永久地删除。
当选择【文件】→【删除】→【旧版本】命令时，出现如图 1-16 所示的提示信息，输入对象名称或接受默认对象，然后单击 ✓（接受）按钮，则删除该文件所有旧版本。

当选择【文件】→【删除】→【所有版本】命令时，弹出"删除所有确认"对话框，单击【是】按钮，此时系统在信息区会出现删除结果的信息，如图 1-17 所示。

图 1-16   图 1-17

1.5.6 关闭文件与退出系统

在菜单栏中选择【文件】→【关闭窗口】命令，或者在菜单栏中选择【窗口】→【关闭】命令，可以关闭当前的窗口文件。以这类方式关闭文件后，其模型数据仍然存在于系统进程内存中。

在菜单栏中选择【文件】→【退出】命令，或者在标题栏中单击 ✕（关闭）按钮，可以退出 Pro/ENGINEER 系统。

倘若想在退出系统时，让系统询问是否要保存文件，那么需要将系统配置文件 Config.pro 的配置选项 prompt_on_exit 的值设置为 yes。有关系统配置文件选项的设置方法请参看本项目 1.7 节。

1.6 设置工作目录

设置工作目录有助于管理属于同一设计项目的模型文件，例如，存储和读取模型文件较为方便。设计人员应该养成规划工作目录的好习惯。

启动 Pro/ENGINEER 后，可以根据现有设计项目的需要，设置相应的工作目录。设置方法是：

1. 从主菜单栏的【文件】菜单中选择【设置工作目录】命令，打开如图 1-18 所示的"选取工作目录"对话框。

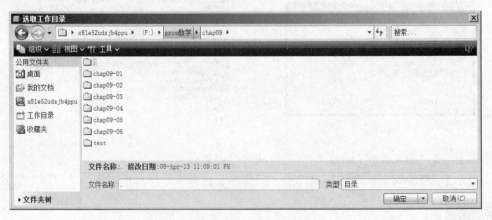

图 1-18

2. 在"选取工作目录"对话框中选择所需要的现有目录，或者单击对话框中的 📁（新建目录）按钮在指定位置新建一个文件夹作为所需要的工作目录。

3. 单击"选取工作目录"对话框的【确定】按钮。

使用上述方法设置工作目录，当退出 Pro/ENGINEER 时，系统不会保存新工作目录的设置。

另外，还可以更改系统启动时的默认工作目录，方法如下：

1. 右键单击 Pro/ENGINEER 快捷图标或者右键单击程序列表中的 Pro/ENGINEER 程序启动命令，接着从快捷菜单中选择【属性】命令，打开如图 1-19 所示的对话框。

2. 在"快捷方式"选项卡的"起始位置"文本框中输入有效的路径，例如"D:\partok"。

3. 单击对话框的【确定】按钮。

1.7 Config.pro 配置基础

Config.pro 是 Pro/ENGINEER 系统环境配置文件，它具有大量的选项，能够决定着系统运行的许多方面：如系统颜色、运行环境、运行界面、绘图、层、尺寸公差和一些高级命令工具的调

图 1-19

用等设置。config.pro 中的每个配置文件选项都包含一个由 Pro/ENGINEE 设置的默认值。如果不更改选项，Pro/ENGINEER 将使用默认值。

由于 Config.pro 选项众多，本书不一一介绍，下面通过一个典型操作实例来说明系统配置文件选项的一般设置方法。例如，为了要使一些高级命令工具在菜单中显示出来，需要将配置选项"allow_anatomic_features"的值设置为"yes"（其默认值为 no），其设置过程如下：

1. 单击【工具】下拉菜单的【选项】命令，打开"选项"对话框，如图 1-20 所示。

2. 在"选项"文本框中输入 allow_anatomic_features（用户也可只输入 allow，然后单击【查找】按钮，在列出的系列参数中选择 allow_anatomic_features 即可），在"值"一栏中输入"yes"，如图 1-21 所示。

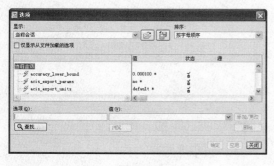

图 1-20

图 1-21

3. 单击【添加/更改】按钮，单击【应用】按钮，单击【关闭】按钮，完成"allow_anatomic_features"参数的设置。

> **提示：**
> 用户可单击"选项"对话框中的 按钮，打开一个已经保存的配置文件，供当前进程使用；如果用户希望每次打开 Pro/E 时就执行预定的配置文件，则应把预定的配置文件置于 Pro/E 起始工作目录中。

拓展练习

一、思考题

（1）如何启动和退出 Pro/ENGINEER Wildfire 5.0？
（2）Pro/ENGINEER Wildfire 5.0 的工作界面主要由哪些部分组成？
（3）如何拭除文件？拭除文件和删除文件有什么区别？ 分别用在什么场合？
（4）设置工作目录主要有哪些好处，如何设置工作目录？
（5）简述如何使用三键鼠标来调整模型视角。
（6）请简述一下 Pro/ENGINEER 中的【保存】、【保存副本】和【备份】三个命令之间的差异。

二、练习题

（1）打开 Pro/ENGINEER Wildfire 5.0，仔细了解各功能按钮的位置，打开并且浏览一个已经存在的文件。
（2）建立一个临时文件，单击 Pro/ENGINEER Wildfire 5.0 界面中的可以操作的命令按钮，感性认识各按钮的功能。

项目二　二维草图绘制

【教学目标】
1. 会进入草绘工作环境
2. 了解草绘工作界面
3. 掌握草图绘制和编辑的方法
4. 掌握几何约束含义并熟练建立约束条件
5. 会进行尺寸标注和修改
6. 掌握绘制复杂二维图形的一般流程和技巧

【知　识　点】
1. 图元绘制
2. 图元编辑
3. 增加约束、删除约束、过约束
4. 尺寸标注和修改

【重点与难点】
1. 弱尺寸与强尺寸的区别
2. 建立约束和过约束的处理
3. 尺寸标注及同时修改多个尺寸

【学习方法建议】
1. 课堂：多动手操作实践
2. 课外：课前预习，课后练习、勤于动脑，平时多观察身边的物体与所学知识联系应用

【建议学时】
6学时

　　草绘是二维截面的绘制，绝大部分的三维模型是通过对二维截面的一系列特征操作而产生的，在这个过程中，草图的绘制是最基础和最关键的设计步骤。只有正确地绘制系统需要的草图，才能通过拉伸、旋转、扫描和混合等特征来创建三维实体模型。同时，在设计过程中，只有熟练地掌握各种绘图工具的使用技巧，才能提高设计效率。

　　构成截面的两大要素为二维几何线条及尺寸。首先绘制几何线条（此为截面的大致形状，不需要真实尺寸），然后进行尺寸标注，最后再修改尺寸的数值，系统会依据新的尺寸值自动修正截面的几何形状。另外，Pro/ENGINEER 对二维截面上的某些几何线条会自动地假设某些关联性，如对称、相等、相切等约束，如此可以减少尺寸标注的困难，并使截面外形具有充分的约束。

本项目将逐一说明在目的管理模式下几何线条的绘制、标注和修改，约束的使用，尺寸数值的编辑等方法，并辅以实例说明二维截面绘制的流程和技巧。

2.1 草绘工作界面

2.1.1 进入草绘工作界面

在 Pro/ENGINEER 中有以下三种方法可以进入草绘模式。

1．建立草绘文件，进入草绘界面

（1）从菜单栏中，选择【文件】→【新建】命令，打开"新建"对话框。

（2）在"新建"对话框的"类型"选项组中，选中"草绘"单选按钮，如图 2-1 所示，然后在"名称"文本框中输入新文件名或接受默认的文件名。

（3）单击【确定】按钮，进入草绘工作界面，如图 2-2 所示。与 Pro/ENGINEER 系统最初工作界面不同的是：在主菜单中新增了【草绘】选项，取消了【插入】选项；在工具栏中新增了草绘工具栏；在工作区右侧新增了草绘命令工具栏。

图 2-1

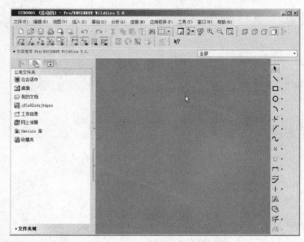

图 2-2

提示：

使用此方法建立的草绘文件可以在零件建模的草图界面中，通过选择下拉菜单【草绘】→【数据来自文件…】调用。

2．由三维设计模块进入截面绘制界面

三维模型部分设计必须通过创建二维截面来进行，设计者可以通过操控面板或菜单来进入草绘界面，具体的方法将在后面的章节中介绍。由此绘制的截面将包含于每个三维特征，但仍然可以单独存成扩展名为.sec 的文件。

3．在零件设计模块的零件设计界面单击【草绘工具】按钮，进入草绘界面。

2.1.2 "草绘器"工具栏

"草绘器"工具栏是草绘界面所独有的工具栏，它们主要用来控制草绘过程，以及在草绘图中是否显示尺寸、几何约束、栅格等。"草绘器"工具栏图标为：

现将这 4 个按钮的功能说明如下：
- ：切换尺寸显示的开或关，用来控制当前视图中是否显示尺寸。
- ：切换约束显示的开或关，用于控制当前视图中是否显示约束。
- ：切换栅格的开或关，用于控制当前视图中是否显示栅格。
- ：切换剖面顶点显示的开或关，用于控制当前视图中是否显示不同线条的交点。

2.1.3 "草绘器诊断工具"工具栏

工具栏中新增的"草绘器诊断工具"，其工具栏图标为：。
"草绘器诊断工具"工具栏中各工具按钮的功能如下。
- ：对草绘图元的封闭链内部着色。
- ：加亮不为多个图元共有的草绘图元的顶点。
- ：加亮重叠几何图元的显示。

"草绘器诊断工具"的工具按钮所对应的菜单命令位于【草绘】→【诊断】级联菜单中。

2.1.4 草绘命令工具栏

草绘命令工具栏位于屏幕右侧，该栏中将绘制草图的各种绘制命令如尺寸标注、尺寸修改、几何约束、图元镜像等以图标按钮的形式给出，与之对应的草绘命令也可在菜单【草绘】的下拉菜单中找到。

默认状态时，草绘命令工具栏位于屏幕右侧，该栏集中了绘制和编辑剖面图元的快捷工具按钮，如图 2-3 所示。这些工具按钮所对应的菜单命令位于【草绘】菜单或【编辑】菜单中（包括相应的内部级联菜单）。

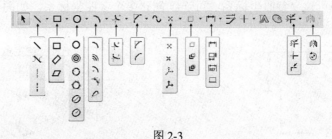

图 2-3

2.2 几何图元的绘制

几何图形是由基本的图元，如点、直线、圆、圆弧、样条曲线和圆锥曲线等多种基本几何图元元素组成的，另外还包括文本以及已经成型的几何图形（使用调色板调入）。

下面将一一介绍这些图形的绘制方法。

2.2.1 绘制点与坐标系

在菜单中选择【草绘】→【点】命令，或在工具栏中单击 按钮，都可以绘制点。Pro/ENGINEER 提供了四种方式绘制点。
- ：构造点，通过拾取一点绘制构造点。构造点只在草绘过程中起辅助定位作用，不具备几何特征。
- ×：几何点，通过拾取一点绘制几何点。
- ：构造坐标系，通过拾取一点绘制构造坐标系。构造坐标系只起辅助定位作用，不具备几何特征。
- ：几何坐标系，通过拾取一点绘制几何坐标系。

1. 绘制点

在进行辅助尺寸标注、辅助截面绘制、复杂模型中的轨迹定位时经常使用该命令。绘制点的步骤如下。

（1）单击草绘工具栏中的绘制点按钮×，也可单击菜单【草绘】→【点】选项。
（2）在绘图区单击鼠标左键即可创建第 1 个草绘点。
（3）移动鼠标并再次单击鼠标左键即可创建第 2 个草绘点，此时屏幕上除了显示两个草绘点外，还显示两个草绘点间的尺寸位置关系。
（4）单击鼠标中键，结束点的绘制。

提示：

当草绘点多于两个时，系统在默认情况下自动标注尺寸，如图 2-4 所示。由系统自动标注的尺寸通常为弱尺寸，它默认时以灰色显示。弱尺寸与强尺寸除了在颜色上有区别外，还在编辑上有区别。弱尺寸不能删除，除非通过约束定位，它才能自动消失。弱尺寸一旦加强，就相当于给定了定位。强尺寸一旦删除，就被自动确定为弱尺寸。

2．绘制坐标系

在"草绘器工具"工具栏中，单击创建参照坐标系按钮，然后移动鼠标光标并在草绘区域的指定位置单击，便可建立参照坐标系，可连续创建多个参照坐标系，如图 2-5 所示。

图 2-4　　　　　　　　　　　图 2-5

2.2.2 绘制直线

在所有图形元素中，直线是最基本的图形元素。在菜单中选择【草绘】→【直线】命令，或在工具栏中单击 按钮，即可绘制直线。在草绘命令工具栏中有 4 种形式的直线创建方式：绘制实体直线、绘制中心线、绘制与两实体相切的直线、几何中心线。

- ：几何实体直线，通过拾取两点来绘制一条直线。
- ：与两实体相切的直线，通过拾取两图元，创建与之相切的直线。
- ：中心线（辅助线），通过拾取两点绘制一条中心线，中心线是一种参考辅助线，可作为图形镜像的对称中心线或角度控制约束的辅助线等。
- ：几何中心线，通过拾取两点绘制一条几何中心线，可作为旋转特征的旋转中心线。

1. 绘制实体直线、中心线的步骤

（1）在草绘工具栏中，单击绘制实体直线图标 ＼。

（2）在草绘区域的任一位置单击鼠标左键，此位置即为直线的起点，随着鼠标的移动，一条高亮显示的直线也会随之变化。拖动鼠标至直线的终点，单击鼠标左键，即可完成一条直线的绘制，如图 2-6 所示。

（3）移动鼠标以绘制第二条直线，第一条直线的终点将自动转为第二条直线的起点，拖动鼠标至线段的终点，单击鼠标左键即可完成第二条直线的绘制。

（4）重复步骤 3，可以连续绘制多条直线。

（5）完成所有的直线绘制后，单击鼠标中键即可结束直线的绘制。此时系统会自动标注各线段的尺寸。

至于中心线的绘制，在草绘器工具中单击绘制中心线图标 ┊，然后单击草绘区域两点即可完成。

2. 绘制与两实体相切直线的操作步骤

下面以绘制两圆切线为例讲解。

（1）在草绘器工具中单击直线图标 ＼。

（2）单击与直线相切的第 1 圆或圆弧，一条始终与该圆或圆弧相切的线粘附在鼠标的指针上，移动鼠标至另一个圆或圆弧的预定区域，系统通常会捕捉到相切点，此时单击鼠标左键即可创建一条相切线段，如图 2-7 所示。

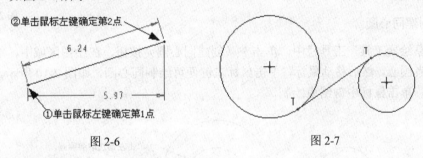

图 2-6　　　　　　　　　　　图 2-7

2.2.3　绘制矩形

在菜单中选择【草绘】→【矩形】命令，或在工具栏中单击 □ 按钮，即可绘制矩形。Pro/ENGINEER 提供了三种矩形的绘制。

- □：矩形，可绘制水平或竖直矩形，通过拾取两点作为矩形的对角点来绘制矩形。
- ◇：斜矩形，通过拾取两点定义矩形的一条边，然后在另一侧拾取一点定义矩形的另一条直角边的方式来绘制矩形。
- ▱：平行四边形，通过拾取两点定义平行四边形的一条边，再拾取一点定义平行四边形另一条边的方式来绘制平行四边形。

绘制矩形的步骤如下：

（1）在草绘工具栏中，单击绘制矩形按钮 □。

（2）在绘图区域位置单击鼠标左键，作为矩形的一个角点。

（3）移动鼠标产生一动态矩形，将矩形拖动到适当大小后单击鼠标左键，即确定了矩形的另一个角点，完成矩形的绘制，系统自动标注与矩形相关的尺寸和约束条件。

（4）单击中键，结束绘制矩形命令，如图 2-8 所示。

图 2-8

2.2.4 绘制圆与椭圆

在菜单中选择【草绘】→【圆】命令，或在工具栏中单击 ○ 按钮，即可绘制圆。Pro/ENGINEER 提供了六种方式来绘制圆。

- ○：圆心和点，通过拾取圆心和圆周上一点绘制圆。
- ◎：同心圆，通过拾取已存在的圆或圆弧绘制一个与它同心的圆。
- ○：三点画圆，通过拾取三个点绘制圆。
- ○：三切圆，通过拾取三个已知图元（可以为直线、圆或圆弧），产生与之相切的圆。
- ⌀：轴端点椭圆，通过拾取两点定义椭圆的长轴，再拾取一点定义椭圆的短半轴绘制椭圆。
- ⌀：中心和轴椭圆，通过拾取椭圆的中心点和椭圆的长轴端点定义椭圆的长半轴，再拾取一点定义椭圆的短半轴绘制椭圆。

1．通过拾取圆心和圆上一点来创建圆

在"草绘器工具"工具栏中，单击 ○（圆心和点方式）按钮，在绘图区域单击一点作为圆心，然后移动鼠标，单击鼠标左键另外一点作为圆周上的一点，从而确定半径，单击鼠标中键结束圆的绘制，如图 2-9 所示。

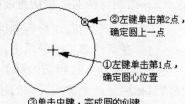

图 2-9

2．创建同心圆

在"草绘器工具"工具栏中，单击 ◎（创建同心圆）按钮，在绘图区域中，单击一个已经存在的圆或者圆心，然后移动鼠标，单击鼠标左键便可绘制同心圆，如图 2-10 所示。可连续绘制多个同心圆，单击鼠标中键结束绘制。

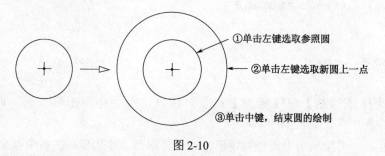

图 2-10

3．通过拾取 3 个点来创建圆

在"草绘器工具"工具栏中，单击 ○（三点方式）按钮，可以通过使用鼠标左键拾取不共线的 3 个点绘制圆，如图 2-11 所示。

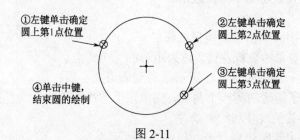

图 2-11

4. 创建与3个图元相切的圆

在"草绘器工具"工具栏中，单击 (三切圆) 按钮，接着在绘图区域中依次选取两个图元，单击鼠标左键，然后移动鼠标至第3个图元的附近区域单击鼠标左键，便可绘制与3个图元相切的圆，如图2-12所示。

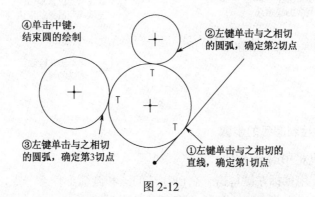

图2-12

5. 创建椭圆

在"草绘器工具"工具栏中，单击 (中心和轴椭圆) 按钮，选择一点作为椭圆的中心，选择另外一点来定义椭形圆周的外形。如图2-13所示。系统自动标注出椭圆的长轴和短轴的直径尺寸。修改椭圆的X、Y轴尺寸大小，完成椭圆绘制。

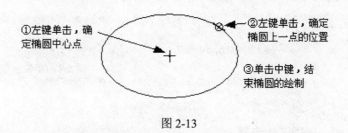

图2-13

2.2.5 绘制圆弧

在菜单中选择【草绘】→【弧】命令，或单击草绘器工具栏中绘制圆弧按钮 右边的展开按钮，Pro/ENGINEER 提供了5种绘制圆弧的方式。

- ：三点圆弧，通过拾取三个点绘制圆弧。
- ：同心圆弧，通过拾取已存在的圆或圆弧定义圆弧的圆心，再拾取两点定义圆弧的起点和终点绘制圆弧。
- ：圆心端点圆弧，通过拾取圆弧的圆心点、起点和终点绘制圆弧。
- ：三点相切圆弧，通过拾取三个已知图元（可以为直线、圆或圆弧），产生与之相切的圆弧。
- ：锥形圆弧，通过拾取两点定义锥形圆弧的两端点，再拾取一点定义锥形圆弧的曲率绘制圆弧。

1. 三点方式绘制圆弧的步骤

（1）单击草绘工具栏中的按钮 。

(2) 在绘图区中单击鼠标左键，作为圆弧的起始点，然后单击另一个位置作为圆弧的终点，移动鼠标，在产生的动态弧上单击鼠标左键指定一点，以定义弧的大小和方向完成绘制。

(3) 单击鼠标中键，结束圆弧的绘制，如图 2-14 所示。

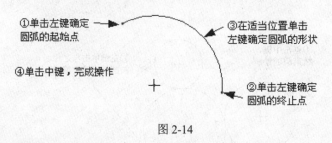

图 2-14

2．同心圆弧方式绘制圆弧的步骤

(1) 单击草绘工具栏中的 按钮。

(2) 在绘图区中，用鼠标左键单击一个已存在的圆和圆弧上任意一点，以该圆或圆弧的圆心为圆弧中心，移动鼠标，单击左键，以确定圆弧的起点与半径。

(3) 在绘图区中单击鼠标左键，作为圆弧的起始点，然后单击另一个位置作为圆弧的终点，即可完成圆弧的绘制。

(4) 单击鼠标中键，结束圆弧的绘制，如图 2-15 所示。

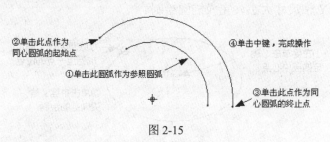

图 2-15

3．圆心端点方式绘制圆弧的步骤

(1) 单击草绘工具栏中的 按钮。

(2) 在绘图区鼠标左键单击一点，指定为圆弧的中心点，然后用鼠标左键单击另外两点，分别指定圆弧的起点与终点，即可完成圆弧的绘制。

(3) 单击鼠标中键，结束圆弧的绘制，如图 2-16 所示。

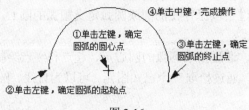

图 2-16

4．三点相切圆弧方式绘制圆弧的步骤

(1) 单击草绘工具栏中的 按钮。

(2) 在绘图区中选中一个参考图元，作为圆弧的起始切点所在图元。

（3）移动鼠标选中第二个参考图元，作为圆弧的终止切点所在图元。
（4）移动鼠标选中第三个参考图元，作为圆弧的中间切点所在图元，完成圆弧绘制。
（5）单击鼠标中键，结束圆弧的绘制，如图 2-17 所示。

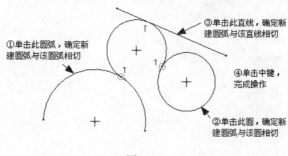

图 2-17

提示：

在绘制三相切圆弧时，鼠标点击的位置很重要，它决定了相切圆弧的切点位置。位置不一样，绘制的圆弧不同。

5. 锥形圆弧

锥形圆弧的绘制步骤如下：
（1）单击草绘器工具中的 ⌒ 按钮。
（2）在绘图区中，用鼠标左键单击一点，指定圆锥曲线实体的第一端点。
（3）移动鼠标至适当位置，单击左键，以确定圆锥曲线实体的第二端点。
（4）移动鼠标至合适的位置单击左键，确定圆锥曲线实体的肩点，即可完成圆锥曲线的绘制。
（5）单击鼠标中键，结束圆锥曲线绘制，结果如图 2-18 所示。

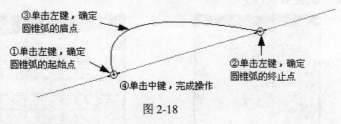

图 2-18

2.2.6 绘制样条曲线

绘制样条线的操作步骤如下：
（1）在菜单中选择【草绘】→【样条】命令，或单击草绘命令工具栏中的 ~ 按钮。
（2）用鼠标左键连续单击几个点，然后单击鼠标中键，系统自动绘制光滑的样条线，如图 2-19 所示。
（3）双击样条曲线或点使其处于可修改状态，单击鼠标右键，在弹出的快捷菜单中单击【添加点】或【删除点】命令，在样条线上添加或删除控制点。
（4）根据需要在样条线修改面板中进行相应设置，可进一步控制样条线的外观。
在 Pro/ENGINEER Wildfire 中允许用户对样条线进行修改。在样条线上选取一点并拖动光标，可动态改变样条线的外形，若按住 Ctrl+Alt 键，则沿样条线端点跟随光标延伸样条线。选中样条曲线或点，单击鼠标右键，在弹出的快捷菜单中选择【添加点】或【删除点】命令，在样条线上添加或删除控制点。双击样条线，系统显示如图 2-20 所示的样条线修改面板，利用面板可对样条线做进一步的修改与控制。

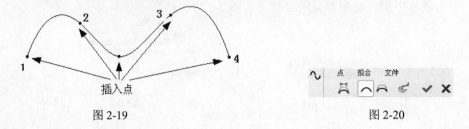

图 2-19　　　　　　　　　　　　　　图 2-20

2.2.7　建立文本

在菜单中选择【草绘】→【文本】命令，或单击草绘工具栏中的 按钮，可绘制文字图形。在绘制文字时，会弹出如图 2-21 所示的"文本"对话框。使用该对话框可设置文字内容、字体及文字放置方式等。该对话框中的各项意义如下。

- 【文本行】：在该栏中输入显示在绘图区中的文字。
- 文本符号...：单击弹出【文本符号】操作面板，如图 2-22 所示，用于在文本行输入各种文本符号。
- 【字体】区域：对输入的文字字体进行设置。
- 【字体】：在该栏下拉菜单中选择要使用的文字。
- 【长宽比】：设置文字的左右缩放比例。
- 【斜角】：设置文字的倾斜角度。
- 【沿曲线放置】：设置文字是否沿指定的曲线放置。
- ：将文字反向到曲线另一侧。

图 2-21　　　　　　　　　　　　　　图 2-22

1．绘制文字的操作

步骤如下：

（1）在菜单中选择【草绘】→【文本】命令，或单击草绘命令工具栏中的 按钮。

（2）在绘图区中，绘制一段直线，线的长度代表文字的高度，线的角度代表文字的方向。完成定义后，出现文字设置对话框。

（3）在对话框的文本行栏中输入显示的文字，在字体栏中选择字型，在长宽比栏中设置文字左右缩放的比例，在斜角栏中设置文字的倾斜角度，若选择"沿曲线放置"选项，可使文字沿着所选定的曲线方向排列。

（4）完成以上的设置后，单击【确定】按钮即可完成二维文字图形的绘制。

2. 创建文本实例

步骤 1 创建新的草绘文件

1）单击工具栏中的新建文件按钮 ▯。

2）在"新建"对话框中选择"草绘"类型,在"名称"栏中输入截面名称"chap02-01",单击【确定】按钮,系统进入草绘工作环境。

步骤 2 绘制文字

1）单击草绘命令工具栏中的 🅰 按钮,以创建文字图形。

2）系统提示"选择行的起始点,确定文本高度和方向"。在绘图区单击一点,作为行的第一点。

3）选取行的第二点,确定文本高度和方向。在绘图区单击另一点,作为行的第二点,如图 2-23 所示（尺寸读者可以自行设定）。

4）系统弹出如图 2-24 所示的"文本"对话框,在文本行下栏中输入文字"PRO/E 应用教程",选择字体为"font3d",文本控制点位置的水平方向选择"左边"、垂直方向选择"底部"。图形窗口中相应显示这些文字,如图 2-25 所示。

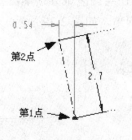
图 2-23

图 2-24

5）单击【确定】按钮,关闭"文本"对话框。下面的步骤是将此文本放置在曲线上。

6）绘制一圆弧曲线,如图 2-26 所示。

图 2-25

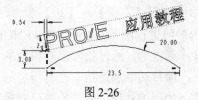
图 2-26

7）在图形窗口中双击文字"PRO/E 应用教程",重新打开"文本"对话框,以重新编辑文本。

8）在"文本"对话框中选中"沿曲线放置"选项,系统提示:"选取将要放置文本的曲线"。

9）选择绘制的圆弧线,单击"文本"对话框中的【确定】按钮,完成文本的修改;结果如图 2-27 所示。

图 2-27

2.2.8 倒圆角与倒椭圆角

在菜单中选择【草绘】→【圆角】命令,或单击草绘工具栏中的 ▯ 按钮,可绘制圆角。

Pro/ENGINEER 提供了 2 种方式来绘制圆角。
- ：圆形圆角，通过拾取两个已知图元，产生与之相切的圆形圆角。
- ：椭圆圆角，通过拾取两个已知图元，产生与之相切的椭圆圆角。

1. 绘制"圆形圆角"步骤

在"草绘器工具"工具栏中，单击 按钮，在绘图区域分别单击要倒圆角的两个有效图元，以便在选定的两个图元间创建一个圆角，如图 2-28 所示。

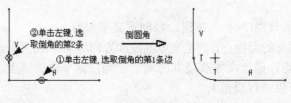

图 2-28

2. 绘制"椭圆圆角"步骤

在"草绘器工具"工具栏中，单击 按钮，在绘图区域分别单击要倒椭圆圆角的两个有效图元，以便在选定的两个图元间创建一个椭圆形圆角，如图 2-29 所示。

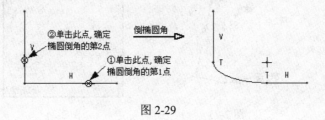

图 2-29

2.2.9 绘制边

在菜单中选择【草绘】→【边】命令，或单击草绘工具栏中的 按钮，都可利用已有模型的边线作为参照进行图元的绘制。Pro/ENGINEER 提供了 3 种方式来绘制边。
- ：通过边，通过拾取已有模型的边线转换为当前草图图元。
- ：偏移边，通过拾取已有模型的边线，将之偏移一定距离后转换为当前草图图元。
- ：加厚偏移边，通过拾取已有模型的边线，将之偏移一定距离并形成具有一定宽度的双图元。

2.2.10 调色板

在草绘截面过程中经常要绘制一些特定的几何图元，Pro/E 为用户提供了一个预定义的图形库，比如：多边形、轮廓、形状、星形等图形。

下面以一个特例来介绍如何从调色板插入图形。具体的操作步骤如下。

（1）单击草绘工具栏中的 （调色板）按钮，打开"调色板"对话框，如图 2-30 所示。

（2）切换到"形状"选项卡，双击"十字型"图形项目，此时窗口如图 2-31 所示。

图 2-30

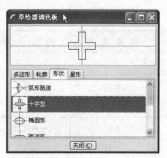

图 2-31

（3）在绘图区域中的预定位置处单击鼠标左键，插入图形，接着在弹出的"移动和调整"对话框中设置"缩放"为2，"旋转"角度为0，如图2-32所示。单击 ✓ 按钮。

（4）单击"草绘器调色板"窗口中的【关闭】按钮。

（5）最后插入的图形如图2-33所示（可修改尺寸）。

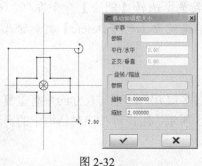

图 2-32

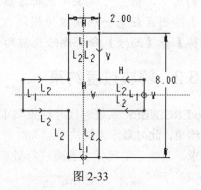

图 2-33

2.3 几何图元的约束

一个精确的草图必须有充足的约束。约束分尺寸约束和几何约束两种类型，尺寸约束是指控制草图大小的参数化驱动尺寸；几何约束是指控制草图中几何图素的定位方向及几何图素之间的相互关系。在工作界面中，尺寸约束显示为参数符号或数字，几何约束显示为字母符号。在Pro/ENGINEER 中，草绘二维截面时一般先绘制与要求的几何图元相近的图元，然后通过编辑、修改、约束来精确确定。

2.3.1 几何约束的类型

在菜单选择【草绘】→【约束】命令或单击工具栏中的 ┼ 按钮，即可选择所需的几何约束，如图2-34所示的"几何约束"对话框。选择相应的几何约束按钮，可进行相应的几何约束操作。几何约束的各类符号及各项功能的意义如表2-1所示。

表2-1 约束显示出来的符号及其含义

功 能 按 钮	约 束 条 件	图 形 符 号	作　　用
┼	垂直	V	使直线或两图元端点成垂直放置
╪	水平	H	使直线或两图元端点成水平放置

续表

功能按钮	约束条件	图形符号	作用
⊥	正交	⊥	使两图元互相垂直
⊙	相切	T	使两图元相切
\	中点	M	使图元的端点放置在直线的中点位置
◎	重合	━━ 或 ◆	使两图元的端点共线或重合
÷	对称	→←	使两图元与中心线成对称分布
=	相等	R_i 或 L_i	使两图元等长或等半径
//	平行	$//_i$	使两直线互相平行

提示：

在草图绘制过程中，移动鼠标时，系统会提示相应的几何约束（以约束符号显示）。对于不需要的约束，用户可以使用鼠标左键单击相应的几何约束符号选中该约束。然后，用鼠标右键单击绘图区任意一点稍做停顿，在弹出的快捷菜单中选择【删除】命令即可，也可以使用【编辑】→【删除】命令删除几何约束，或直接单击键盘上的【Delete】键删除几何约束。

2.3.2 解决过度约束

Pro/ENGINEER 系统对尺寸约束要求很严，尺寸过多或几何约束与尺寸约束有重复，都会导致过度约束，此时显示"解决草绘"对话框，如图 2-35 所示。用户可按该对话框中的提示或根据设计要求，对显示的尺寸或约束进行处理。

图 2-34

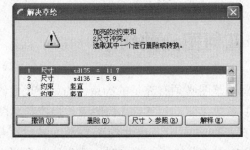

图 2-35

"解决草绘"对话框各信息含义如下。

- 上部信息区：提示有几个约束发生冲突。
- 中部文本显示区：列出所有相关约束。
- 【撤销】：取消本次操作，回到原来完全约束的状态。
- 【删除】：删除不需要的尺寸或约束条件。
- 【尺寸>参照】：将某个不需要的尺寸改变为参考尺寸，同时该尺寸数字后会有 ref 符号标记（注：参考尺寸不能被修改）。
- 【解释】：信息窗口将显示该尺寸或约束条件的功能以供参考。

2.3.3 几何约束实例

打开配书光盘 chap02 文件夹中的文件 "chap02-02.sec"，如图 2-36 所示。

1. 垂直约束

1) 单击草绘命令工具栏中的垂直约束按钮 ⊥。
2) 选择底线和左边线，同样选择底线和右边线，结果底线和左、右边线垂直，同时显示垂直符号，如图 2-37 所示。

2. 相切约束

1) 单击草绘命令工具栏中的相切约束按钮 ♀。
2) 选择圆弧、左侧垂直边线，然后选择圆弧和右侧垂直边线，结果如图 2-38 所示。

3. 共心约束

1) 单击草绘命令工具栏中的对齐约束按钮 ⊕。
2) 单击草图中的顶部的圆弧中心和下面圆的圆心，结果顶部圆弧的中心和下面圆心的中心共心，完成后的结果如图 2-39 所示。

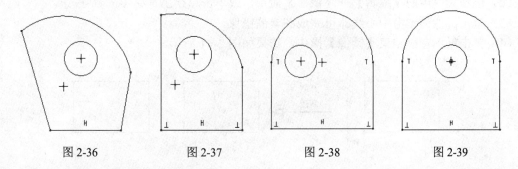

图 2-36　　　　图 2-37　　　　图 2-38　　　　图 2-39

2.4　几何图形的编辑

Pro/ENGINEER 提供了一系列的草绘编辑命令，主要包括图元的选取、删除、修剪延伸、分割、镜像、旋转等功能。

2.4.1　选取图元

在编辑图元之前，首先必须先选取图元，常用的选取方法有以下两种。

1. 使用工具栏中的【选取】按钮 ▶。单击工具栏中的 ▶ 按钮后，拾取图元，被选取的图元将呈现红色，这种方法一次只能选择一个图元；也可按住鼠标左键在视图内画一个矩形框，完全在矩形框内的图元将被选取并以红色显示。

2. 在菜单中选择【编辑】→【选取】命令，系统会弹出如图 2-40 所示的菜单和子菜单，下面介绍这些选取工具的用法。

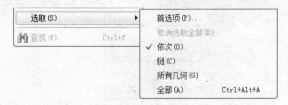

图 2-40

- 【首选项】：可以打开【选取首选项】对话框，配置基本参数，在二维模式下，这里的大部分参数不允许更改。
- 【依次】：每次只选取一个图元。
- 【链】：选取首尾相接的一组图元。
- 【所有几何】：选取视图中的所有几何图元，但不包括尺寸和约束等非几何图元。
- 【全部】：选取视图中的全部内容，包括几何图元、尺寸和约束等。

2.4.2 几何图元的镜像

在绘制对称的图形时，可以只绘制出一半图形，然后采用镜像命令把图形对称复制。镜像命令需要一条中心线作为镜像操作的参照。因此，草图中只有具有中心线以后，镜像操作才能创建成功。截面或线段的镜像操作步骤如下：

（1）选取要镜像的图素，使其处于高亮选中状态。
（2）选择菜单中的【编辑】→【镜像】命令，或单击草绘工具栏中的 按钮。
（3）单击镜像的参考中心线即可完成图素的镜像。
（4）单击鼠标左键结束【镜像】操作，结果如图 2-41 所示。

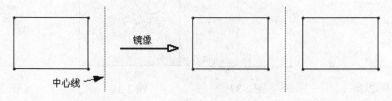

图 2-41

2.4.3 几何图元的平移、缩放、旋转

几何图元的平移、缩放、旋转按钮 ，主要用于对几何图元的大小、放置位置与方向进行调整。其操作步骤如下：

（1）在草绘模式下，选中要编辑的几何图元，如图 2-42 所示。
（2）选择菜单中的【编辑】→【移动和调整大小】命令，或单击草绘器工具中的 按钮。
（3）弹出【移动和调整大小】对话框，如图 2-43 所示，用户可以在此对话框中，对图元副本的大小和旋转角度进行设置，还可以设置平移的距离。完成操作后如图 2-44 所示。

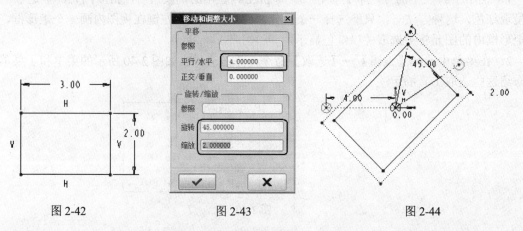

图 2-42　　　　图 2-43　　　　图 2-44

2.4.4 几何图元的修剪

修剪工具可以用来对线条进行剪切、延长以及分割。修剪命令包括：删除段、拐角和分割图元 3 个选项。

1. 删除段

运用【删除段】，系统可以自动判断出被交截的线条而进行修剪。其操作步骤如下：

（1）选择菜单中的【编辑】→【修剪】→【删除段】命令，或单击草绘工具栏中的 按钮。

（2）在绘图区中移动鼠标，鼠标指针的轨迹扫过部分线条，若被扫过的某线条是独立的，则该线条整体被删除；若某线条被其他线条分割，则该线条只有被扫过的一段被删除，如图 2-45 所示。

（3）单击鼠标中键，结束修剪。

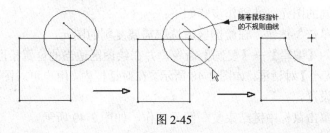

图 2-45

2. 拐角

【拐角】的功能是将图元修剪（延伸或剪切）到其他图元或几何图形。其操作步骤如下：

（1）选择菜单中的【编辑】→【修剪】→【拐角】命令，或单击草绘工具栏中的 按钮。

（2）在绘图区中选择两条线段，若被选择两线段没有交点，而其延长线上有交点，则系统自动延长一条或两条线段至交点处而形成交角，多余部分自动被剪掉；若被选择的两条线段已经相交，线段被选定的一端保留，另一端被剪掉，如图 2-46 所示。若两线段在延长线上无交点，则系统提示错误信息。

（3）单击鼠标中键结束拐角修剪操作。

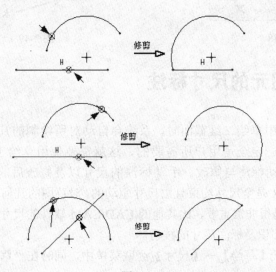

图 2-46

3. 分割图元

【分割】的功能是将一个图元分成多段。其操作步骤如下：

(1) 选择菜单中的【编辑】→【修剪】→【分割】命令，或单击草绘工具栏中的 按钮。

(2) 将鼠标移动到所需打断的线条上，鼠标左键单击即可将线条从单击处打断。

(3) 单击鼠标中键结束分割图元操作，如图 2-47 所示。

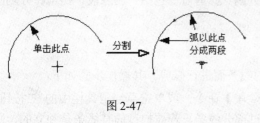

图 2-47

2.4.5 几何图元的复制

在一个图形中如有多个相同的图元，可以先绘制其中一个图元，再使用复制命令对其进行操作，从而生成与其相同的图元。其操作步骤如下：

(1) 在工具栏中单击 按钮，在绘图区域选取需要复制的图元。

(2) 选择菜单中的【编辑】→【复制】命令，并在绘图区适当的位置拾取点旋转图元，系统将弹出【移动和调整大小】对话框，如图 2-48 所示。在对话框内，用户可对图元副本的放置位移、大小和旋转角度进行设置。

(3) 设置完后，单击鼠标中键结束复制图元操作，如图 2-49 所示。

图 2-48

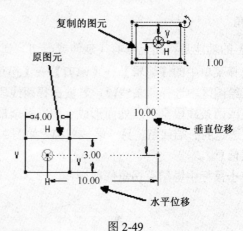

图 2-49

2.5　几何图元的尺寸标注

在 Pro/ENGINEER 中草绘二维截面时，系统会自动对所绘制的几何图元进行标注。但是，系统产生的尺寸标注不一定全是用户所需要的，这就需要使用草绘工具栏中的尺寸标注按钮和尺寸修改按钮进行手动标注与修改。手动标注的尺寸以及修改后的尺寸，都属于强尺寸。

由于 Pro/ENGINEER 是全尺寸约束且由尺寸驱动的，对草图的几何尺寸或尺寸约束有严格的要求，所以尺寸的标注显得非常重要，比其他的 CAD/CAM 软件的尺寸标注要求都严格。在本节将介绍有关手动标注的知识及标注尺寸的技巧。

尺寸标注的命令位于【草绘】→【尺寸】级联菜单中，同时在"草绘器工具"工具栏中提供一个通用的工具按钮 （尺寸标注）。

2.5.1 尺寸强化

在 Pro/ENGINEER 中，尺寸分为弱尺寸、强尺寸两类。在默认系统颜色设置条件下，弱尺寸显示为灰色，强尺寸显示为黄色（本书中，由于背景色为白色，不是系统默认的设置颜色，因此，强尺寸显示为黑色）。弱尺寸变为强尺寸的过程称为"尺寸强化"。

草绘器确保在截面创建的任何阶段都已充分约束并标注该截面。当草绘某个截面时，系统会自动标注几何图形。这些系统自动标注的尺寸被称为"弱"尺寸，因为系统在创建和拭除它们时并不给予警告。用户可以增加自己的尺寸来创建所需的标注布置。用户增加的尺寸被系统认为是"强"尺寸。

在整个 Pro/ENGINEER 中，每当修改一个弱尺寸值或在一个关系中使用它时，该尺寸就变为强尺寸。增加强尺寸时，系统自动拭除不必要的弱尺寸和约束。

提示：

退出草绘器之前，加强想要保留在截面中的弱尺寸是一个很好的习惯。这样可确保系统不会未给出提示就拭除这些尺寸。

如果在标注和约束中增加一个尺寸而导致冲突或重复，则草绘器会发出警告，通知用户拭除一个尺寸或约束以解决冲突。直到系统中每个图元的尺寸标注和约束都恰好为全约束，没有过约束和欠约束。

尺寸强化的操作步骤如下：

（1）在绘图区中选择将被加强的尺寸标注，该标注将以红色高亮显示。

（2）在菜单栏中选择【编辑】→【转换到】→【加强】选项，则被选中的弱尺寸由灰色变为黄色，该尺寸即转化为强尺寸（或按住鼠标右键约 2 秒，在弹出的快捷菜单中选"强"命令，也可将该尺寸转化成强尺寸）如图 2-50 所示。

说明：

加强尺寸，可以使用快捷键 Ctrl+T，即先选择需要被加强的尺寸，然后在键盘上按下 Ctrl+T 键就可以完成操作。

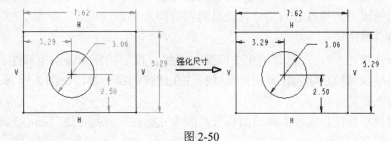

图 2-50

2.5.2 尺寸标注

Pro/ENGINEER 在草绘二维截面时，不允许出现多余的尺寸。例如，当标注出强尺寸后，系统会自动删除弱尺寸。此外，当设定好某些约束后，系统也会删除不必要的尺寸。如果出现多余的尺寸，则系统会弹出图 2-35 "解决草绘"对话框并给出提示，用户可以有选择地进行删除。

在草绘过程中，尺寸标注分为距离标注和角度标注。要标注尺寸，首先要单击草绘工具栏中的 ↔（尺寸标注）按钮，然后选择需要进行尺寸标注的线条，使用中键确认并放置所标注的尺寸。

1. 距离标注

（1）标注点与点的尺寸

标注点与点之间的尺寸可以分为 3 种，如图 2-51 所示。标注的方法是，单击 ↔（尺寸标注）按钮，左键分别选取两点，然后移动鼠标光标至放置尺寸处并单击鼠标中键。在以两点连线为对角线的矩形框外单击鼠标中键，标注出的尺寸为水平或垂直方向上的尺寸；而当在以两点连线为对角线的矩形框内单击鼠标中键时，标注出的尺寸为倾斜的距离尺寸。

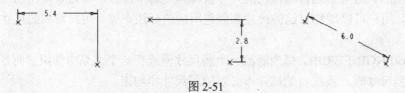

图 2-51

（2）点与直线距离

单击尺寸标注按钮 ↔，左键分别选取需要标注的点和直线，然后在需要放置尺寸的位置按下鼠标中键，就可以标出尺寸，如图 2-51 所示。

（3）直线与直线距离

当两条直线平行时，可以进行距离标注，不平行时则不能进行距离标注。单击尺寸标注按钮 ↔，左键分别选取两条直线，然后在两条直线中间按下鼠标中键标注尺寸，如图 2-52 所示。

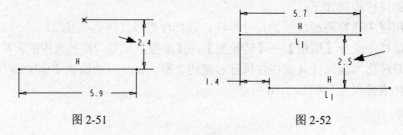

图 2-51　　　　　　　　　　　图 2-52

（4）两圆周之间的距离标注

单击尺寸标注按钮 ↔，左键分别选取两圆弧，按下鼠标中键即可标注尺寸，中键放置位置不同时，可得到两圆周间垂直方向尺寸，或是两圆周间水平方向尺寸，如图 2-53 所示。

（5）圆弧与直线距离

单击尺寸标注按钮 ↔，左键分别单击圆弧与直线，按下鼠标中键结束标注。同圆弧与圆弧的标注一样，也是以鼠标点取的位置决定尺寸标注在圆弧的哪一侧，如图 2-54 所示。

（6）圆弧与点距离

圆弧与点的尺寸标注，实际上就是圆心与点的尺寸标注，只是在选择圆心的时候可以用选择圆弧来取代，如图 2-55 所示。

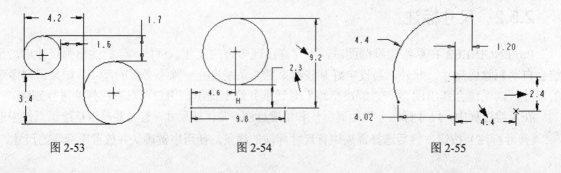

图 2-53　　　　　　　　　图 2-54　　　　　　　　　图 2-55

（7）标注截面绕中心线旋转的直径

单击尺寸标注按钮，左键单击需要标注的右侧边线，然后左键单击中心线，再左键单击右侧边线，最后在需要放置尺寸的位置按下鼠标中键，就可以标出尺寸，如图 2-56 所示。

（8）圆弧的半径与直径

单击尺寸标注按钮，单击鼠标左键选定圆弧，再按下鼠标中键，可以得到圆弧的半径标注，如图 2-57 所示。

单击尺寸标注按钮，双击鼠标左键选定圆弧，再按下鼠标中键，可以得到圆弧的直径标注，如图 2-58 所示。

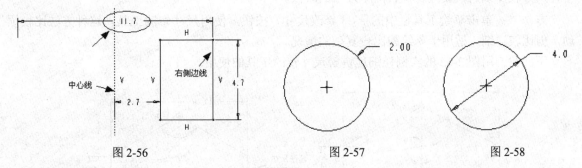

图 2-56　　　　　　　　　图 2-57　　　　　　　　　图 2-58

2. 角度标注

（1）直线与直线角度

单击尺寸标注按钮，鼠标左键分别单击需要标注角度的直线，然后在两条直线中间需要放置尺寸的地方按下鼠标中键即可，如图 2-59 所示。

（2）圆弧角度

单击尺寸标注按钮，鼠标左键分别选取圆弧的两个端点，再用鼠标左键单击要标注的圆弧上任一点，按下鼠标中键来放置尺寸，如图 2-60 所示。

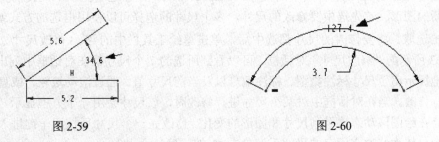

图 2-59　　　　　　　　　　　　　图 2-60

（3）圆锥曲线、样条曲线的相切角度尺寸

对于圆锥曲线、样条曲线，可以在其端点或中间点处创建相切角度尺寸，如图 2-61 所示。其方法是单击尺寸标注按钮，接着鼠标左键选取参照线、曲线点、曲线，然后在放置尺寸的位置处单击鼠标中键。所述参照线可以是中心线，也可以是直线段。

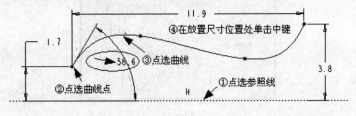

图 2-61

> **提示：**
> 在标注圆锥曲线、样条曲线的相切角度尺寸时，选择的参照线、曲线点和曲线可以不分顺序。

2.6 尺寸标注的修改

在草绘过程中，为了绘制所要的图形，常常需要修改尺寸。通常尺寸修改有两种方法。

方法一：双击尺寸数值，在出现的文本框中输入新的数值。这种方法通常用于草绘图比较简单、尺寸较少或只需要改变一、两个尺寸的时候。

方法二：单击草绘工具栏中的 ⌁（修改尺寸）按钮，使用尺寸修改工具。这种方法比较烦琐，但比较详细，适用于草绘图比较复杂的情况。

下面我们用图 2-62 的实例详细地讲解尺寸修改工具的使用。

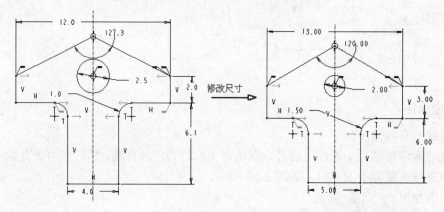

图 2-62

打开配书光盘 chap02 文件夹中的文件 "chap02-03.sec"。在这个例子中，我们要修改 7 个尺寸来完成新的图形。首先选中要修改的尺寸，多个尺寸的选择可以使用框选的方式或者按下 Ctrl 键依次单击选取。将要修改的尺寸都选中后，单击草绘工具栏中的 ⌁（修改尺寸）按钮，系统弹出图 2-63 所示的"修改尺寸"对话框。可以看到所选的 7 个尺寸都在对话框中列出，每一个尺寸都详细地标示出了尺寸标注类型、标注编号以及当前尺寸值。通过滚动滚轮，或直接输入数值对尺寸进行修改。当在对话框中对某个尺寸进行修改时，该尺寸会用一个方框显示。修改当前尺寸数值就会在绘图区动态地看到尺寸和图形的变化。修改完一个尺寸后按回车键进入下一个尺寸数值的修改。依次修改完所有的尺寸后，单击 ✓ 按钮确认退出。

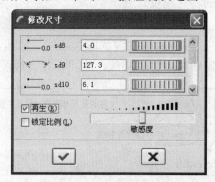

图 2-63

"修改尺寸"对话框的具体功能如下。

- 【再生】：根据输入的新数值重新计算草绘图的几何形状。在勾选状态下，每一个尺寸的修改都会立刻反映在草绘几何图形上，如果不勾选该项，则在尺寸修改完成后单击 ✓ 按钮一起计算。系统默认为勾选，建议在使用过程中将勾选取消，因为当修改前后的尺寸数值相差太大时，立即计算出新的几何图形会使草绘图出现不可预计的形状，妨碍以后的尺寸修改。
- 【锁定比例】：使所有被选中的尺寸保持固定的比例。需要指出，勾选此项后角度尺寸也会随着距离尺寸的变化而变化，当没有角度尺寸时，改动尺寸只能改变草绘图的大小，而不能改变其形状。
- 灵敏度：灵敏度的功能是用来更改当前尺寸的滚轮灵敏度，灵敏度越大，则使用鼠标拖动尺寸滚轮时对应的尺寸变化量就相应越大。

实训 1　草图绘制综合训练一

本实训项目为绘制如图 2-64 所示图形。绘制图形的步骤主线通常是先绘制大概的图形，必要时进行几何约束设置，并标注出需要的尺寸，最后是修改尺寸。对于一些复杂图形，还可以将其看成是由几部分图形组成，分别绘制。

具体操作步骤如下。

（1）在主工具栏上单击 □ （创建新对象）按钮，或者从【文件】菜单中选择【新建】命令，弹出"新建"对话框。在"新建"对话框的"类型"选项组中，选中"草绘"类型，在"名称"文本框中输入文件名为 chap02-04。单击【确定】按钮，进入草绘环境。

（2）在工具栏中单击 ┆ （中心线）按钮，在草绘区域中绘制一条竖直中心线和一条水平中心线，如图 2-65 所示，单击鼠标中键结束。

（3）在工具栏中单击 ○ （圆）按钮，以两中心线的相交点作为圆心，绘制一个圆。再单击 ⌀（椭圆）按钮，绘制如图 2-66 所示的椭圆。

（4）单击 ╲ （直线）按钮，绘制如图 2-67 所示的两条直线段。

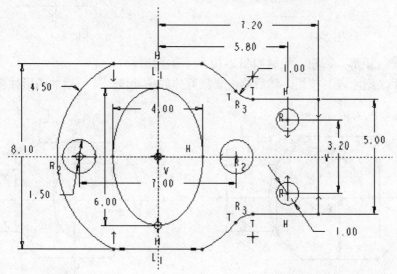

图 2-64

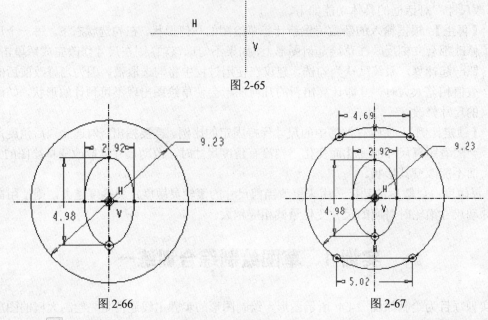

图 2-65

图 2-66　　　　　　　　　　　图 2-67

（5）单击 （删除段）按钮，然后单击要裁剪掉的图元段，修剪后的图形如图 2-68 所示。

（6）在工具栏中单击 （相等约束）按钮，然后分别单击图形中的两段直线，设置相等约束后的图形如图 2-69 所示。

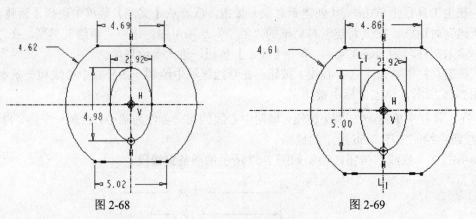

图 2-68　　　　　　　　　　　图 2-69

（7）单击 （矩形）按钮，绘制如图 2-70 所示的矩形。

（8）单击 （删除段）按钮，然后单击要裁剪掉的图元段，修剪后的图形如图 2-71 所示。

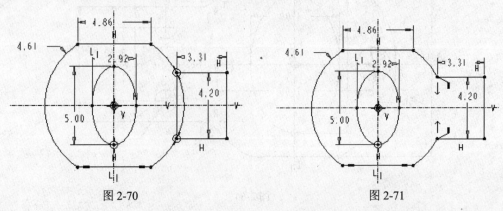

图 2-70　　　　　　　　　　　图 2-71

(9) 单击 ⌐ （圆角）按钮，创建如图 2-72 所示的圆角。

(10) 单击 ○ （圆）按钮，绘制如图 2-73 所示的两个圆。

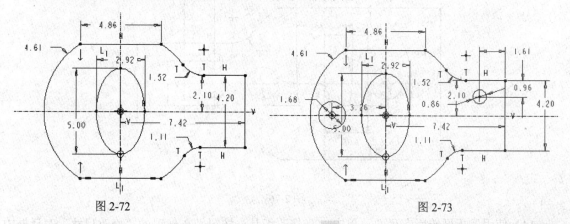

图 2-72　　　　　　　　　　　图 2-73

(11) 选择水平中心线上方的刚创建的小圆，单击 （镜像）按钮，选择水平中心线，完成小圆的镜像；选择垂直中心线左方的刚创建的圆，单击 （镜像）按钮，选择垂直中心线，完成左方圆的镜像。两圆镜像后的结果如图 2-74 所示。

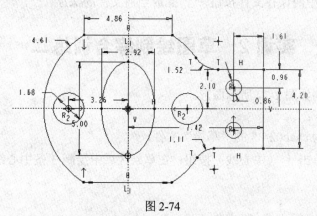

图 2-74

(12) 在工具栏中单击 = （相等约束）按钮和 ⊣⊢ （对称约束）按钮。设置图形所指半径相等约束和对称约束，设置后的图形如图 2-75 所示。

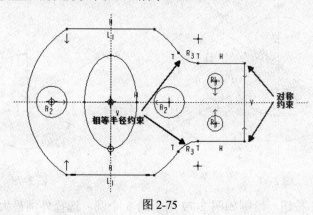

图 2-75

(13) 单击 （尺寸标注）按钮，标注出需要的尺寸，而系统则根据手动标注的尺寸自动删除多余的弱尺寸，如图 2-76 所示。

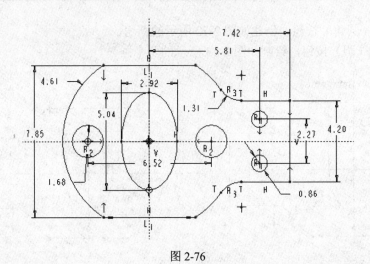

图 2-76

(14) 使用鼠标框选所有尺寸,单击 ▱ (修改工具) 按钮,在出现的"修改尺寸"对话框中取消勾选"再生"复选框,然后分别输入相关尺寸的新值,单击 ✔ (完成) 按钮,修改尺寸后的图形如图 2-64 所示。

(15) 单击工具栏中的保存文件按钮 ▯ ,完成当前文件的保存。

实训 2　草图绘制综合训练二

本实训项目为绘制如图 2-77 所示图形。
具体操作步骤如下:
(1) 新建文件名为 chap02-05 的"草绘"文件。
(2) 在工具栏中单击 ⁝ (中心线) 按钮,在草绘区域中绘制 3 条中心线,如图 2-78 所示,单击鼠标中键结束。

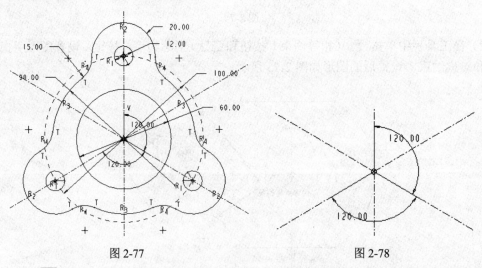

图 2-77　　　　　　　　　　　图 2-78

(3) 单击 ○ (圆) 按钮,绘制如图 2-79 所示的 3 个圆。选择外围最大的那个圆,按住鼠标右键,在弹出的快捷菜单中选择"构建",将其变为构建圆,如图 2-80 所示。

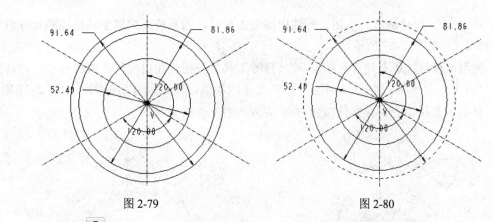

图 2-79　　　　　　　　　图 2-80

（4）再次单击 ○ 按钮，以构建圆与竖直中心线的交点为圆心绘制如图 2-81 所示的 2 个圆。

（5）选取上一步骤绘制的两个圆，然后单击 ◪（镜像）按钮，再选择镜像中心线，完成两个圆的镜像，镜像完成后如图 2-82 所示。

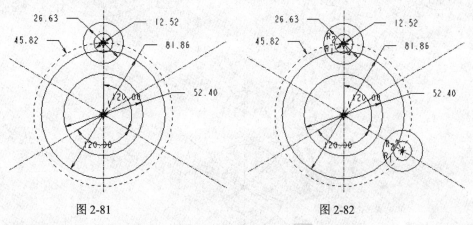

图 2-81　　　　　　　　　图 2-82

（6）再次选取上一步骤镜像生成的两个圆，然后单击 ◪（镜像）按钮，再选择镜像中心线，完成两个圆的镜像，如图 2-83 所示。

（7）单击 ⌐（圆角）按钮，绘制如图 2-84 所示的 6 个圆角。

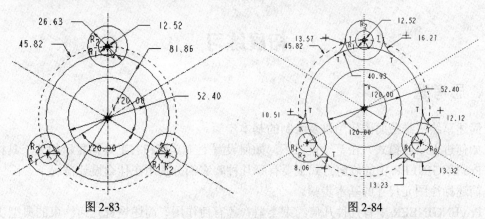

图 2-83　　　　　　　　　图 2-84

（8）单击 ⌿（删除段）按钮，然后单击要裁剪掉的图元段，修剪后的图形如图 2-85 所示。

（9）单击工具栏中的 ＝（相等约束）按钮，然后分别单击图形中的 6 段圆角，设置相等约束后的图形如图 2-86 所示。

（10）单击 ⊟（尺寸标注）按钮，标注出需要的尺寸，而系统则根据手动标注的尺寸自动删除多余的弱尺寸，如图 2-87 所示。

（11）使用鼠标框选所有尺寸，单击 ⇗（修改工具）按钮，在出现的"修改尺寸"对话框中取消勾选"再生"复选框，然后分别输入相关尺寸的新值，修改尺寸后的图形如图 2-77 所示。

（12）单击工具栏中的保存文件按钮 💾，完成当前文件的保存。

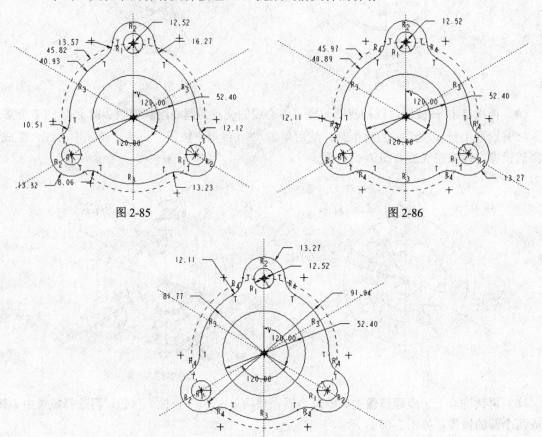

图 2-85　　　　　　　　　图 2-86

图 2-87

拓展练习

一、思考题

1. 简述草绘二维截面的作用以及绘制的基本步骤。
2. 如何进入草绘模式？在草绘模式下，如何设置上工具箱和右工具箱显示相关工具栏？
3. Pro/ENGINEER 中的修剪方式主要有哪几种？它们分别用在什么设计情况下？
4. 简述标注图元尺寸的基本步骤。
5. Pro/ENGINEER 中有几种几何约束类型？各有何作用？简述设置几何约束的典型步骤。
6. 如何将一条实线转化为以虚线表示的构建线？
7. 在 Pro/ENGINEER 中如何修改尺寸？

二、练习题

1. 在 Pro/E 野火版 5.0 中，可以在草绘模式下使用 ▢（复制）和 ▢（粘贴）按钮来创建新的图形。请先在草绘区域中绘制一个长为 80、宽为 50 的矩形，如图 2-88 所示，然后使用【复制】和【粘贴】的功能在截面区域的其他空白位置处绘制相同大小并且倾斜角度为 45°的矩形，并将原矩形删除掉。最后完成的图形如图 2-89 所示。

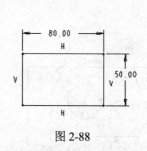

图 2-88   图 2-89

2. 按尺寸要求绘制图 2-90 所示的二维草绘图形。
3. 按尺寸要求绘制图 2-91 所示的二维草绘图形。
4. 按尺寸要求绘制图 2-92 所示的二维草绘图形。
5. 按尺寸要求绘制图 2-93 所示的二维草绘图形。

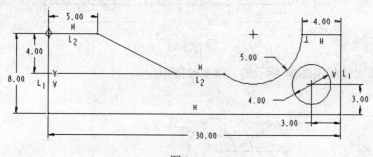

图 2-90

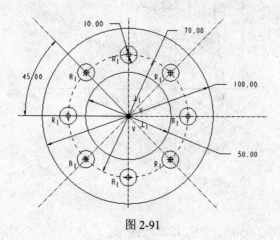

图 2-91

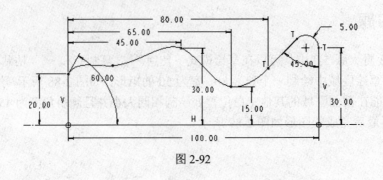

图 2-92

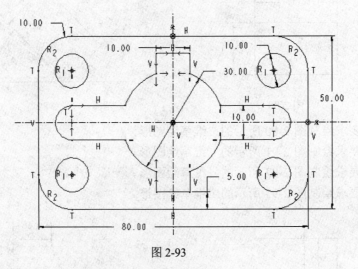

图 2-93

6. 按尺寸要求绘制图 2-94 所示的二维草绘图形。

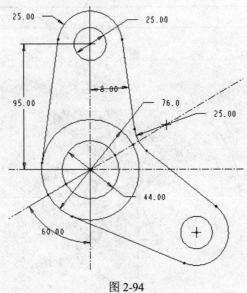

图 2-94

7. 按尺寸要求绘制图 2-95 所示的二维草绘图形。

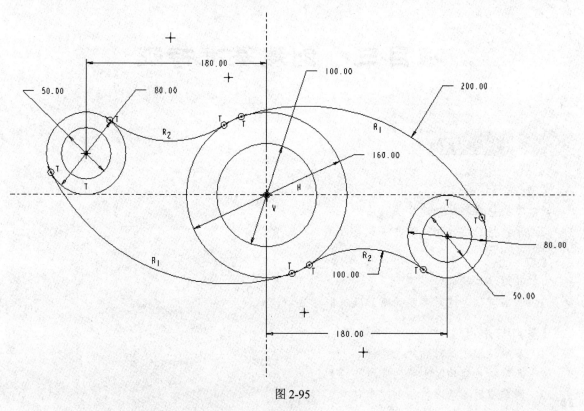

图 2-95

8. 按尺寸要求绘制图 2-96 所示的二维草绘图形。

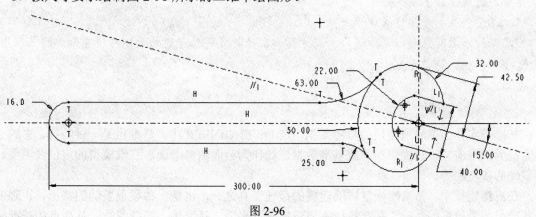

图 2-96

项目三 创建基准特征

【教学目标】
1. 掌握基准特征创建方法及应用
2. 掌握特征操作和编辑方法及其应用

【知 识 点】
1. 基准特征的创建
2. 基准特征创建时参照的搭配及选取方法

【重点与难点】
1. 基准特征创建时的约束条件
2. 基准特征创建时参照的选取与搭配
3. 综合应用各基准特征创建零件

【学习方法建议】
1. 课堂：多动手操作实践
2. 课外：课前预习，课后练习。勤于动脑，平时多观察身边的物体与所学知识联系应用

【建议学时】
4 学时

  基准是实体造型时所使用的参考数据。在 Pro/ENGINEER 中，基准也是一种特征，它的主要用途是为三维造型设计提供参考或基准数据，如作为截面的参考面、三维模型的定位参考面、装配零件的参考面等。

  在三维建模中，基准特征是协助建模的最佳工具之一，也是一种很重要的的特征。正确的建立基准是三维建模的基础。基准特征主要包括基准平面、基准轴、基准曲线、基准点和基准坐标系和草绘基准曲线。本章将详细介绍 Pro/E 5.0 系统提供的基准特征的基本概念和具体创建方法，同时将通过实例介绍其创建的具体技巧。

3.1　基准特征概述

3.1.1　创建基准特征的方法

  基准特征主要包括基准平面、基准轴、基准曲线、基准点、基准坐标系和草绘基准曲线，其进入菜单是【插入】→【模型基准】，或选择窗口右侧的基准特征工具栏中的相应按钮，如图 3-1

所示。

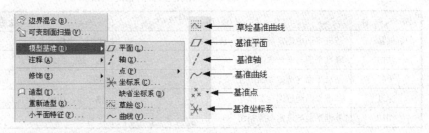

图 3-1

3.1.2 基准的显示与关闭

在工具栏位置上有一个"基准显示"工具栏，如图 3-2 所示，单击其中的一个按钮，使其变亮，则该基准显示处于打开状态，再次单击，使其变暗，则关闭该基准的显示。

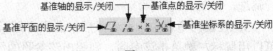

图 3-2

3.2 创建基准平面

基准平面是一种二维的、无限延伸的平面，它在 Pro/Engineer 可以作为特征的绘图面和参考面，也可在装配状态下作为匹配、对齐、定向等配合约束条件的参考面。

通常，新建一个 Pro/ENGINEER 零件文件时，系统会自动定义如图 3-3 所示的 3 个基准平面：TOP（顶视）基准平面、FRONT（前视）基准平面和 RIGHT（右视）基准平面。

用户可以根据设计需要创建新的基准平面，新的基准平面将以 DTM1、DTM2、DTM3…来标识。单击 ⟋（基准平面工具）按钮，打开如图 3-4 所示的"基准平面"对话框。

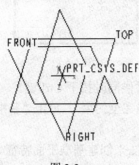

图 3-3

图 3-4

3.2.1 "基准平面"对话框

进入【插入】→【模型基准】→【平面】或单击窗口右侧基准工具栏中的基准平面工具按钮 ⟋，可以打开"基准平面"对话框，如图 3-4 所示。下面对该对话框中各选项进行简要介绍。

3.2.2 选取放置参照和约束

要确定一个基准平面的位置，必须指定一个或多个参照和约束条件，直到该基准平面的位置被完全确定下来。表 3-1 列出了创建基准平面时常用的参照和约束搭配情况。

表 3-1　常用基准平面的约束和参照

约束条件	约束说明	与之搭配的参照
偏移	基准平面由选定参照平移一段距离形成	平面、坐标系
法向	基准平面与选定参照垂直	轴、边、曲线、平面
平行	基准平面与选定参照平行	平面
穿过	基准平面通过选定参照	轴、边、曲线、点/顶点、平面、回转体
相切	基准平面与选定参照相切	回转体

3.2.3　参照选取方法和基准平面创建步骤

创建基准平面的关键是选取可以约束基准面的参照，选取参照的方法和基准平面创建步骤如下：

1. 单击窗口右侧基准工具栏中的基准平面工具按钮 ▱，打开"基准平面"对话框。
2. 为了能在图形窗口中更直接地选取所需要的图素，可以在屏幕右上角的选取过滤器中进行筛选，如图 3-5 所示。
3. 在图形窗口中选取参照后，参照将显示在"基准平面"对话框的"参照"列表中，然后可以用鼠标左键单击该参照，则弹出该参照的约束类型选项下拉框，如图 3-6 所示，在下拉框中选择参照的约束类型。

图 3-5

图 3-6

4. 如果需要添加多个参照，应在鼠标选取的时候同时按下 Ctrl 键。
5. 选取足够的参照后（系统将会判断是否已经完全约束），单击"基准平面"对话框的 确定 按钮，则该基准平面创建完毕。

下面以一个简单例子来讲解如何使用不同的方法来创建基准平面特征。

3.2.4　基准平面特征创建实例

1. 打开文件

单击 ▱（打开现有对象）按钮，选择随书光盘中的"chap03-01.prt"文件，单击对话框中的【打开】按钮，打开文件中存在的图形。

2. "穿过三点"方式建立基准面

1）在菜单栏中点选【插入】→【模型基准】→【平面】命令，或单击窗口右侧的基准特征工具栏中的 ▱（基准平面）按钮，系统弹出"基准平面"对话框。

2) 在绘图窗口中按住 Ctrl 键选取如图 3-7 所示三个点作为参照，设定约束方式为"穿过"，如图 3-7 所示。图中箭头代表了基准平面的法线方向。

3) 单击对话框中的【确定】按钮，完成基准平面的创建，系统自动命名为 DTM1。

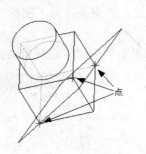

图 3-7

3. "经过两条直线"方式建立基准面

1) 单击基准特征工具栏中的 ⬜（基准平面）按钮，系统弹出"基准平面"对话框。

2) 在绘图窗口中左键选取如图 3-8 所示实体边作为参照，并设定约束条件为"穿过"。按住 Ctrl 键选取如图 3-8 所示曲线作为另一参照，设定约束条件为"法向"。

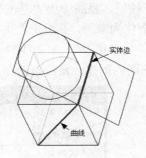

图 3-8

3) 单击对话框中的【确定】按钮，完成基准平面的创建，系统自动命名为 DTM2。

4. "偏移平面一定距离"建立基准面

1) 单击基准特征工具栏中的 ⬜（基准平面）按钮，系统弹出"基准平面"对话框。

2) 在绘图窗口中左键选取如图 3-9 所示实体平面作为参照，并设定约束条件为"偏移"，并在偏移距离输入框中输入平移值 25，如图 3-9 所示。

3) 单击对话框中的【确定】按钮，完成基准平面的创建，系统自动命名为 DTM3。

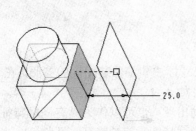

图 3-9

5. "平面与平面外一条直线"建立基准面

1）单击基准特征工具栏中的 ▢（基准平面）按钮，系统弹出"基准平面"对话框。

2）在绘图窗口中左键选取如图 3-10 所示实体边作为参照，并设定约束条件为"穿过"。按住 Ctrl 键选取图 3-10 所示实体面作为另一参照，设定约束条件为"偏移"，并在偏移距离输入框中输入旋转值 45，如图 3-10 所示。

3）单击对话框中的【确定】按钮，完成基准平面的创建，系统自动命名为 DTM4。

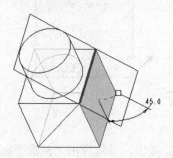 

图 3-10

6. "与圆弧面或圆锥面相切"建立基准面

1）单击基准特征工具栏中的 ▢（基准平面）按钮，系统弹出"基准平面"对话框。

2）在绘图窗口中左键选取如图 3-11 所示圆柱面作为参照，并设定约束条件为"相切"。按住 Ctrl 键选取如图所示点作为另一参照，设定约束条件为"穿过"，如图 3-11 所示。

3）单击对话框中的【确定】按钮，完成基准平面的创建，系统自动命名为 DTM4。

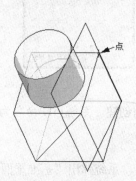 

图 3-11

7. 保存文件

单击工具栏中的保存文件按钮 ▯，完成当前文件的保存。

3.3 创建基准轴

基准轴可以作为创建特征、创建轴阵列、尺寸标注和零件装配等的参照。在 Pro/Engineer 中，生成的基准轴也按照连续的顺序编号指定名称，如 A_1、A_2、A_3、A_4…等，当然也可以进行重命名。基准轴可以作为旋转特征的中心线自动出现；也可以作为具有同轴特征的参考。以下几种特征系统会自动标注出基准轴：拉伸产生的圆柱特征，旋转特征，孔特征。也有例外，当创建圆角特征时，系统不会自动标注基准轴。

3.3.1 基准轴对话框

进入【插入】→【模型基准】→【轴】或单击窗口右侧的基准特征工具栏中的基准轴按钮 ，可以打开"基准轴"对话框，如图 3-12 所示。

3.3.2 参照选取方法及基准轴创建步骤

创建基准轴时，选取参照方法及基准轴创建步骤如下：
1．单击屏幕右侧的基准轴按钮 ，打开"基准轴"对话框。
2．在图形窗口中选取参照。选取后，参照将显示在"基准轴"对话框的"参照"列表中。用鼠标单击列表中的该参照，则弹出该参照的约束类型选项下拉框，如图 3-13 所示，在下拉框中选择参照的约束类型。
3．如果需要添加多个参照，应在鼠标选取的时候同时按下 Ctrl 键。
4．选取足够的参照后（系统将会判断是否已经完全约束），单击"基准轴"对话框的 按钮，则该基准轴创建完毕。

图 3-12

图 3-13

3.3.3 基准轴的创建方法

基准轴的创建方法主要有以下几种。
1）过边界法：通过寻找实体直线边界来创建轴。
2）两点法：经过两个顶点，创建一根基准轴。
3）过点且与平面垂直法：经过一点且与当前平面垂直。
4）垂直指定面法：创建一根轴并垂直于平面。
5）两平面相交法：通过两个平面相交来创建一根基准轴。
6）过圆柱面法：经过圆柱中心轴创建一根基准轴。
下面以一个简单例子来讲解如何使用不同的方法来创建基准轴特征。

3.3.4 基准轴特征创建实例

打开随书光盘中的"chap03-02.prt"的图形文件。

1．"两点法"建立基准轴

1）单击屏幕右侧的基准轴按钮 ，打开"基准轴"对话框。

2）在绘图窗口中左键选取如图 3-14 所示点 1 作为参照，并设定约束条件为"穿过"。按住 Ctrl 键选取图 3-14 所示点 2 作为另一参照，设定约束条件为"穿过"。

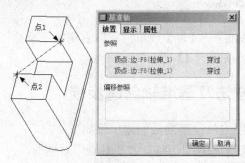

图 3-14

3）单击对话框中的【确定】按钮，完成基准轴的创建，系统自动命名为 A_1。

2．"过点且与平面垂直法"建立基准轴

1）单击基准轴按钮 ，打开"基准轴"对话框。在绘图窗口中左键选取如图 3-15 所示实体面作为参照，并设定约束条件为"法向"。单击"偏移参照"下方区域，使其获得输入焦点，按住 Ctrl 键选取图 3-15 所示实体边 1 和实体边 2 作为偏移参照，并输入如图 3-15 所示的偏移值。

2）单击对话框中的【确定】按钮，完成基准轴的创建，系统自动命名为 A_2。

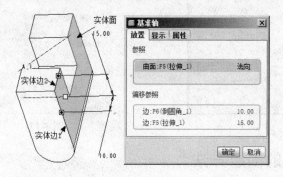

图 3-15

3．"过圆柱面法"建立基准轴

1）单击基准轴按钮 ，打开"基准轴"对话框。在绘图窗口中左键选取如图 3-16 所示圆弧面作为参照，并设定约束条件为"穿过"。

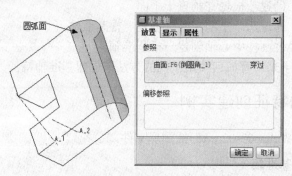

图 3-16

2）单击对话框中的【确定】按钮，完成基准轴的创建，系统自动命名为 A_3。

4．保存文件

单击工具栏中的保存文件按钮 ，完成当前文件的保存。

3.4 创建基准曲线

基准曲线主要用于作为创建扫描、扫描混合或可变剖面扫描等特征时的轨迹线；也可协助基准面、基准轴等基准特征的创建；也可以作为创建空间曲面的边界曲线等。绘制基准曲线有多种方法，总体而言有草绘基准曲线和非草绘基准曲线两大类。

3.4.1 草绘基准曲线

选择【插入】→【模型基准】→【草绘】命令或单击草绘基准曲线按钮 ，系统弹出"草绘"对话框，选定草绘平面和视图参照平面后，单击【草绘】按钮，进入草绘工作界面，然后进行曲线的绘制，读者可以自行试做。

3.4.2 基准曲线

创建基准曲线的工具按钮为 （基准曲线工具），或单击【插入】→【模型基准】→【曲线】命令。系统打开如图 3-17 所示的【曲线选项】菜单，该菜单管理器提供了 4 种创建基准曲线的命令。

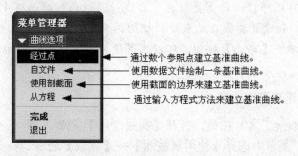

图 3-17

下面通过两个简单例子来讲解如何使用不同的方法来创建基准曲线特征。

3.4.3 基准曲线特征创建实例一

打开随书光盘中的"chap03-03.prt"的图形文件，这是一个如图 3-18 所示的图形。

1．"经过点"建立基准曲线

1）单击 （基准曲线工具）按钮，系统打开如图 3-17 所示的【曲线选项】菜单。

2）选择【经过点】→【完成】命令，将打开如图 3-19 所示的"曲线：通过点"对话框和【连接类型】菜单管理器。默认时，选择【样条】→【整个阵列】→【添加点】命令，此时依次在模型中选择若干个点，如图 3-20 所示，在菜单管理器中选择【完成】命令，接着单击"曲线：通过点"对话框中的【确定】按钮，完成基准曲线的创建。

【连接类型】菜单管理器中各命令的含义如下：

- 【样条】：用样条曲线连接各点。
- 【单一半径】：用指定半径的圆弧连接曲线段。
- 【多重半径】：在每个参照点处指定曲线的连接半径。
- 【单个点】：用随机方式选取需要的点。
- 【整个阵列】：按照基准点的创建顺序依次选取整个基准点阵列。

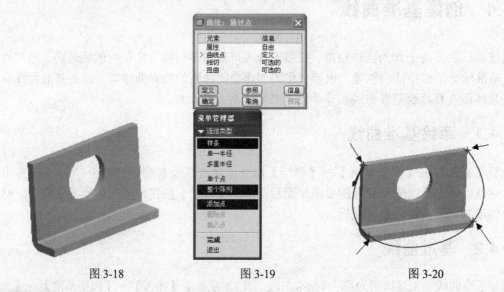

图 3-18　　　　　　　图 3-19　　　　　　　图 3-20

提示：

创建基准曲线时，可以根据设计需要，在"曲线：通过点"对话框中，选择"相切"选项，然后单击【定义】按钮，来设置曲线在端点处的相切约束条件。当在"曲线：通过点"对话框中，选择"扭曲"选项时，单击【定义】按钮，可以通过使用多面体处理的方式来调整过两点的曲线形状。请读者自行练习。

2. "使用剖截面"建立基准曲线

1）单击～（基准曲线工具）按钮，打开【曲线选项】菜单。

2）从【曲线选项】菜单中选择【使用剖截面】→【完成】命令。

3）在出现的如图 3-21 所示的【截面名称】菜单管理器中选择 "A"，则创建的基准曲线如图 3-22 所示。

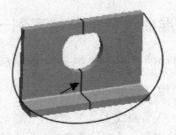

图 3-21　　　　　　　　　　　　　图 3-22

3. 保存文件

单击工具栏中的保存文件按钮 ，完成当前文件的保存。

3.4.4 基准曲线特征创建实例二

步骤1 建立新文件

1）新建一个名为 chap03-04 的零件文件，采用 mmns_part_solid 模板。

步骤2 "从方程"建立基准曲线

1）单击 ～（基准曲线工具）按钮，打开【曲线选项】菜单。

2）从【曲线选项】菜单中选择【从方程】→【完成】命令。打开如图 3-23 所示的对话框和菜单。

3）在模型树或绘图区中选择 PRT_CSYS_DEF 坐标系 ※PRT_CSYS_DEF。

4）系统弹出【设置坐标类型】菜单，如图 3-24 所示。在菜单中选择【笛卡儿】命令。

图 3-23

图 3-24

5）系统出现记事本窗口，在记事本中输入如图 3-25 所示的函数方程。

6）在记事本的【文件】下拉菜单中选择【保存】命令，然后选择【文件】→【退出】命令。

7）在"曲线：从方程"对话框中单击【确定】按钮，创建曲线如图 3-26 所示。

图 3-25

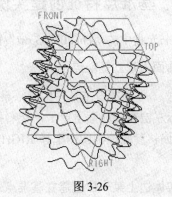
图 3-26

步骤3 保存文件

单击工具栏中的保存文件按钮 ，完成当前文件的保存。

3.5 创建基准点

基准点主要被用来进行空间定位，可以用于建构一个曲面造型，放置一个孔以及加入基准目标符号和注释，这些可能在创建管特征时都需要用到。基准点显示为×，编号为 PNT0、PNT1、PNT2、…

3.5.1 基准点的创建方式

可以通过选择【插入】→【模型基准】→【点】，或单击窗口右侧的基准点按钮 ，Pro/E 提供四种方式创建基准点，它们分别是创建一般点、偏移坐标系创建基准点和创建域基准点。

3.5.2 创建基准点（一般基准点）

"一般基准点"方式是创建基准点最常用的方法，它通过选取一些参照作为约束条件来创建基准点。它的"基准点"对话框如图 3-27 所示。

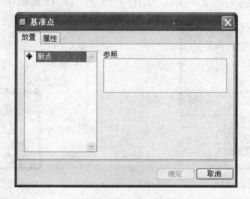

图 3-27

下面以一个简单例子来讲解如何使用不同的方法来创建基准点特征。

3.5.3 基准点特征创建实例

打开随书光盘中的"chap03-05.prt"图形文件，如图 3-28 所示。

1. 在曲面上建立基准点

1）单击 （基准点工具）按钮，系统打开如图 3-29 所示的"基准点"对话框。

2）鼠标左键在顶曲面上单击，接着拖动其中一个偏移参照控制图柄选择 FRONT 基准平面，拖动另一个偏移参照控制图柄选择 RIGHT 基准平面，并分别设置其相应的偏移距离，如图 3-30 所示。

2. 在实体边上某一位置建立基准点

1）在"基准点"对话框中，用鼠标左键切换到 新点 创建状态。

2）鼠标左键在如图 3-30 所示实体边上单击，在"基准点"对话框中，选择"比率"选项，输入偏移比率为 0.6。

3. 在实体边与某一平面相交位置处建立基准点

1）在"基准点"对话框中，用鼠标左键切换到 新点 创建状态。

2）鼠标左键选取如图 3-31 所示实体边并按住 Ctrl 键选取 RIGHT 基准平面。

项目三 创建基准特征

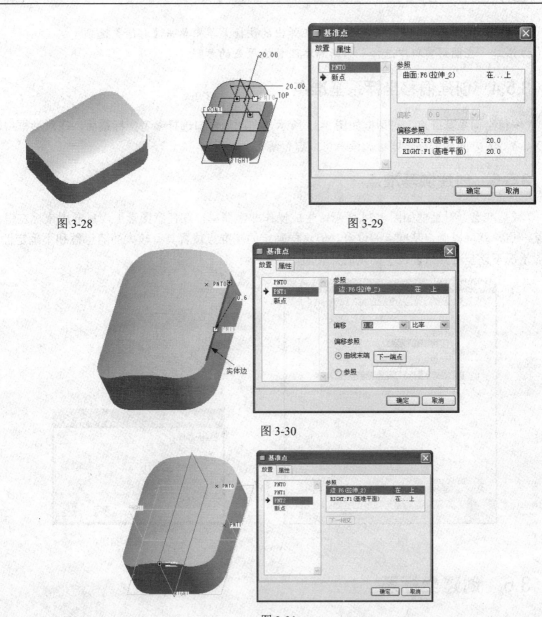

图 3-28　　　　　　　　　　　　图 3-29

图 3-30

图 3-31

3）单击"基准点"对话框中的【确定】按钮。创建的基准点如图 3-32 所示。

4．保存文件

单击工具栏中的保存文件按钮 ▢，完成当前文件的保存。

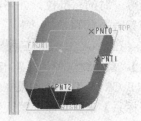

图 3-32

> **提示：**
> 要在同一基准点创建对话框中添加一个新的基准点时，应首先单击"基准点"对话框左栏显示的"新点"，然后选择参照（若要添加多个参照，应按住 Ctrl 键进行选择）。
> 若要删除一个参照，可使用如下方法：

方法一：选中参照，单击鼠标右键，在弹出的快捷菜单中单击【移除】选项。
方法二：在图形窗口中选择一个新的参照替换原来的参照。

3.5.4 创建偏移坐标系基准点

"偏移坐标系基准点"对话框如图 3-33 所示，在图形窗口选择参考坐标系后，在对话框中输入 X、Y、Z 方向的偏移值即可。读者可以自行练习。

3.5.5 创建域基准点

"域基准点"对话框如图 3-34 所示，生成操作非常简单，在任意图素上，只要用鼠标左键单击某一点，就可以确定基准点的位置。但这样确定的基准点位置具有较大的随意性和不确定性，一般情况下该基准点只能位于图素的外表面。

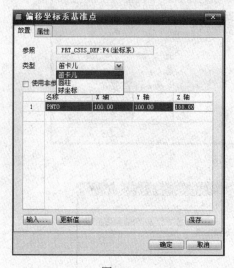
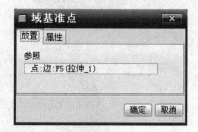

图 3-33　　　　　　　　　　　　　　图 3-34

3.6 创建坐标系

基准坐标系的作用：辅助建立其他基准特征，计算模型的物理量（质量、质心、体积、惯性矩等）时的基准位，外部数据输入（如 IGS、IBL 等）时的参考位置设定，进行 NC 加工编程时的参考系统等。

在 Pro/E 中使用三种坐标系：【笛卡儿坐标系】（即直角坐标系）、【圆柱坐标系】和【球坐标系】。系统默认使用【笛卡儿坐标系】，并在进入系统工作时已经建立了一个默认坐标系，命名为 PRT_CSYS_DEF。如果在使用中默认坐标系被删除，可以进入【插入】→【模型基准】→【缺省坐标系】来重新建立默认坐标系。

3.6.1 "坐标系"对话框

进入【插入】→【模型基准】→【坐标系】，或单击基准特征工具栏的坐标系按钮。打开"坐标系"对话框，如图 3-35 所示。

建立新坐标系主要须确定原点位置和坐标轴方向,在"坐标系"对话框中"原始"选项卡用于确定原点位置,其中【偏移类型】是当选择其他坐标系为偏移参照时有效,如图3-35所示;"定向"选项卡用于确定坐标轴方向,如图3-36所示,在"方向"选项卡中,"关于X、Y、Z"用来设定相对X、Y、Z轴旋转角度。

图 3-35

图 3-36

下面以一个简单例子来讲解如何使用不同的方法来创建坐标系。

3.6.2 坐标系创建实例

打开随书光盘中的"chap03-06.prt"图形文件。

1. "偏移坐标系"方式建立基准坐标系

1)单击基准特征工具栏的 ※ (基准坐标系工具)按钮,系统打开"坐标系"对话框。

2)选择零件默认坐标系 PRT_CSYS_DEF 为参照坐标系,在"原始"选项卡中设定偏移类型为"笛卡儿",并设定沿 X、Y、Z 方向都偏移 25。在"方向"选项卡中,设定绕 X 轴旋转 45°,绕 Y、Z 轴旋转 0°,如图 3-37 所示。

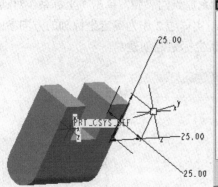
图 3-37

3)单击"坐标系"对话框中的【确定】按钮,完成新坐标系的创建。

2. "三平面"方式建立基准坐标系

1)单击基准特征工具栏的 ※ (基准坐标系工具)按钮,系统打开"坐标系"对话框。

2)按住 Ctrl 键依次选择如图 3-38 所示的实体平面 1、平面 2、平面 3,系统自动以三个平面的交点作为新坐标系的原点,以第一个选择面的法线方向为【确定】方向(这里是坐标系的 X 轴方向),第二个选择面的法线方向为【投影】方向(这里是坐标系的 Y 轴方向)。

3)单击"坐标系"对话框中的【确定】按钮,完成新坐标系的创建。

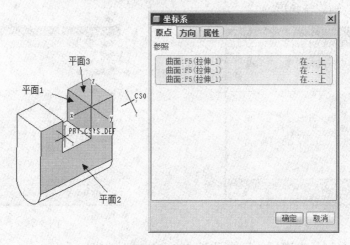

图 3-38

3. "两条边或轴"方式建立基准坐标系

1)单击基准特征工具栏中的 ※(基准坐标系工具)按钮,系统打开"坐标系"对话框。

2)按住 Ctrl 键依次选择如图 3-39 所示的实体边 1、实体边 2,系统自动以二条边的交点作为新坐标系的原点,以第一条选择边的延伸方向为【确定】方向(这里是坐标系的 X 轴方向),第二条选择边的延伸方向为【投影】方向(这里是坐标系的 Y 轴方向)。

3)单击"坐标系"对话框中的【确定】按钮,完成新坐标系的创建。

4. "一个点+两条边或轴"方式建立基准坐标系

1)单击基准特征工具栏的 ※(基准坐标系工具)按钮,系统打开"坐标系"对话框。

2)选择如图 3-40 所示的基准点 PNT0 作为放置新坐标系原点的参照,单击"坐标系"对话框中的"方向"选项卡,依次选择如图 3-40 所示两条实体边 1、实体边 2 作为确定坐标轴的方向参照。

3)单击"坐标系"对话框中的【确定】按钮,完成新坐标系的创建。

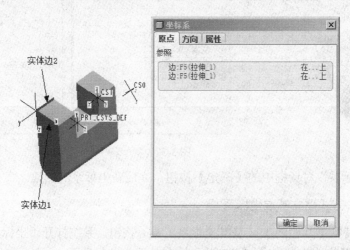

图 3-39

项目三 创建基准特征

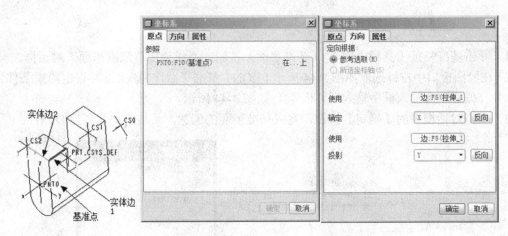

图 3-40

5. 保存文件

单击工具栏中的保存文件按钮 ⌷，完成当前文件的保存。

实训 3 基准特征综合训练

本实例应用基准平面、基准点、基准曲线等特征创建如图 3-41 所示曲面模型。

步骤 1 建立新文件

新建文件名为"chap03-07"的零件文件，选择 mmns_part_solid 模板（具体零件文件创建步骤详见项目一中"基本的文件管理操作内容"）。

步骤 2 草绘基准曲线 1

1）单击基准特征工具栏中的 ⌷ （草绘工具）按钮，打开"草绘"对话框。

图 3-41

2）选择 FRONT 基准平面作为草绘平面，RIGHT 基准面作为参照面，单击【草绘】按钮，进入草绘工作界面。

3）绘制如图 3-42 所示曲线（一圆弧，备注：圆弧两端点左右对称且与水平参照相切）。

4）单击草绘命令工具栏中的 ✓ 按钮，完成草绘基准曲线 1 的绘制。按 Ctrl+D 组合键，以标准方向的视角来显示，效果如图 3-43 所示。

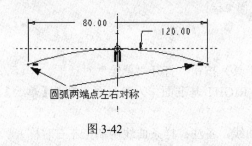

图 3-42

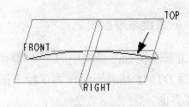

图 3-43

步骤 3 创建基准平面 DTM1

1）单击基准特征工具栏中的 ⬜（基准平面）按钮，系统弹出"基准平面"对话框。

2）在绘图窗口中左键选取如图 3-44 所示 FRONT 基准平面作为参照，并设定约束条件为"偏移"，并在偏移距离输入框中输入平移值 40，如图 3-44 所示。

3）单击对话框中的【确定】按钮，完成基准平面的创建，系统自动命名为 DTM1。

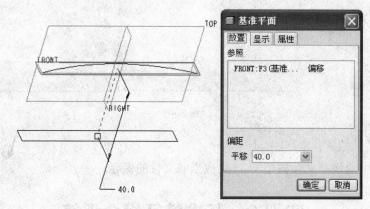

图 3-44

步骤 4 创建基准平面 DTM2

1）单击基准特征工具栏中的 ⬜（基准平面）按钮，系统弹出"基准平面"对话框。

2）在绘图窗口中左键选取如图 3-45 所示上一步骤创建的 DTM1 基准平面作为参照，并设定约束条件为"偏移"，并在偏移距离输入框中输入平移值 40，如图 3-45 所示。

3）单击对话框中的【确定】按钮，完成基准平面的创建，系统自动命名为 DTM2。

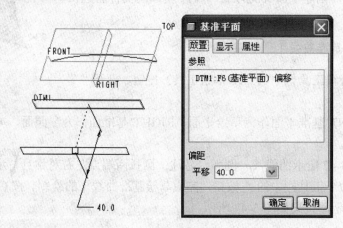

图 3-45

步骤 5 草绘基准曲线 2

1）单击基准特征工具栏中的 ⬜（草绘工具）按钮，打开"草绘"对话框。

2）选择 DTM1 基准平面作为草绘平面，RIGHT 基准面作为参照面，单击【草绘】按钮，进入草绘工作界面。

3）绘制如图 3-46 所示曲线（一条样条曲线，备注：样条曲线两端点左右对称）。

项目三 创建基准特征

4)单击草绘命令工具栏中的 ✓ 按钮,完成草绘基准曲线 2 的绘制。按 Ctrl+D 组合键,以标准方向的视角来显示,效果如图 3-47 所示。

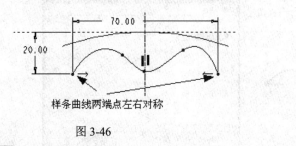
图 3-46

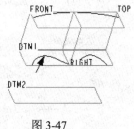
图 3-47

步骤 6 草绘基准曲线 3

5)单击基准特征工具栏中的 ▦ (草绘工具)按钮,打开"草绘"对话框。

6)选择 DTM2 基准平面作为草绘平面,RIGHT 基准面作为参照面,单击【草绘】按钮,进入草绘工作界面。

7)绘制如图 3-48 所示曲线(一圆弧,备注:圆弧两端点左右对称且与水平参照相切)。

8)单击草绘命令工具栏中的 ✓ 按钮,完成草绘基准曲线 3 的绘制。按 Ctrl+D 组合键,以标准方向的视角来显示,效果如图 3-49 所示。

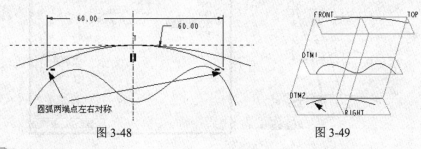

图 3-48　　　　　　图 3-49

步骤 7 创建基准点 PNT0

1)单击 ×× (基准点工具)按钮,系统打开"基准点"对话框。

2)鼠标左键选取如图 3-50 所示草绘基准曲线 1 并按住 Ctrl 键选取 RIGHT 基准平面。

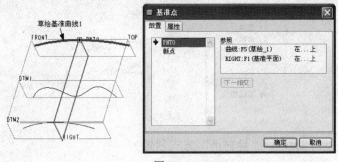

图 3-50

步骤 8 创建基准点 PNT1

1)在"基准点"对话框中,鼠标左键切换到 ➤ 新点 创建状态。

2)鼠标左键在如图 3-51 所示草绘基准曲线 2 上单击,在"基准点"对话框中,选择"比率"

选项,输入偏移比率为 0.5。

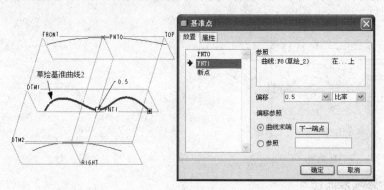

图 3-51

步骤9 创建基准点 PNT2

1)在"基准点"对话框中,鼠标左键切换到 ➡ 新点 创建状态。

2)鼠标左键选取如图 3-52 所示草绘基准曲线 3 并按住 Ctrl 键选取 RIGHT 基准平面。

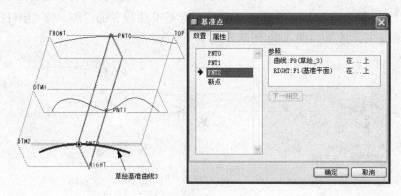

图 3-52

3)单击"基准点"对话框中的【确定】按钮。创建的基准点如图 3-53 所示。

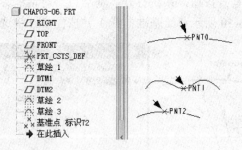

图 3-53

步骤10 建立基准曲线 1("经过点"方式创建)

1)单击 ～（基准曲线工具）按钮,系统打开【曲线选项】菜单。

2)选择【经过点】→【完成】命令,打开"曲线:通过点"对话框和菜单管理器。选择【样条】→【整个阵列】→【添加点】命令,此时依次在模型中选择如图 3-54 所示三个曲线端点,在菜单管理器中选择【完成】命令,接着单击"曲线:通过点"对话框中的【确定】按钮,完成基准曲线 1 的创建，创建的基准曲线 1 如图 3-55 所示。

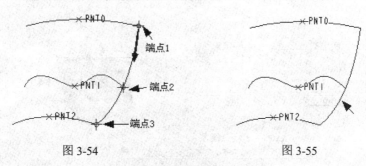

图 3-54　　　　　　　　　　　　　图 3-55

步骤 11　建立基准曲线 2（"经过点"方式创建）

1）单击 ～（基准曲线工具）按钮，系统打开【曲线选项】菜单。

2）选择【经过点】→【完成】命令，打开"曲线：通过点"对话框和菜单管理器。选择【样条】→【整个阵列】→【添加点】命令，此时依次在模型中选择如图 3-56 所示步骤 7、8、9 创建的三个基准点 PNT0、PNT1、PNT2，在菜单管理器中选择【完成】命令，接着单击"曲线：通过点"对话框中的【确定】按钮，完成基准曲线 2 的创建，创建的基准曲线 2 如图 3-57 所示。

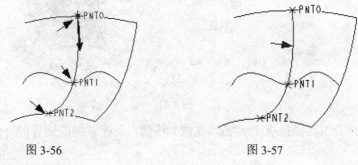

图 3-56　　　　　　　　　　　　　图 3-57

步骤 12　建立基准曲线 3（"经过点"方式创建）

用同样的方法，依次选择模型中如图 3-58 所示三个曲线端点，完成基准曲线 3 的创建，创建的基准曲线 3 如图 3-59 所示。

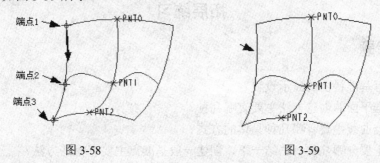

图 3-58　　　　　　　　　　　　　图 3-59

步骤 13　创建边界混合曲面（注：具体的边界混合曲面创建方法与步骤可参考项目八）

1）在特征工具栏上，单击 ⌀（边界混合工具）按钮，或在菜单栏中选择【插入】→【边界混合】命令，打开边界混合工具操控板。

2）点选【曲线】按钮，系统弹出如图 3-60 所示的面板，点选作为第一个方向的边界曲线 1，并在按住 Ctrl 键的同时选择曲线 2 和曲线 3，如图 3-60 所示。

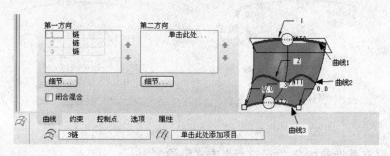

图 3-60

3）在【曲线】面板中单击【第二方向】下的区域，使其获得输入焦点，点选作为第二个方向的边界曲线 1，并在按住 Ctrl 键的同时选择曲线 2 和曲线 3，如图 3-61 所示。

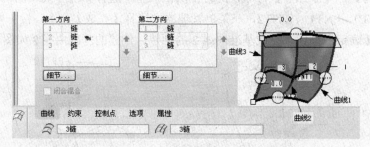

图 3-61

4）单击边界混合工具操控板上的 ✓（完成）按钮，创建双向的边界混合曲面，如图 3-41 所示。

步骤 17 保存文件

单击工具栏中的保存文件按钮 ▫，完成当前文件的保存。

拓展练习

一、思考题

1．如何进行基准特征的显示设置？
2．选择基准平面的创建方法主要有哪几种？
3．创建基准曲线主要有哪几种具体的方式？
4．基准点主要分哪几种？总结一下，创建一般基准点主要有哪些方法？

二、练习题

利用【拉伸】特征（请读者参照项目四内容）、【基准平面】等特征，创建如图 3-62 所示的实体模型。

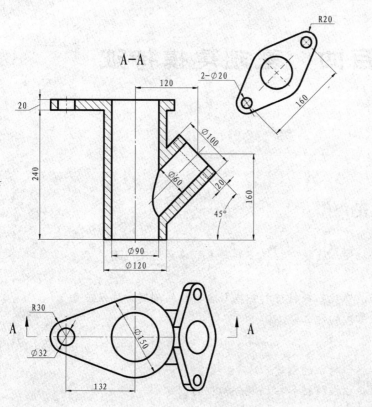

图 3-62

项目四 基础建模特征

【教学目标】
1. 会进入实体模型创建环境
2. 了解实体模型工作界面
3. 掌握基本实体特征（拉伸、旋转、扫描、混合）创建方法及应用
4. 掌握特征操作和编辑方法
5. 掌握变截面扫描特征、螺旋扫描特征和扫描混合特征的创建方法及应用
6. 了解关系的概念、关系式的建立

【知 识 点】
1. 拉伸、旋转、扫描和混合特征的创建
2. 变截面扫描特征、螺旋扫描特征和扫描混合特征的创建
3. 关系的概念、关系式的建立

【重点与难点】
1. 草绘平面与参考平面的含义及选取
2. 选取合适的拉伸深度形式
3. 合理确定可变截面扫描的轨迹线
4. 正确绘制螺旋扫描的截面图形
5. 混合特征创建时边数不同的处理方法
6. 综合应用各种特征创建实体零件

【学习方法建议】
1. 课堂：多动手操作实践
2. 课外：课前预习，课后复习相关基础知识，结合本项目内容及时练习，学习掌握综合运用所学知识的方法，慢慢培养良好的建模思路

【建议学时】
16学时

Pro/ENGINEER 是基于特征的实体造型软件，即零件模型的构造是由各种特征组建而成的。零件建模时一定要先对模型进行深入的特征分析，搞清楚零件由哪些特征构成，明确各个特征的形状以及它们之间的相对位置和连接关系，然后根据特征之间的主次关系以一定顺序进行建模。在设计过程中可以随时更改特征的参数及相关信息，从而改变零件的外形。

本项目将首先介绍三维模型创建的基础知识，然后重点介绍三维模型基础特征具体的参数化设计。这些特征包括拉伸、旋转、混合、扫描等。本章主要介绍以上常见基础特征的创建方法及其步骤，并通过实战演练来巩固知识点。

4.1 基础知识

基础建模特征也称为草绘实体特征，是指由二维截面经过拉伸、旋转、扫描和混合等方法而形成的一类实体特征。草绘须在草绘平面（Sketched Plane）上进行，选择草绘平面之后，还须选择一个与之垂直的参照平面（Reference Plane），以确定草绘平面的方位。草绘实体特征可以对零件模型进行添加材料和去除材料操作。

4.1.1 草绘平面与参照平面的概念

草绘实体特征是从草绘截面开始的，每一个截面的创建过程中都须指定一个平面作为它的绘图工作平台。草绘平面就是特征截面或轨迹的绘制平面，类似于绘制二维图时的图纸。草绘平面可选择基准平面、实体表面等。

选择了草绘平面后，草绘平面将与显示器屏幕重叠，草绘平面的法向与屏幕法向相同。为使草绘平面位置正确，还须指定一个与草绘平面垂直的平面作为草绘平面的参照，该平面即为参照平面。参照平面可作为草绘平面的顶面（Top）、底面（Bottom）、左面（Left）、右面（Right），用于确定草绘平面在屏幕上的位置。参照平面的法向代表了参照平面在屏幕上的朝向。

4.1.2 伸出项与切口

要加工出零件的形状和尺寸无非两种方法：一种是用添加材料方法，如铸造、锻造及焊接等；另一种是用去除材料的方法，如车、铣、刨、磨等切削加工。同样，创建零件三维模型也如同加工零件，也有类似的添加材料和去除材料两种方法。Pro/ENGINEER 中创建零件的三维模型就有相应的两种方法，据此可将草绘特征分成【伸出项】和【切口】两类。

- 【伸出项】：通过添加材料（体积增加）产生的草绘实体特征。
- 【切口】：通过去除材料（体积减少）产生的草绘实体特征。

在 Pro/ENGINEER 中，对零件模型进行添加材料和去除材料操作过程是相似的，有时区别仅仅是一个切换按钮。当该按钮处于弹出状态即 ◻ 时为添加材料；当该按钮处于按下状态即 ◻ 时，为去除材料。零件的第一个实体特征必须是添加材料特征。

4.1.3 创建实体特征的基本方法

通常的三维建模包括以下几个步骤。
① 建立一个实体文件，进入零件设计界面；
② 分析零件特征，确定特征创建顺序；
③ 确定草绘平面和参考平面；
④ 创建并修改基本特征；
⑤ 创建并修改其他构造特征；
⑥ 所有特征完成后，存储零件模型。

1. 特征分析

在每个具体的三维实体的建模之前，要对其进行特征分析。所谓的特征，是指可以由参数驱动的实体模型。

任何复杂的机械零件，从特征的角度看，都可以看成是由一些简单的特征所构成的。通过定义一系列的特征的形状以及与该特征相关的位置，即可生成较复杂的零件模型。改变这些形状与位置的定义，就改变了零件的形状和性质。

一个较复杂的三维实体可以分解成数个较简单的实体的叠加、裁减或相交。在建模的过程中首先需要明确各个特征的形状，它们之间的相对位置和表面连接关系，然后按照特征的主次关系，按一定的顺序进行建模。在建模过程中，特征的生成顺序是非常重要的。虽然不同的建模过程也可以构造出同样的实体零件，但造型的次序以及零件的特征结构直接影响零件模型的稳定性、可修改性、可理解性及模型的通用性。通常，模型结构越复杂，其稳定性、可修改性、可理解性就越差。因此，在技术要求允许的情况下，应尽量简化实体的特征结构，使用较少的实体元素。

2. 草绘平面和参考平面

Pro/ENGINEER 提供了"FRONT"、"RIGHT"和"TOP"三个默认的正交基准视图平面作为基本特征。默认的基准平面可在零件装配等许多方面为设计者提供方便。鉴于正交基准平面的诸多优越性，建议设计者使用三个默认的正交基准视图平面作为零件建模的基本特征。

创建草绘特征时，系统会要求选取一个草绘平面和一个参考平面，并且要求参考平面与绘图平面垂直。如何合理地选取绘图平面和参考平面，需要设计者在大量的实际训练中细心体会。

4.2 创建拉伸特征

拉伸特征实际是将二维的剖面图形沿着指定的方向（直线方向）和指定的高度伸长创建形成一个实体，所使用的剖面是通过草绘环境绘制的。拉伸特征可以创建拉伸实体特征（如图 4-1）、创建拉伸曲面特征（如图 4-2）、拉伸减料特征（如图 4-3）和拉伸薄板特征（如图 4-4）。

图 4-1　　　　图 4-2　　　　图 4-3　　　　图 4-4

其具体操作步骤如下：选取拉伸特征工具→设置草绘平面→设置标注和约束参照平面→绘制特征截面→确定特征生成方向→确定截面的拉伸深度。

4.2.1 拉伸特征介绍

在特征工具栏中单击 （拉伸工具）按钮，或者从菜单栏中选择【插入】→【拉伸】命令，打开如图 4-5 所示的拉伸工具操控板。

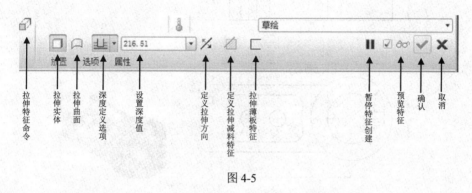

图 4-5

深度定义选项内图标意义：

- ：从草绘平面以指定的深度值单向拉伸，单击其旁边的 按钮，有几种其他方式的拉伸模式供选用。
- ：在草绘平面的两侧各将剖面双向拉伸设定距离的一半。
- ：将截面拉伸至下一曲面。
- ：拉伸至与所有曲面相交，即沿一个方向拉伸，并穿透所有特征。
- ：拉伸至与选定的曲面相交。
- ：拉伸至选定的点、曲线、平面或曲面。

操控面板内各选项意义：

- 放置：用来定义或编辑草绘截面。单击此按钮，显示【放置】面板，单击其中的 定义… 按钮或 编辑… 按钮，打开"草绘"对话框定义草绘平面或重定义拉伸截面。
- 选项：主要用来确定第一方向和第二方向的深度选项和相应的拉伸深度，如图 4-6 所示。
- 属性：用来定义拉伸特征的名称以及查询其详细信息，如图 4-7 所示。单击 （显示此特征的信息）按钮，可以打开浏览器查看该拉伸特征的详细信息。

图 4-6　　　　　　　　　　　　　　　图 4-7

下面以一个简单例子来讲解如何创建拉伸特征。

4.2.2　拉伸特征建模实例

本例使用拉伸增料特征、拉伸减料特征建立如图 4-8 所示的模型。其创作思路流程图如图 4-9 所示。

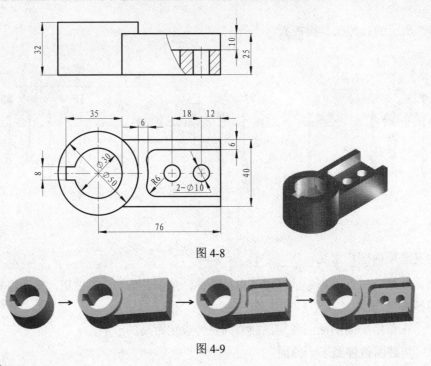

图 4-8

图 4-9

步骤 1 建立新文件

1）单击工具栏中的新建文件按钮 □ 或选择菜单命令【文件】→【新建】，在弹出的"新建"对话框中的"类型"选项组中，选中"零件"单选按钮，在"子类型"选项组中，选中"实体"单选按钮。在"名称"文本框中输入文件名为 chap04-01，取消选中"使用缺省模板"复选框以取消使用默认模板，单击【确定】按钮，如图 4-10 所示。

2）出现"新文件选项"对话框，在"模板"选项组中选择 mmns_part_solid，单击【确定】按钮，进入零件设计模式。新零件文件中存在着预定义好的 3 个基准平面，它们是：RIGHT、TOP、FRONT 和基准坐标系 PRT_CSYS_DEF，如图 4-11 所示。

图 4-10

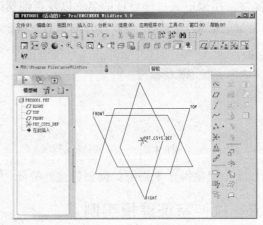

图 4-11

步骤 2 建立拉伸增料特征

1）单击拉伸工具按钮 ⌐⌐，打开拉伸特征操控板，默认时，拉伸特征操控板上的按钮 □ （实体）处于选中状态，如图 4-12 所示。

图 4-12

2）单击【放置】面板中的【定义】按钮，系统显示"草绘"对话框，如图 4-13 所示。该对话框中显示指定的草绘平面、参照平面、视图方向等内容。

3）选择 TOP 基准面为草绘平面，RIGHT 基准面为参照平面，接受系统默认的视图方向，如图 4-14 所示。单击"草绘"对话框中的【草绘】按钮，系统进入草绘工作环境。

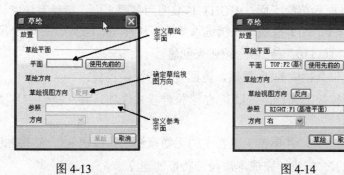

图 4-13　　　　　　　　图 4-14

4）绘制如图 4-15 所示的截面，单击草绘命令工具栏中的 ✔ 按钮，完成拉伸截面的绘制。

提示：

倘若要生成拉伸实体特征，其截面必须是封闭的。如果截面不是封闭图形，单击草绘工具栏中的 ✔ 按钮，则会弹出"不完整截面"对话框，如图 4-16 所示，用户须重新检查截面是否封闭。（用户可以通过 Pro/E 5.0 提供的草绘器诊断工具　　　　来判断截面是否封闭或问题出在什么位置）

若生成的是拉伸曲面或薄板特征，截面可以是开放的。

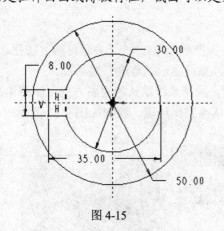

图 4-15

图 4-16

5）在拉伸工具操控板上选择系统默认的 拉伸模式选项，并在拉伸工具操控板中的文本框中输入拉伸值为"32"，如图 4-17 所示。

6）单击预览按钮　　　，模型如图 4-18 所示。单击拉伸特征操控板中的 ✔ 按钮，完成本次拉伸特征的建立。

图 4-17　　　　　　　　　　　　　　　图 4-18

步骤 3　在已有零件基础上建立拉伸增料特征

1）单击拉伸工具按钮，单击【放置】面板中的【定义】按钮，系统显示"草绘"对话框。

2）选择 TOP 基准面为草绘平面，RIGHT 基准面为参照平面，接受系统默认的视图方向。单击"草绘"对话框中的【草绘】按钮，系统进入草绘工作环境。绘制如图 4-19 所示的截面（截面左边的圆弧可以使用"通过边"命令按钮来创建）。

3）单击草绘命令工具栏中的按钮，返回拉伸特征操控板。

4）在拉伸工具操控板上选择系统默认的拉伸模式选项，并在拉伸工具操控板中的文本框中输入拉伸值为"25"。

5）单击预览按钮，并单击工具栏中的无隐藏线切换按钮，结果如图 4-20 所示。单击拉伸特征操控板中的按钮，完成本次拉伸特征的建立。

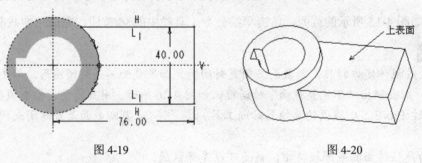

图 4-19　　　　　　　　　　　　　　　图 4-20

步骤 4　建立拉伸减料特征

1）单击拉伸工具按钮，打开拉伸特征操控板，单击（去除材料）按钮。

2）单击【放置】面板中的【定义】按钮，系统显示"草绘"对话框。

3）选择图 4-20 所示的上表面为草绘平面，接受系统默认的视图方向，如图 4-21 所示。单击"草绘"对话框中的【草绘】按钮，系统进入草绘工作环境。绘制如图 4-22 所示的截面。

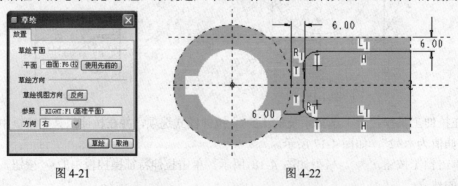

图 4-21　　　　　　　　　　　　　　　图 4-22

4）单击草绘命令工具栏中的按钮，返回拉伸特征操控板。

5）在拉伸工具操控板中的文本框中输入拉伸值为"10"，如图4-23所示。
6）单击拉伸特征操控板中的 ✓ 按钮，完成本次拉伸特征的建立，结果如图4-24所示。

图4-23　　　　　　　　　　　　图4-24

步骤5　再次建立拉伸减料特征

1）单击拉伸工具按钮 ⟋，打开拉伸特征操控板，在拉伸特征操控板上单击 ⟋（去除材料）按钮。
2）单击【放置】面板中的【定义】按钮，系统显示"草绘"对话框。
3）选择如图4-24所示表面A为草绘平面，接受系统默认的视图方向。单击"草绘"对话框中的【草绘】按钮，系统进入草绘工作环境。绘制如图4-25所示的截面（两个圆）。
4）单击草绘命令工具栏中的 ✓ 按钮，返回拉伸特征操控板。
5）在拉伸工具操控板上选择 ⫴（穿透）拉伸模式选项，单击拉伸特征操控板中的 ✓ 按钮，完成本次拉伸特征的建立。结果如图4-26所示。

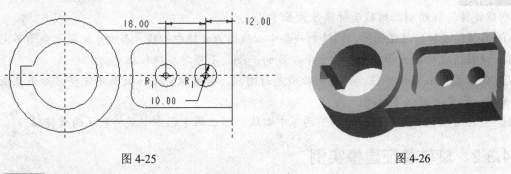

图4-25　　　　　　　　　　　　图4-26

步骤6　保存文件

单击菜单【文件】→【保存】命令，保存当前模型文件。

4.3　旋转特征

4.3.1　旋转特征介绍

旋转特征是将特征截面绕旋转中心线旋转而成的一类特征，适合于构建回转体零件与特征。适合于构建盘类、轴类实体，特别适用于内孔截面大小有变化的轴类实体构建。

在特征工具栏中单击 ⟳（旋转工具）按钮，或者从菜单栏中选择【插入】→【旋转】命令，打开如图4-27所示的旋转工具操控板。

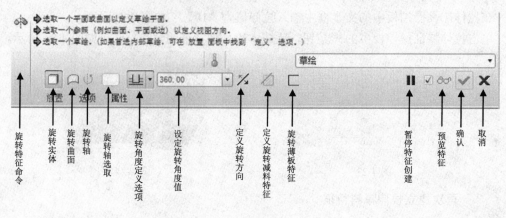

图 4-27

旋转角度定义选项内图标意义：

- ⛃：按指定的旋转角度，沿一个方向旋转。
- ⛁：按指定的旋转角度，以草绘平面为分界面向两侧旋转。
- ⛂：沿一个方向旋转到指定的点、曲线、平面或曲面。
- 360.0 ：系统提供默认的 4 种旋转角度，即 90、180、270、360。同时也可直接输入 0.0001～360 之间的任一值。

| 提示：

创建旋转特征绘制二维截面时须注意如下几点：
① 在草绘旋转特征截面时，须绘制一条中心线作为旋转中心线。否则系统提示截面不完整。
② 旋转特征的截面必须全部位于中心线的一侧，不可与旋转轴相交。
③ 倘若要生成实体特征，其截面必须是封闭的，否则系统提示截面不完整。如果生成的是旋转曲面，则截面可以不封闭。
④ 当在绘制旋转剖面时，绘制了两根中心线，那么第 1 根中心线将默认为旋转轴。

4.3.2 旋转特征建模实例

利用旋转特征创建如图 4-28 所示轴类零件。

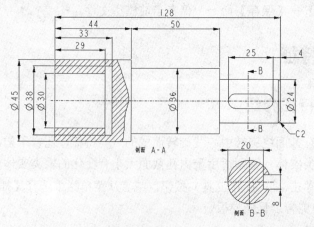

图 4-28

项目四 基础建模特征

步骤 1 建立新文件

新建文件名为"chap04-02"的零件文件,选择 mmns_part_solid 模板。

步骤 2 建立旋转增料特征

1)单击旋转工具按钮 ,在旋转特征操控板中单击【放置】面板中的【定义】按钮,系统显示"草绘"对话框。选择 FRONT 基准面为草绘平面,RIGHT 基准面为参照平面,接受系统默认的视图方向。单击"草绘"对话框中的【草绘】按钮,系统进入草绘工作环境。

2)绘制如图 4-29 所示的一条中心线和特征截面,单击草绘工具栏中的 按钮,确认草绘截面无误后,单击草绘命令工具栏中的 按钮,退出草绘模式。

3)在旋转特征操控板中接受默认的旋转角度为 360°。单击预览 按钮,结果如图 4-30 所示。单击旋转特征操控板中的 按钮,完成本次旋转特征的建立。

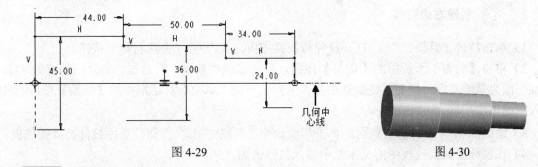

图 4-29   图 4-30

步骤 3 建立旋转减料特征

1)单击旋转工具按钮 ,默认时,单击 (去除材料)按钮。

2)在旋转特征操控板中单击【放置】面板中的【定义】按钮,系统显示"草绘"对话框。

3)单击"草绘"对话框中的 使用先前 按钮,再单击该对话框中的【草绘】按钮,系统进入草绘工作环境。

4)绘制如图 4-31 所示的一条几何中心线和截面(阴影区域)。单击草绘命令工具栏中的 按钮,回到旋转特征操控板。

5)设定去除的材料侧箭头朝向截面内侧,在旋转特征操控板中接受默认的旋转角度为 360°。单击预览 按钮,结果如图 4-32 所示。

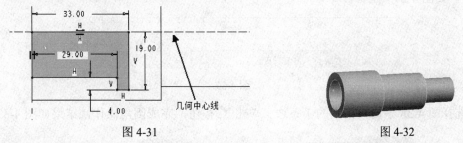

图 4-31   图 4-32

6)单击旋转特征操控板中的 按钮,完成该零件模型的建立。

步骤 4 创建基准平面

1)单击基准特征工具栏中的 (基准平面)按钮,系统弹出"基准平面"对话框。

2）在绘图窗口中左键选取 TOP 基准平面作为参照，并设定约束条件为"偏移"，并在偏移距离输入框中输入平移值"13"，如图 4-33 所示。

3）单击对话框中的【确定】按钮，新创建的基准平面 DTM1 如图 4-34 所示。

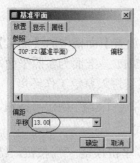

图 4-33

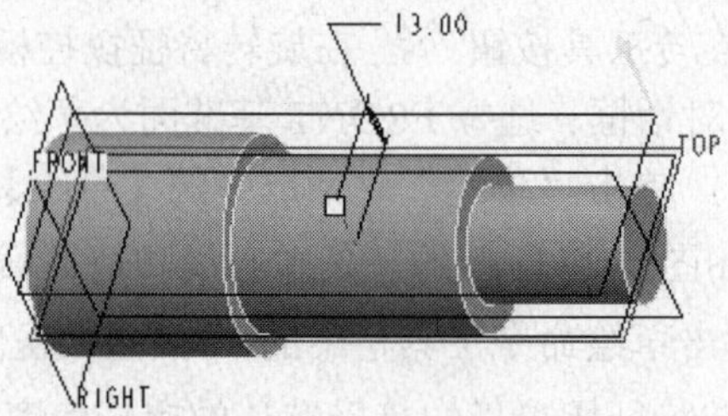

图 4-34

步骤 5 创建右边键槽

1）单击拉伸工具按钮 ，打开拉伸特征操控板，单击 （去除材料）按钮。

2）单击【放置】面板中的【定义】按钮，系统显示"草绘"对话框。选择刚创建的 DTM1 基准平面为草绘平面，接受系统默认的视图方向。单击"草绘"对话框中的【草绘】按钮，系统进入草绘工作环境。

3）绘制如图 4-35 所示的截面。单击草绘命令工具栏中的 按钮，返回拉伸特征操控板。

4）在拉伸工具操控板中的文本框中输入拉伸值为"5"。

5）单击拉伸特征操控板中的 按钮，完成本次拉伸特征的建立，结果如图 4-36 所示。

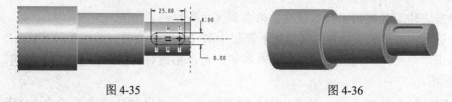

图 4-35

图 4-36

步骤 6 创建倒角特征

1）单击倒角工具按钮 ，系统显示倒角特征操控板。选择"D×D"的倒角方式，设定 D 值为"2"，如图 4-37 所示。

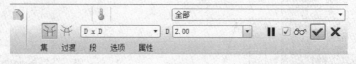

图 4-37

2）选择图 4-38 中箭头指示的 1 条边。单击 按钮，完成倒角操作，结果如图 4-39 所示。

图 4-38

图 4-39

项目四 基础建模特征

步骤 7 保存文件

单击菜单【文件】→【保存】选项，保存当前模型文件。

4.4 扫描特征

扫描实体特征就是将绘制的二维草绘截面沿着指定的轨迹线扫描生成三维实体特征，如图 4-40 所示。同拉伸与旋转实体特征一样，建立扫描实体特征也有添加材料和去除材料两种方法。建立扫描实体特征时首先要绘制一条轨迹线，然后再建立沿轨迹线扫描的特征截面。扫描实体特征可以构建复杂的特征。

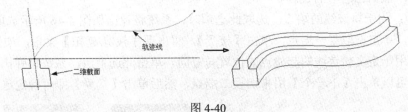

图 4-40

执行菜单【插入】→【扫描】命令，在【扫描】子菜单中有 7 个命令，如图 4-41 所示。

（1）伸出项：即扫描生成实体特征。
（2）薄板伸出项：即扫描生成薄板实体特征。
（3）切口：即扫描生成切剪特征（即减料特征）。
（4）薄板切口：即扫描生成薄板切剪特征。
（5）曲面：即扫描生成曲面特征。
（6）曲面修剪：即用扫描特征作曲面修剪。
（7）薄曲面修剪：即用扫描薄板切口做曲面修剪。

4.4.1 确定扫描轨迹线

单击菜单【插入】→【扫描】→【伸出项】（或【切口】）选项，弹出如图 4-42 所示的【扫描轨迹】菜单。在【扫描轨迹】菜单管理器中提供了两种扫描轨迹的基本方法：

1）草绘轨迹：在草绘图中绘制扫描轨迹线。
2）选取轨迹：选择已有的曲线作为扫描轨迹线。

若是选择"选取轨迹"选项，则弹出如图 4-43 所示的【链】菜单，利用该菜单可采用不同的方式选择曲线。【链】菜单的内容介绍如下：

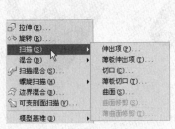

图 4-41

图 4-42

图 4-43

依次：选取单一的曲线，按住 Ctrl 键依次选取多曲线线段，默认为此选项。

相切链：当存在相切曲线时，选择其中一条，系统将自动选取与该曲线相切的所有曲线作为轨迹线。

曲线链：当曲线由多条曲线组成时，选取该选项，系统将弹出如图 4-44 所示的【链选项】菜单，单击【选取全部】将选取构成曲线链的所有曲线。

边界链：选取该选项，选取一个面的一条边线时，系统将自动选取与该边相切的所有边线。

曲面链：选取此选项，选取一个面时，系统将自动选取此曲面的所有边线作为轨迹线。

目的链：选取目的链作为轨迹线，当以一种方式选取链作为轨迹线后，链菜单下方将出现轨迹定义菜单，如图 4-45 所示。

撤销选取：撤销已选取的链。

修剪/延伸：用于轨迹线的端点。选取此选项时，系统将弹出如图 4-46 所示选取需要修剪/延伸的端点菜单，单击选取某一端点，单击【接受】，将出现【裁剪/延拓】菜单，如图 4-47 所示。

起始点：用于定义轨迹线的起始点的位置与方向。单击此选项后，系统也弹出如图 4-46 所示菜单，用户可以单击【下一个】用来切换二端点，然后单击【接受】即可确定选取。

图 4-44　　　　图 4-45　　　　图 4-46　　　　图 4-47

4.4.2　设置属性参数

属性参数用于确定扫描实体特征的外观以及和其他特征的连接方式。

1）端点属性

如果在已有的实体模型上创建扫描实体特征，同时扫描轨迹是开放曲线时，根据扫描实体特征和其他特征在相交处的连接方式不同，可以为扫描特征设置不同的属性。当完成轨迹后，系统会弹出如图 4-48 所示的【属性】菜单管理器，其中有两个命令。

【合并端】：新建扫描特征和另一个实体特征相接后，两实体自然融合，光滑连接，形成一个整体，如图 4-49 所示。

【自由端】：新建扫描特征和另一个实体特征相接后，两实体保持自然状态，互不融合，如图 4-50 所示。

图 4-48　　　　图 4-49　　　　图 4-50

2）内部属性

如果扫描轨迹为封闭曲线，系统会弹出如图 4-51 所示的【属性】菜单管理器，在该菜单中有两个命令。

【添加内表面】：草绘截面沿着轨迹线扫描产生实体特征后，自动补充上下表面形成封闭结构。此时，草绘截面必须是开放的，如图 4-52 所示，箭头所指为开放截面。

【无内表面】：草绘截面沿着轨迹线扫描产生实体特征后，不补充上下表面，此时，草绘截面必须是封闭的，如图 4-53 所示，箭头所指为封闭截面。

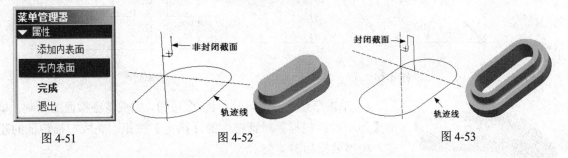

图 4-51　　　　　　　　　图 4-52　　　　　　　　　图 4-53

4.4.3　扫描特征建模实例一

本例使用扫描特征建立如图 4-54 所示的零件模型。

步骤 1　创建新的零件文件

新建文件名为"chap04-03"的零件文件，选择 mmns_part_solid 模板。

步骤 2　以扫描方式建立增料特征（开放的轨迹，封闭的截面）

1）单击菜单【插入】→【扫描】→【伸出项】选项，弹出如图 4-55 所示的对话框与菜单。

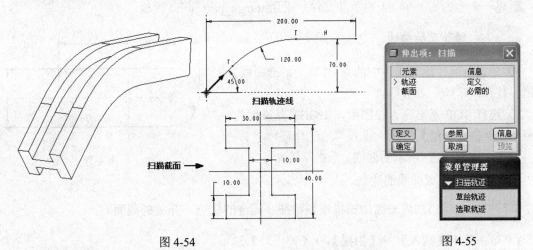

图 4-54　　　　　　　　　　　　　　　　　图 4-55

2）在【扫描轨迹】菜单中选择【草绘轨迹】选项，以绘制扫描轨迹线。

3）选择 FRONT 基准平面作为草绘平面，在【方向】菜单管理器中选择【确定】命令，接受默认的草绘视图方向；在【草绘视图】菜单管理器中选择【缺省】命令，进入草绘模式。

4）绘制如图 4-56 所示的扫描轨迹线条，单击草绘命令工具栏中的 ✓ 按钮。

5）系统会自动转至与轨迹垂直的面用以绘制扫描截面，绘制如图 4-57 所示的截面。

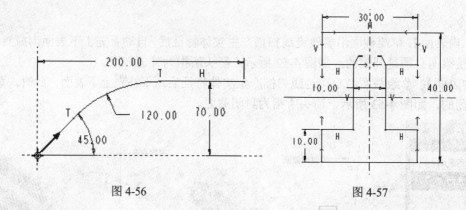

图 4-56　　　　　　　　　　　　　图 4-57

6）单击草绘命令工具栏中的 ✔ 按钮，完成特征截面的绘制。单击【伸出项：扫描】对话框中的【确定】按钮，完成扫描特征的建立。模型效果如图 4-58 所示。

步骤3　保存文件

图 4-58　　　单击菜单【文件】→【保存】选项，保存当前模型文件。

4.4.4　扫描特征建模实例二

在该模型构建中，使读者理解和学习扫描特征中的"添加内表面"和"无内表面"功能。

步骤1　创建新零件文件

新建一个名为 chap04-04 的零件文件，采用 mmns_part_solid 模板。

步骤2　绘制草绘曲线

1）单击基准特征工具栏中的 ✎ （草绘基准曲线）按钮，打开"草绘"对话框。

2）选择 TOP 基准面为绘图面，RIGHT 基准面为参照面，单击【草绘】按钮，进入草绘工作环境。

3）绘制如图 4-59 所示的曲线。单击草绘命令工具栏中的 ✔ 按钮，完成曲线的建立。

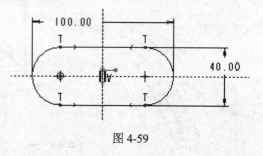

图 4-59

步骤3　创建添加内表面的扫描增料特征（闭合的轨迹，开放的截面）

1）单击菜单【插入】→【扫描】→【伸出项】选项。

2）在【扫描轨迹】菜单中单击【选取轨迹】选项，以选择扫描轨迹线。在弹出的【链】菜单中单击【曲线链】选项，如图 4-60 所示，然后在绘图区选取上一步骤绘制的草绘曲线，在弹出的如图 4-61 所示【链选项】菜单中，单击【全选】选项。再单击【链】菜单中【完成】选项，如图 4-62 所示。

3）系统显示如图 4-63 所示的【属性】菜单，依次单击该菜单中的【添加内表面】、【完成】选项，系统再次进入草绘状态。

项目四　基础建模特征

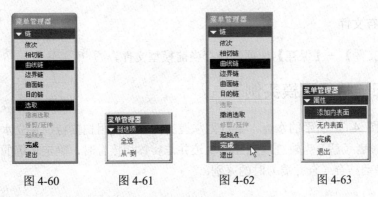

图 4-60　　　图 4-61　　　图 4-62　　　图 4-63

4）绘制如图 4-64 所示的特征截面（两条直线和一段圆弧）。

5）单击草绘命令工具栏中的 ✓ 按钮，再单击【伸出项：扫描】模型对话框中的【确定】按钮，完成模型的建立，如图 4-65 所示。

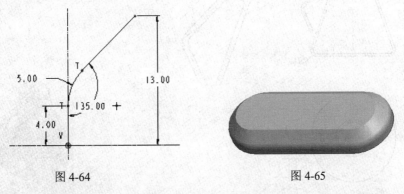

图 4-64　　　　　　　　　图 4-65

步骤 5　修改扫描特征为无内表面的扫描特征（闭合的轨迹，闭合的截面）

1）在模型树中右键单击刚刚建立的扫描特征 伸出项 标识88，在弹出的快捷菜单中单击【编辑定义】选项。

2）在弹出的【伸出项：扫描】模型对话框中选择【属性】选项。

3）单击模型对话框中的【定义】按钮，在弹出的【属性】菜单中选择【无内表面】→【完成】选项。

4）系统重新进入草绘模式，以重新定义扫描截面，重新定义截面如图 4-66 所示（一闭合截面）。

5）单击草绘命令工具栏中的 ✓ 按钮，再单击【伸出项：扫描】模型对话框中的【确定】按钮，完成模型的建立，如图 4-67 所示。

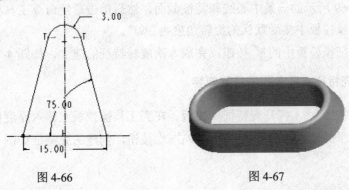

图 4-66　　　　　　　　　图 4-67

步骤 5 保存文件

单击菜单【文件】→【保存】选项,保存当前模型文件。

4.4.5 扫描特征建模实例三

本例创建如图 4-68 所示的水壶,重点需掌握的内容为使用扫描特征建立水壶手柄。在该模型构建中,将让读者了解:当轨迹线为开放轨迹并与实体相接合时,确定轨迹的首尾端为保留状(自由端)还是自动结合(合并端)时的区别。

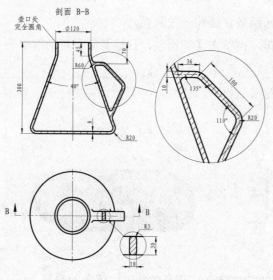

图 4-68

步骤 1 建立新文件

新建一个名为 chap04-05 的零件文件,采用 mmns_part_solid 模板。

步骤 2 利用旋转特征创建水壶主体

1)单击旋转工具按钮 ,在旋转特征操控板中单击【放置】面板中的【定义】按钮,系统显示"草绘"对话框。

2)选择 FRONT 基准面为草绘平面,RIGHT 基准面为参照平面,接受系统默认的视图方向,单击"草绘"对话框中的【草绘】按钮,系统进入草绘工作环境。

3)绘制如图 4-69 所示的一条中心线和特征截面,然后单击草绘命令工具栏中的 ✓ 按钮。

4)在旋转特征操控板中接受默认的旋转角度为 360°。

5)单击旋转特征操控板中的 ✓ 按钮,完成本次旋转特征的建立,如图 4-70 所示。

步骤 3 建立壳特征(可参照项目五内容)

1)单击壳工具按钮 ,打开壳特征操控板。在壳工具操控板上输入厚度值为 8。

2)选取水壶顶平面作为材料移除的面。单击 ✓ 按钮,创建的壳特征如图 4-71 所示。

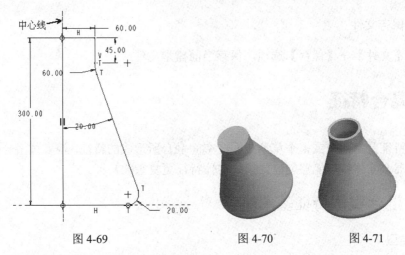

图 4-69   图 4-70   图 4-71

步骤 4 创建合并终点形式的扫描增料特征

1）单击菜单【插入】→【扫描】→【伸出项】选项。

2）在【扫描轨迹】菜单中选择【草绘轨迹】选项，以绘制扫描轨迹线。

3）选择 FRONT 基准平面作为草绘平面，在【方向】菜单管理器中选择【确定】命令，接受默认的草绘视图方向；在【草绘视图】菜单管理器中选择【缺省】命令，进入草绘模式。

4）绘制如图 4-72 所示的扫描轨迹线条，单击草绘命令工具栏中的 ✓ 按钮，系统弹出【属性】菜单，依次单击菜单中的【合并终点】、【完成】选项。

5）系统会自动转至与轨迹垂直的面以绘制扫描截面，绘制如图 4-73 所示的截面作为扫描截面（一个带圆角的矩形）。

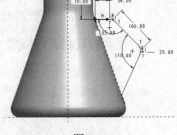

图 4-72

6）单击草绘命令工具栏中的 ✓ 按钮，完成特征截面的绘制。单击【伸出项：扫描】对话框中的【确定】按钮，完成扫描特征的建立。实体模型效果如图 4-74 所示。

步骤 5 建立圆角特征（具体操作可参照项目五内容）

1）单击倒圆角 按钮（或单击菜单【插入】→【倒圆角】命令），打开圆角特征操控板。

2）对水壶开口处倒全圆角，并对水壶主体与手柄连接处倒 R5 的圆角，导圆角后的图形如图 4-75 所示。

图 4-73   图 4-74   图 4-75

步骤 6　保存文件

单击菜单【文件】→【保存】选项，保存当前模型文件。

4.5　混合特征

混合实体特征是由两个或多个草绘截面在空间融合所形成的特征，沿实体融合方向截面的形状是渐变的，混合实体特征能够创建比扫描实体特征更复杂的特征。

4.5.1　混合实体特征基本概念

1．混合类型

混合实体特征共有平行混合、旋转混合和一般混合三种不同的类型。
- 【平行】：所有混合的截面相互平行，可以指定平行截面之间的距离。
- 【旋转】：混合截面绕 Y 轴旋转，最大角度可达 120°。每个截面都单独草绘并用截面相对坐标系对齐。
- 【一般】：一般混合截面可绕 X、Y、Z 轴旋转，也可以沿这三个轴平移。每个截面都单独草绘并用截面相对坐标系对齐。

2．混合特征截面的概念

混合特征截面有两种类型。
- 【规则截面】：使用草绘平面或由现有零件选取的面为混合截面。
- 【投影截面】：使用选定曲面上的截面投影为混合截面。该命令只用于平行混合。

定义混合截面方法有两种。
- 【选取截面】：选择截面图元，该命令对平行混合无效。
- 【草绘截面】：草绘截面图元。

3．混合特征截面的起始点

创建混合特征过渡曲面时，系统连接截面的起始点并继续沿顺时针方向连接该截面的顶点。改变混合子截面的起始点位置和方向，形成的混合特征就会有很大的差别。

默认起始点是在子截面中草绘的第一个点。如果要改变起始点位置，选择另一端点，然后长按鼠标右键，在弹出的快捷菜单中，选择【起始点】命令或在下拉菜单中选择【草绘】→【特征工具】→【起始点】命令，可以将起始点放置在另一端点上。如果要改变起始点方向，选择该起始点，然后重复上述操作或命令即可。

4．属性设置

为特征设置不同的属性可以产生不同的效果。在创建混合特征时，系统会弹出如图 4-76 所示的【属性】菜单管理器来定义混合实体特征的属性。

1) 适用于所有混合特征的选项

【直】：各截面之间采用直线连接，截面间的过渡存在明显转折。在这种混合实体特征中可以比较清晰地看到不同截面之间的连接，如图 4-77 所示。

【光滑】：各截面之间采用样条曲线连接，截面之间平滑过渡，各截面之间没有明显转接，如

图 4-78 所示。

图 4-76　　　　　图 4-77　　　　　图 4-78

2）仅适用于所有旋转混合特征的选项

【开放】：顺次连接截面，实体的起始截面和终止截面之间并不封闭连接。

【封闭的】：顺次连接截面，实体的起始截面和终止截面相连构成实体特征。

4.5.2　平行混合特征建模实例一

平行混合特征中所有的截面都互相平行，所有的截面都在同一窗口中绘制完成，截面绘制完毕后，再指定混合截面间的距离。本例将创建如图 4-79 所示模型。

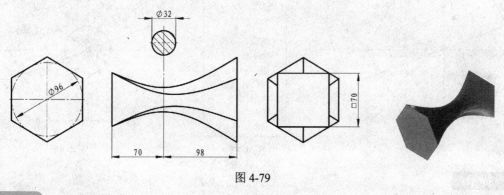

图 4-79

步骤 1　建立新文件

新建一个名为 chap04-06 的零件文件，采用 mmns_part_solid 模板。

步骤 2　采用平行混合方式

1）单击菜单【插入】→【混合】→【伸出项】选项。

2）在【混合选项】菜单中选择【平行】→【规则截面】→【草绘截面】→【完成】命令，如图 4-80 所示。系统弹出如图 4-81 所示【伸出项：混合，平行，规则截面】对话框和【属性】菜单。

图 4-80　　　　　图 4-81

3) 在【属性】菜单中依次单击【光滑】、【完成】选项。

步骤 3 绘制第 1 个截面

选择 TOP 基准面为草绘平面，在【方向】菜单管理器中选择【确定】命令，接受默认的草绘视图方向；在【草绘视图】菜单管理器中选择【缺省】命令，进入草绘模式，绘制如图 4-82 所示的第 1 个截面（一个正六边形）。

步骤 4 绘制第 2 个截面

1）在绘图窗口中长按右键，在弹出的快捷菜单中单击【切换截面】选项（或在菜单中，选择【草绘】→【特征工具】→【切换截面】命令），如图 4-83 所示。此时，第 1 个截面颜色变淡，可以绘制下一个截面。

2）绘制如图 4-84 所示的第 2 个截面（由六段直径为 32 的圆弧组成，截面绘制方法：先绘制一个Φ32 的圆和 3 条中心线，然后选用草绘工具中的分割图元按钮 ，在中心线与圆相交位置处进行分割，形成 6 段圆弧）。

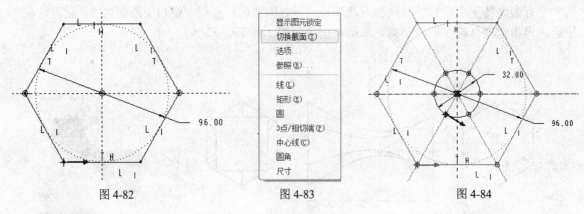

图 4-82　　　　　　　　图 4-83　　　　　　　　图 4-84

提示：

在建立混合特征时，无论采用何种形式，所有的混合截面必须具有相同数量的边。当数量不同时，可通过如下方式解决：

使用草绘命令工具栏中的分割按钮 ，将图形打断变成具有相同的边。

利用混合顶点命令（菜单【草绘】→【特征工具】→【混合顶点】选项）指定草绘截面的一个点作为一条边。

截面绘制完成后，若起点的位置和方向与设计不一致，可通过以下方法更改：

位置更改方法：选中正确的位置点，然后按住鼠标右键，在弹出如图 4-85 所示的菜单中选择【起点】选项，确定该点为起点。

方向更改方法：方向同上，即选中起点，然后按住鼠标右键，在弹出如图 4-85 所示的菜单中选择【起点】选项，起点的方向发生改变。

步骤 5 绘制第 3 个截面

1）在绘图窗口中单击右键，在弹出的快捷菜单中单击【切换截面】选项，此时，第 2 个截面颜色变淡，可以绘制下一个截面。

2）绘制如图 4-86 所示的第 3 个截面（主体为边长为 70 的正方形，但正方形的左右两条竖直边在中点处被分割成两段,绘图方法:先绘制一个边长为 70 的正方形,选用草绘工具中的分割图元 按钮,将正方形的左右两条竖直边在中点处分割成两段,形成 6 段直线),注意截面的起始点位置与方向是否与图中所示一致。

图 4-85

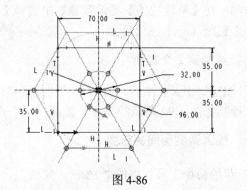
图 4-86

步骤 6 输入三截面间的距离

1)单击草绘命令工具栏中的 按钮,完成混合截面的绘制,退出草绘模式。
2)在弹出如图 4-87 所示的尺寸文本框中输入第二截面与第一截面之间距离"98",单击 (接受)按钮。

图 4-87

3)再次在尺寸文本框中输入第三截面与第二截面之间距离"70",单击 (接受)按钮。
4)单击模型对话框中的【确定】按钮,完成模型的建立,如图 4-88 所示。

图 4-88

步骤 7 保存文件

单击菜单【文件】→【保存】选项,保存当前模型文件。

4.5.3 平行混合特征建模实例二

本例使用平行混合特征建立立体五角星模型。

步骤 1 建立新文件

新建一个名为 chap04-07 的零件文件,采用 mmns_part_solid 模板。

步骤 2 绘制第 1 个截面

1)单击菜单【插入】→【混合】→【伸出项】选项。

2）在【混合选项】菜单中依次单击【平行】、【规则截面】、【草绘截面】选项。

3）在【属性】菜单中单击【直的】选项。

4）选择 TOP 基准面为草绘平面，在【方向】菜单管理器中选择【确定】命令，接受默认的草绘视图方向；在【草绘视图】菜单管理器中选择【缺省】命令，进入草绘模式。绘制如图 4-89 所示的第 1 个截面（一个五角星）。

步骤 3 绘制第 2 个截面

1）在绘图窗口中长按右键，在弹出的快捷菜单中单击【切换截面】选项，此时第 1 个截面颜色变淡。绘制如图 4-90 所示的第 2 个截面（一个点）。

步骤 4 输入两截面间的距离

1）单击草绘命令工具栏中的 ✓ 按钮，完成混合截面的绘制，退出草绘模式。

2）在弹出的尺寸文本框中输入 5，单击 ✓ （接受）按钮。

3）单击模型对话框中的【确定】按钮，完成模型的建立，如图 4-91 所示。

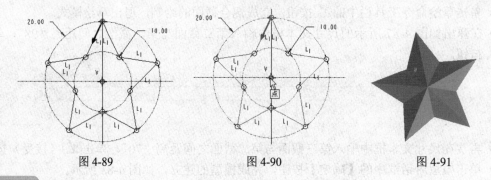

图 4-89　　　　　　　　图 4-90　　　　　　　　图 4-91

步骤 5 保存文件

单击菜单【文件】→【保存】选项，保存当前模型文件。

4.5.4　旋转混合特征建模实例

创建旋转混合特征时，参与旋转混合的截面间彼此成一定的角度。在草绘模式下，绘制旋转混合截面时，第一截面必须建立一个参照坐标系，并标注该坐标系与其基准面间的位置尺寸，使得各截面间的坐标系统一在同一平面上，然后将坐标系的 Y 轴作为旋转轴，定义截面绕 Y 轴的旋转角度，即可建立旋转混合特征。如果旋转角度为 0，那么旋转混合的效果与平行混合相同。

本例使用旋转混合特征建立如图 4-92 所示的零件模型。

步骤 1 建立新文件

新建一个名为 chap04-08 的零件文件，采用 mmns_part_solid 模板。

步骤 2 选择旋转混合方式

1）单击菜单【插入】→【混合】→【伸出项】选项。

2）在【混合选项】菜单中依次单击【旋转的】、【规则截面】、【草绘截面】、【完成】选项。

3）在【属性】菜单中单击【光滑】、【开放】、【完成】选项，以绘制开放的光滑混合特征。

步骤 3 绘制第 1 个截面

1）选择 FRONT 基准面为草绘平面，在【方向】菜单管理器中选择【确定】命令，接受默认的视图方向；在【草绘视图】菜单管理器中选择【缺省】命令，进入草绘模式。

2）在草绘环境中使用创建参照坐标系按钮 ，建立一个相对坐标系，然后绘制第 1 个截面，如图 4-93 所示。

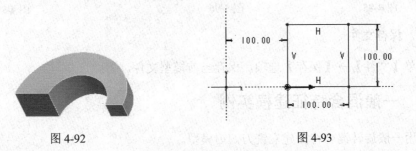

图 4-92　　　　　　　　　　　　图 4-93

提示：

在创建旋转混合特征，绘制每个截面时，都必须建立截面坐标系，否则将提示截面不完整。

3）单击草绘命令工具栏中的 ✓ 按钮，完成第 1 个截面的绘制。

步骤 4 绘制第 2 个截面

1）根据系统提示，输入第 2 个截面与第 1 个截面间的夹角度数为"45"，如图 4-94 所示。

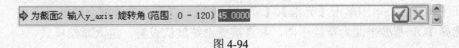

图 4-94

2）绘制第 2 个特征截面。同样，在草绘环境中使用创建参照坐标系按钮 ，先建立参照坐标系，完成如图 4-95 所示第 2 个特征截面的绘制。

提示：

第二个特征截面的草绘平面由第一个特征截面的草绘平面绕 Y 轴旋转 45° 得到；第一个特征截面的草绘平面绕 Y 轴旋转 45° 后，其参照坐标系与第二个特征截面的参照坐标系将是重合的。

步骤 5 绘制第 3 个截面并完成混合

1）单击草绘命令工具栏中的 ✓ 按钮，完成第 2 个截面的绘制，在系统弹出"继续下一截面吗？"的询问框中单击【是】按钮，如图 4-96 所示。

2）按系统提示，输入第 3 个截面与第 2 个截面的夹角度数为"45"，按回车键确认。

3）绘制第 3 个特征截面。同样，在草绘环境中使用创建参照坐标系按钮 ，先建立参照坐标系，完成如图 4-97 所示第 3 个特征截面的绘制。

4）单击草绘命令工具栏中的 ✓ 按钮，完成第 3 个截面的绘制，在系统弹出"继续下一截面吗？"的询问框中单击【否】按钮，结束截面的绘制。

5）单击模型对话框中的【确定】按钮，完成旋转混合特征的建立，结果如图 4-92 所示。

图 4-95　　　　　　　　图 4-96　　　　　　　　图 4-97

步骤6 保存文件

单击菜单【文件】→【保存】选项，保存当前模型文件。

4.5.5 一般混合特征建模实例

本例使用一般旋转混合特征建立铣刀刀刃模型。

步骤1 建立新文件

新建一个名为 chap04-09 的零件文件，采用 mmns_part_solid 模板。

步骤2 创建一般混合特征

1）单击菜单【插入】→【混合】→【伸出项】选项。
2）在【混合选项】菜单中依次单击【一般】、【规则截面】、【草绘截面】、【完成】选项。
3）在【属性】菜单中单击【光滑】、【完成】选项，以建立光滑混合特征。
4）选择 TOP 基准平面为草绘平面，其余接受系统默认设置，进入草绘模式。
5）在草绘工具栏内单击 （坐标系）工具建立坐标系，并绘制第 1 个截面，如图 4-98 所示。

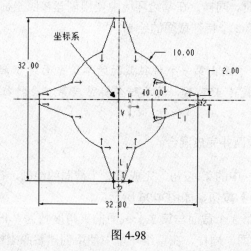

图 4-98

6）单击草绘菜单栏中的【文件】→【保存副本】命令，系统弹出"保存副本"对话框，在该对话框中输入新名称"backup"，单击【确定】按钮保存，用以保存绘制的二维草图。
7）单击草绘命令工具栏中的 按钮，完成第 1 个截面的绘制。
8）系统在信息区提示输入下一个截面和前一个截面之间相对坐标系 X、Y、Z 三个方向的旋转角度。依次输入"0"（X 轴旋转角度）、"0"（Y 轴旋转角度）、"90"（Z 轴旋转角度），并分别

单击 ✓ 按钮。

9）系统再次进入草绘工作环境。选择【草绘】→【数据来自文件】→【系统文件】命令，双击"backup.sec"文件，在绘图区任意拾取一点放置。

10）系统弹出如图 4-99 所示的【移动和调整大小】对话框，在【缩放】文本框内输入"1"，单击 ✓ 按钮。再单击草绘工具栏中的 ✓ 按钮，退出草绘模式。

11）系统弹出【确认】对话框，提示是否继续下一个截面的创建，单击【是】按钮，重复（8）（9）（10）三个步骤，再创建三个与第一个截面相同的截面。

12）系统弹出【确认】对话框，单击【否】按钮，结束截面的创建。

13）系统在信息提示区提示输入截面 2 的深度，在文本框中输入"80"后单击 ✓ 按钮，如图 4-100 所示。

图 4-99

图 4-100

14）在每个截面之间的深度文本框中都输入"80"，并单击 ✓ 按钮。

15）单击【伸出项】对话框中的【确定】按钮，完成模型的建立，结果如图 4-101 所示。

图 4-101

步骤 3 保存文件

单击菜单【文件】→【保存】选项，保存当前模型文件。

4.6 可变截面扫描特征

可变截面扫描特征允许用户控制扫描截面的方向、旋转与几何形状，可以沿一条或多条选定轨迹扫描截面，从而创建实体或曲面。创建可变截面扫描特征的具体操作步骤如下：创建或选取原始轨迹→打开可变截面扫描工具→添加其他轨迹→指定截面控制和控制参照→草绘截面→完成特征创建。

单击【可变截面扫描】按钮 ，打开可变截面扫描特征操控板，如图 4-102 所示。

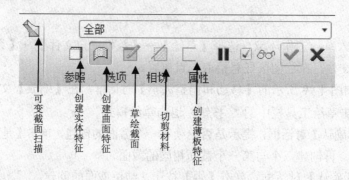

图 4-102

4.6.1 可变截面扫描特征建模实例一

本实例将创建如图 4-103 所示的花瓶模型（壁厚为 2），创建的基本思路如图 4-104 所示。

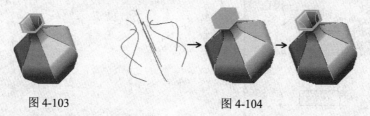

图 4-103　　　　　　　图 4-104

步骤 1 建立新文件

新建一个名为 chap04-10 的零件文件，采用 mmns_part_solid 模板。

步骤 2 绘制原始轨迹线及轮廓线

1）单击基准特征工具栏中的 ![icon]（草绘基准曲线）按钮，打开"草绘"对话框。

2）选择 FRONT 基准面作为草绘平面，RIGHT 基准面作为参照面，单击【草绘】按钮，进入草绘工作界面。绘制如图 4-105 所示的两段曲线（一条直线、一条由直线和圆弧组成的曲线），其中直线将作为变截面扫描的原始轨迹线，另一曲线作为其中一条轮廓线。单击草绘命令工具栏中的 ![icon] 按钮，完成曲线的绘制。效果如图 4-106 所示。

提示：

在创建原始轨迹线和轮廓线时，力求两种轨迹的垂直高度相同，如两者高度不同，则所生成的三维模型的高度会以最短的轨迹的垂直高度为准来生成。

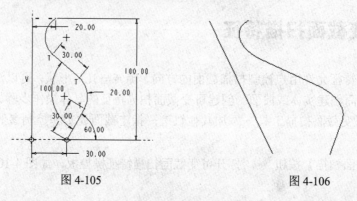

图 4-105　　　　　　　图 4-106

3)选择刚创建好的曲线,单击菜单【编辑】→【复制】,再次单击菜单【编辑】→【选择性粘贴】,在弹出的【选择性粘贴】菜单中,单独勾选"对副本应用移动/旋转变换"选项,单击【确定】按钮。在弹出的【选择性粘贴】操控板中,选择"旋转"选项,并选择图形中的直线作为旋转轴,输入旋转角度为"60",如图 4-107 所示,单击鼠标中键完成选择性粘贴操作,得到的图形如图 4-108 所示。

4)在模型树(或模型)中选择刚复制得到的曲线。再单击阵列工具按钮,打开阵列特征操控板,选择阵列类型为"尺寸",选择旋转角度为"60",尺寸为方向 1 的尺寸变量,输入其增量为"60",按 Enter 键,并输入方向 1 上的阵列数量为 5,单击阵列面板中的按钮,完成特征阵列,结果如图 4-109 所示。

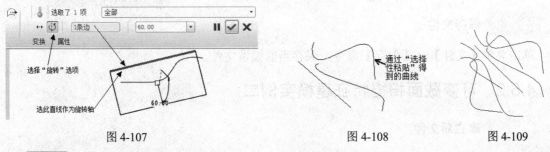

图 4-107　　　　　　　　图 4-108　　　　　　　　图 4-109

步骤 3　建立可变剖面扫描特征

1)单击可变剖面扫描工具按钮,打开可变剖面扫描特征操控板。单击 □(实体)按钮,以生成实体特征。如图 4-110 所示选择原始轨迹线,按下 Ctrl 键,依次选择其他 6 条轮廓线。注意扫描的起始点在原始轨迹线(亦称引导线)的下方,且正方向向上。

2)在【选项】面板中选择"可变剖面"选项。单击按钮,系统进入草绘状态。绘制如图 4-111 所示的截面(正六边形),注意正六边形的每个顶点与轮廓线的 6 个端点重合。草绘截面与 7 条轨迹的位置关系如图 4-112 所示。

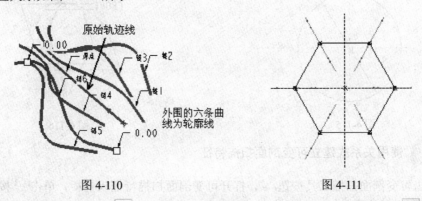

图 4-110　　　　　　　　　　　　　图 4-111

3)单击草绘命令工具栏中的按钮,完成草图的绘制;单击特征操控板中的按钮,完成可变剖面扫描特征的建立,结果如图 4-113 所示。

步骤 4　建立壳特征

1)单击壳工具按钮,打开壳特征操控板。在壳工具操控板上输入厚度值为 2。

2)单击花瓶口的上表面,该表面将作为移除的曲面。单击按钮,创建的壳特征如图 4-114

所示。

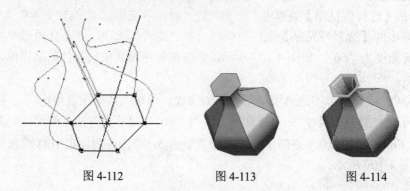

图 4-112　　　　　图 4-113　　　　　图 4-114

步骤 5 保存文件

单击菜单【文件】→【保存】命令，保存当前模型文件。

4.6.2　可变截面扫描特征建模实例二

步骤 1 建立新文件

新建一个名为 chap04-11 的零件文件，采用 mmns_part_solid 模板。

步骤 2 绘制原始轨迹线

单击基准特征工具栏中的 按钮，打开"草绘"对话框。选择 TOP 基准面作为草绘平面，RIGHT 基准面作为参照面，单击【草绘】按钮，进入草绘工作界面。绘制如图 4-115 所示的曲线（一个圆）。单击草绘命令工具栏中的 按钮，完成曲线的绘制。结果如图 4-116 所示。

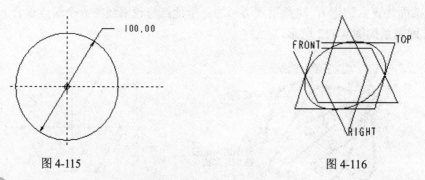

图 4-115　　　　　　　　　　图 4-116

步骤 3 使用关系式建立可变剖面扫描特征

1）单击可变剖面扫描工具按钮 ，打开可变剖面扫描特征操控板，单击 按钮，以生成实体特征。选择上一步骤绘制的圆作为原始轨迹线。

2）在【选项】面板中选择"可变剖面"选项。单击 按钮，系统进入草绘工作界面。

3）绘制如图 4-117 所示的圆形剖面（尺寸任意，先不修改）。

4）单击菜单【工具】→【关系】命令，打开"关系"窗口，模型中尺寸显示为符号形式，如图 4-118 所示。

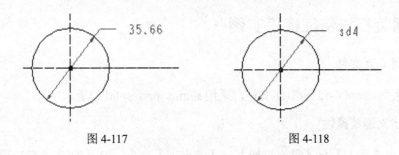

图 4-117　　　　　　　　　　　图 4-118

提示：

当"关系"对话框显示出来时，图形工作区中的尺寸就会从值显示方式转换为名称显示方式，以便于在"关系"对话框中输入正确的尺寸名称。用鼠标左键单击图形工作区中的尺寸，系统即可自动将其名称输入到对话框中。

5）在关系窗口中输入关系式："sd3=20+8*sin（360*trajpar*8）"如图 4-119 所示。

6）单击【确定】按钮，完成关系式的添加。

7）单击草绘命令工具栏中的 ✓ 按钮，完成草图的绘制；单击特征操控板中的 ✓ 按钮，完成可变剖面扫描特征的建立，结果如图 4-120 所示。

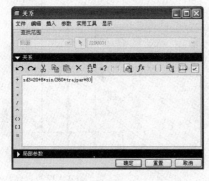

图 4-119　　　　　　　　　　　图 4-120

步骤 9 保存文件

单击菜单【文件】→【保存】命令，保存当前模型文件。

4.7 螺旋扫描特征

螺旋扫描即一个截面沿着一条螺旋轨迹扫描，产生螺旋状的扫描特征。特征的建立需要有旋转轴、轮廓线、螺距、截面四要素。常见的弹簧、螺纹等三维特征，可由【螺旋扫描】的工具命令来建造。创建定螺距值螺旋扫描的操作步骤：选择螺旋扫描的属性→绘制螺旋扫描轨迹线和旋转中心线→输入螺距→绘制螺旋扫描截面→修改完善设计参数，生成螺旋扫描实体特征。

提示：

用螺旋扫描特征进行建模时，应首先明确其旋转中心线和轮廓线。

扫描截面放置在轮廓线的起点（箭头所在的一端），若要更改轮廓线起点，可使用【起始点】命令。

为保证成功生成模型，螺距的尺寸一般应大于扫描截面的高度尺寸。

4.7.1 螺旋扫描特征建模实例一

步骤1 建立新文件

新建一个名为 chap04-12 的零件文件，采用 mmns_part_solid 模板。

步骤2 定义螺旋属性

1）单击菜单【插入】→【螺旋扫描】→【伸出项】命令，打开如图 4-121 所示【属性】菜单。接受【属性】菜单中的默认命令【常数】、【穿过轴】、【右手定则】，然后单击【完成】命令。

2）选择 TOP 基准面作为草绘平面，单击【方向】菜单中的【确定】按钮，接受默认的视图方向，单击【草绘视图】菜单中的【缺省】命令，系统进入草绘状态。

步骤3 绘制旋转轴与轮廓线

1）绘制如图 4-122 所示的旋转轴和轮廓线。

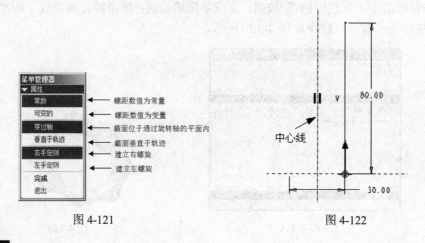

图 4-121　　　　　　　　　　图 4-122

提示：

在草绘螺旋扫描轮廓线时，需要遵守如下规则：
① 草绘图元必须是开放截面，并且需要草绘中心线来定义旋转轴。
② 轮廓图元不必有在任何点都垂直于中心线的切线。
③ 如果选择【垂直于轨迹】选项，则轮廓图元一定是相切连续的。
④ 轮廓的起点定义了扫描轨迹的起点。如果要修改扫描轨迹的起点，则先选择要作为起始点的轮廓端点，然后选择【草绘】→【特征工具】→【起始点】命令。

2）单击草绘命令工具栏中的 ✓ 按钮，在信息区显示的文本栏中输入螺距值为"5"，单击 ✓ （接受）按钮，如图 4-123 所示。

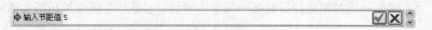

图 4-123

步骤4 绘制剖面并生成特征

1）系统再次进入草绘状态，以绘制螺旋扫描截面。在起始中心绘制一直径为"3"的圆，如图 4-124 所示。

2）单击草绘命令工具栏中的 ✓ 按钮，再单击鼠标中键，完成后的模型如图 4-125 所示。

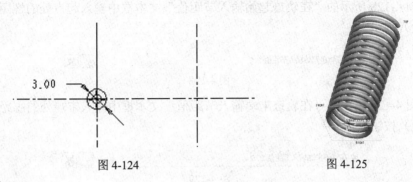

图 4-124　　　　　　　　　图 4-125

步骤 5　保存文件

单击菜单【文件】→【保存】命令，保存当前模型文件。

4.7.2　螺旋扫描特征建模实例二

本例将创建如图 4-126 所示的弹簧。其创建的具体步骤如下：

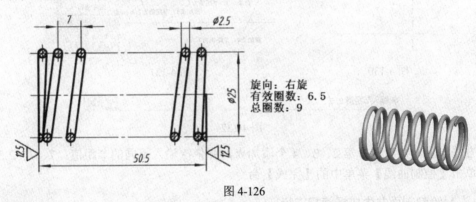

图 4-126

步骤 1　建立新文件

新建一个名为 chap04-13 的零件文件，采用 mmns_part_solid 模板。

步骤 2　定义螺旋属性

1）单击菜单【插入】→【螺旋扫描】→【伸出项】命令，打开【属性】菜单。接受【属性】菜单中的命令【可变的】、【穿过轴】、【右手定则】，然后单击【完成】命令。

2）选择 FRONT 基准面作为草绘平面，单击【方向】菜单中的【确定】按钮，接受默认的视图方向，单击【草绘视图】菜单中的【缺省】命令，系统进入草绘状态。

步骤 3　绘制旋转轴与轮廓线

1）绘制如图 4-127 所示的图形作为旋转轴和轮廓线（由 1 条直线、4 个点组成）。单击草绘命令工

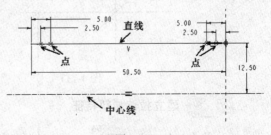

图 4-127

具栏中的 ✓ 按钮。

2）在如图 4-128 所示的"在轨迹起始输入节距值"文本框中输入起点处的螺距值为"2.5"。单击 ✓（接受）按钮。

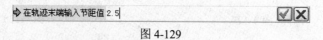

图 4-128

3）在如图 4-129 所示的"在轨迹末端输入节距值"文本框中输入末端处的螺距值为"2.5"。单击 ✓（接受）按钮。

图 4-129

4）系统弹出如图 4-130 所示的节距变化演示图形和如图 4-131 所示的【控制曲线】和【定义控制曲线】菜单，要求选择不同节距的位置点，选择如图 4-131 所示的点 1 作为第 1 个添加点。在如图 4-132 所示的"输入节距值"文本框中输入添加处的螺距值为"2.5"，单击 ✓（接受）按钮。

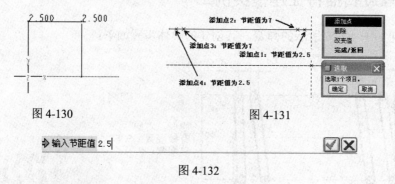

图 4-130　　　　　　　　图 4-131

图 4-132

5）方法同上，依次选择第 2、3、4 个添加点，并依次输入不同的节距值：7、7、2.5。

6）单击【控制曲线】菜单中的【完成】命令。

步骤 4　绘制剖面并生成螺旋扫描特征

1）系统再次进入草绘状态，以绘制螺旋扫描剖面，在起始中心绘制如图 4-133 所示直径为 2.5 的一个圆。

2）单击草绘命令工具栏中的 ✓ 按钮，再单击鼠标中键，完成后的模型如图 4-134 所示。

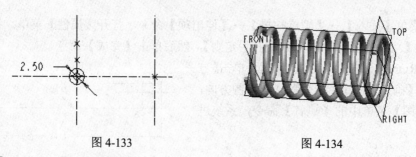

图 4-133　　　　　　　　图 4-134

步骤 5　建立拉伸减料特征

1）单击拉伸工具按钮 ，在拉伸特征操控板上单击 （去除材料）按钮。

2）单击【放置】面板中的【定义】按钮，系统显示"草绘"对话框。选择 FRONT 基准平面为草绘平面，RIGHT 基准平面为参照平面，接受系统默认的视图方向。单击"草绘"对话框中的【草绘】按钮，系统进入草绘工作环境。

3）绘制如图 4-135 所示的截面（一个矩形）。单击草绘命令工具栏中的 ✓ 按钮，在拉伸工具操控板上选择 ⇌ （双向拉伸）拉伸模式选项，并单击拉伸方向为反向，输入拉伸的深度为 40。单击 ✓ （完成）按钮，模型如图 4-136 所示。

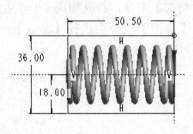
图 4-135

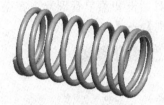
图 4-136

步骤 6 保存文件

单击菜单【文件】→【保存】命令，保存当前模型文件。

4.7.3 螺旋扫描特征建模实例三

本实例将创建如图 4-137 所示的三维模型。

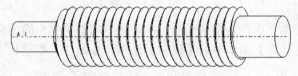
图 4-137

步骤 1 建立新文件

新建一个名为 chap04-14 的零件文件，采用 mmns_part_solid 模板。

步骤 2 创建旋转增料特征

1）在工具栏上单击 ❖ 按钮，单击【放置】按钮，进入【放置】操控板，单击【定义】按钮，打开"草绘"对话框。选择 FRONT 基准平面为草绘平面，RIGHT 基准平面为参照平面，接受系统默认的视图方向。单击【草绘】按钮，系统进入草绘工作环境。

2）绘制如图 4-138 所示的截面。单击工具栏中的 ✓ 按钮，回到旋转特征操控板。设定旋转角度为 360°。单击 ✓ 按钮，完成的旋转特征结果如图 4-139 所示。

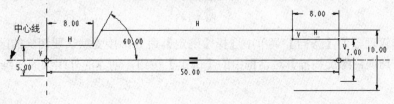
图 4-138

图 4-139

步骤 3 建立螺旋扫描特征

1）在菜单中选择【插入】→【螺旋扫描】→【切口】命令,打开如图 4-140 所示的【切剪:螺旋扫描】对话框和菜单管理器。在菜单管理器的【属性】菜单中选择【常数】→【穿过轴】→【右手定则】→【完成】命令。

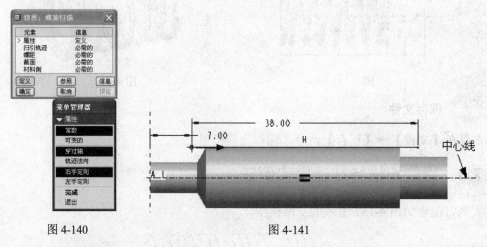

图 4-140　　　　　　　　　　图 4-141

2）选择 RIGHT 基准平面作为草绘平面,单击【方向】菜单中的【确定】按钮,接受默认的视图方向,单击【草绘视图】菜单中的【缺省】命令,系统进入草绘状态。

3）绘制如图 4-141 所示的一段直线段和中心线,单击 ✓ 按钮。

4）在如图 4-142 所示的文本框中输入节距值为 1.5,按 Enter 键确认。

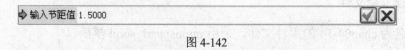

图 4-142

5）绘制如图 4-143 所示的等边三角形截面,单击 ✓ 按钮。

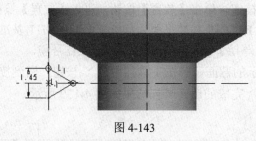

图 4-143

6）在菜单管理器的【方向】菜单中选择【确定】命令,接受默认要切除的区域。

7）单击【切剪:螺旋扫描】对话框中的【确定】按钮,创建的外螺纹的三维效果如图 4-137 所示。

步骤3 保存文件

单击菜单【文件】→【保存】命令，保存当前模型文件。

4.8 扫描混合特征

扫描混合功能相当于将扫描和混合两个功能结合在一起。定义扫描混合特征，需要定义两个主要方面，即轨迹、多个混合截面。扫描混合功能具有两种轨迹，即原点轨迹和第二轨迹，其中原点轨迹是必需的，而第二轨迹则是可选的。当轨迹轮廓是闭合的，在起始点和其他位置必须至少各有一个截面。值得注意的是，扫描混合的所有截面必须具有相同的图元数（即边数要相同），如果其中一个选定截面有比其他选定截面更少的图元，那么需要根据设计情况来添加图元，例如可创建"混合顶点"来新增图元。

提示：

要在剖面中添加一个混合顶点，可以先在剖面中选择要作为混合顶点的点，然后从菜单栏的【草绘】菜单中选择【特征工具】→【混合顶点】命令。

在菜单栏中，选择【插入】→【扫描混合】命令，打开如图 4-144 所示的操控板。

图 4-144

在选择曲线作为轨迹线之后，单击【参照】按钮，进入【参照】操控板，如图 4-145 所示。在该操控板上提供了 3 个常用剖面控制的选项，即"垂直于轨迹"选项、"垂直于投影"选项和"恒定法向"选项，它们的功能如下：

- "垂直于轨迹"：该选项用来定义扫描混合的剖面平面垂直于指定的轨迹。
- "垂直于投影"：该选项用来定义剖面平面沿指定的方向垂直于原点轨迹的 2D 投影。
- "恒定法向"：该选项用来定义剖面平面垂直向量保持与指定的方向参照平行。

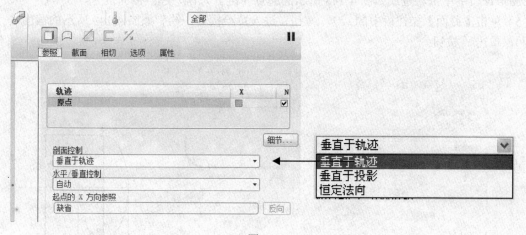

图 4-145

4.8.1 扫描混合特征建模实例

本例将创建如图 4-146 所示的烟斗模型。其创建的具体步骤如下：

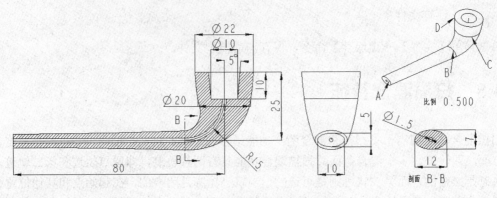

图 4-146

步骤 1 建立新文件

新建一个名为 chap04-15 的零件文件，采用 mmns_part_solid 模板。

步骤 2 建立扫描混合特征

1）在菜单栏中选择【插入】→【扫描混合】命令，打开扫描混合工具操控板。在操控板中，单击 □（实体）按钮。在特征工具栏中单击 按钮，打开【草绘】对话框。选择 FRONT 基准平面作为草绘平面，单击【草绘】按钮，进入草绘模式。

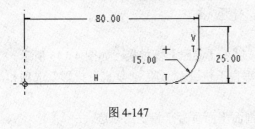

图 4-147

2）绘制如图 4-147 所示的曲线（两段直线和一圆弧），单击 ✓ 按钮，完成扫描混合轨迹线的绘制。

3）在操控板上单击 ▶（退出暂停模式，继续使用此工具）按钮。

4）系统自动选择刚创建的曲线作为轨迹线，单击【截面】按钮，打开【截面】操控板，接着在图形窗口中单击轨迹线如图 4-148 所示的起点（链首）作为起点截面位置。

5）单击【截面】操控板中的 草绘 按钮，进入草绘模式。绘制如图 4-149 所示的截面（一个椭圆），单击 ✓ 按钮。

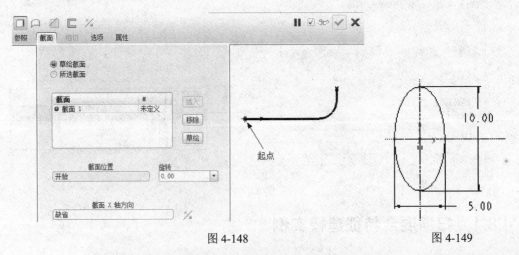

图 4-148　　　　　　　　　　　图 4-149

6）单击【截面】操控板中的 插入 按钮，接着选择如图 4-150 所示直线与圆弧的交点作为第二截面位置。单击【截面】操控板中的【草绘】按钮，进入草绘模式。绘制如图 4-151 所示的截面（一椭圆），单击 ✓ 按钮。

7）再次单击【截面】操控板中的 插入 按钮，接着选择如图 4-152 所示另一直线与圆弧的交点作为第三截面位置。单击【截面】操控板中的【草绘】按钮，进入草绘模式。绘制如图 4-153 所示的截面（一个圆），单击 ✓ 按钮。

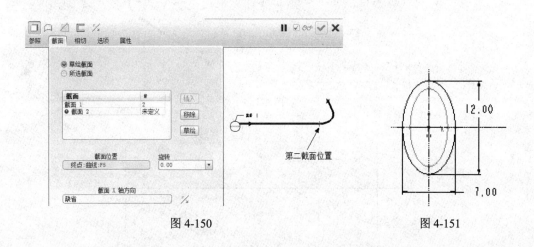

图 4-150 　　　　　　　　　　　　图 4-151

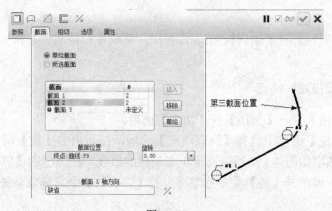

图 4-152

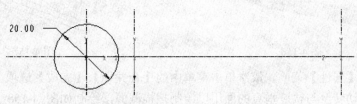

图 4-153

8）再次单击【截面】操控板中的 插入 按钮，接着选择如图 4-154 所示直线顶点作为终点截面位置。单击【截面】操控板中的【草绘】按钮，进入草绘模式。绘制如图 4-155 所示的截面（一个圆），单击 ✓ 按钮。

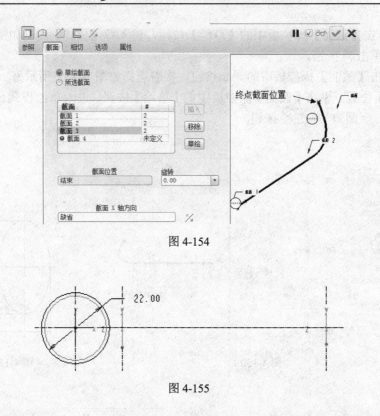

图 4-154

图 4-155

9)单击【扫描混合】特征操控板上的 ✓ 按钮,完成【扫描混合】特征的建立,如图 4-156 所示。

步骤 3 建立扫描减料特征

1)单击菜单【插入】→【扫描】→【切口】选项。

2)在【扫描轨迹】菜单中选择【选取轨迹】选项,在弹出的【链】菜单管理器中选择【曲线链】选项,然后选取如图 4-157 所示前一步骤创建的曲线,在弹出的【链选项】菜单管理器中选择【全选】选项,再单击【链】菜单管理器中的【完成】命令,完成轨迹线的选取。

图 4-156　　　　　　　　　　图 4-157

3)系统弹出【属性】菜单,依次单击菜单中的【合并端】、【完成】选项。

4)系统会自动转至与轨迹垂直的面用以绘制扫描截面,绘制如图 4-158 所示的截面作为扫描截面(一个圆)。

5)单击草绘命令工具栏中的 ✓ 按钮,完成特征截面的绘制。系统弹出【方向】菜单管理器,单击【确定】命令,然后再单击【伸出项:扫描】对话框中的【确定】按钮,完成扫描特征的建立。实体模型效果如图 4-159 所示。

项目四 基础建模特征

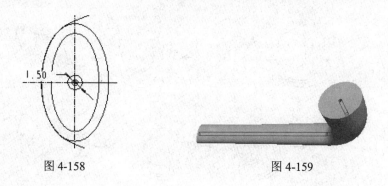

图 4-158　　　　　　　　　　图 4-159

步骤 4 建立拉伸减料特征

1）单击拉伸工具按钮，打开拉伸特征操控板，单击去移除材料按钮，单击【放置】面板中的【定义】按钮，系统显示【草绘】对话框。

2）选择烟斗上表面为草绘平面，接受系统默认的视图方向。单击【草绘】按钮，系统进入草绘工作环境。绘制如图 4-160 所示的截面。单击草绘命令工具栏中的 按钮，返回拉伸特征操控板。输入拉伸值为 "10"。

3）单击拉伸特征操控板中的 按钮，完成本次拉伸特征的建立。结果如图 4-161 所示。

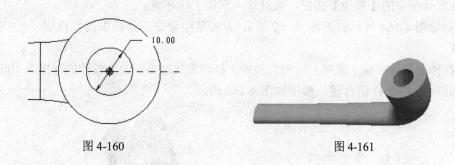

图 4-160　　　　　　　　　　图 4-161

步骤 5 创建拔模特征

读者可以自行参照项目五中的拔模特征创建方法在刚创建的拉伸孔内壁生成 5° 的斜度。

步骤 6 保存文件

单击菜单【文件】→【保存】命令，保存当前模型文件。

实训 4　泵体模型的创建

本实例要创建的是如图 4-162 所示三维模型。要应用到的特征包括拉伸特征、旋转特征、扫描特征等。模型制作的过程如图 4-163 所示。具体操作过程如下：

图 4-162

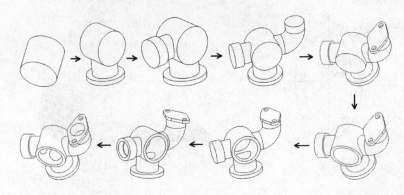

图 4-163

步骤 1 建立新文件

新建一个名为 chap04-16 的零件文件，采用 mmns_part_solid 模板。

步骤 2 创建拉伸特征

1）在特征工具栏中单击 按钮，打开拉伸工具操控板。

2）单击【放置】按钮，进入【放置】操控板，单击【定义】按钮，打开"草绘"对话框。选择 FRONT 基准平面为草绘平面，RIGHT 基准平面为参照平面，接受系统默认的视图方向。单击"草绘"对话框中的【草绘】按钮，系统进入草绘工作环境。

3）绘制如图 4-164 所示的图形（一个圆），单击草绘命令工具栏中的 按钮，系统回到拉伸特征操控板。

4）在拉伸工具操控板上选择 （双向拉伸）拉伸模式选项，输入拉伸的深度为 100。单击 （完成）按钮，按 Ctrl+D 组合键，模型如图 4-165 所示。

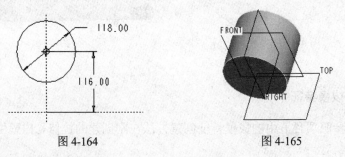

图 4-164　　　　　图 4-165

步骤 3 创建旋转增料特征

1）在特征工具栏上单击 （旋转工具）按钮，打开旋转工具操控板。

2）单击【放置】按钮，进入【放置】操控板，单击【定义】按钮，打开"草绘"对话框。

3）单击"草绘"对话框中的 使用先前的 按钮，再单击该对话框中的【草绘】按钮，系统进入草绘工作环境。

4）绘制如图 4-166 所示的一条中心线和截面。单击草绘命令工具栏中的 按钮，回到旋转特征操控板。接受默认的旋转角度为 360°。

5）在旋转工具操控板上，单击 按钮，完成的旋转特征结果如图 4-167 所示。

项目四 基础建模特征

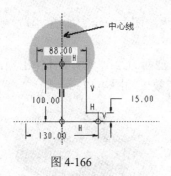
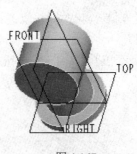

图 4-166　　　　　　　　　图 4-167

步骤 4　创建旋转增料特征

1）在特征工具栏上单击 ⊕（旋转工具）按钮，打开旋转工具操控板。

2）单击【放置】按钮，进入【放置】操控板，单击【定义】按钮，打开"草绘"对话框。

3）单击"草绘"对话框中的 使用先前的 按钮，再单击该对话框中的【草绘】按钮，系统进入草绘工作环境。

4）绘制如图 4-168 所示的一条中心线和截面。单击草绘命令工具栏中的 ✓ 按钮，回到旋转特征操控板。接受默认的旋转角度为 360°。

5）在旋转工具操控板上，单击 ✓ 按钮，完成的旋转特征结果如图 4-169 所示。

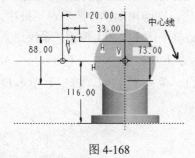

图 4-168　　　　　　　　　图 4-169

步骤 5　创建扫描增料特征

1）单击菜单【插入】→【扫描】→【伸出项】选项。在【扫描轨迹】菜单中选择【草绘轨迹】选项，以绘制扫描轨迹线。

2）选择 FRONT 基准平面作为草绘平面，在【方向】菜单管理器中选择【确定】命令，接受默认的草绘视图方向；在【草绘视图】菜单管理器中选择【缺省】命令，进入草绘模式。

3）绘制如图 4-170 所示的扫描轨迹线条，单击草绘命令工具栏中的 ✓ 按钮，系统弹出如图 4-171 所示的【属性】菜单，依次单击菜单中的【合并端】、【完成】选项。

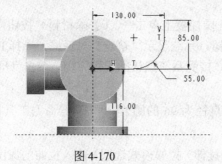

图 4-170　　　　　　　　　图 4-171

4）系统再次回到草绘状态，与轨迹垂直的面成为绘图面，绘制如图 4-172 所示的截面作为扫描截面（一个圆）。

5）单击草绘命令工具栏中的 ✓ 按钮，完成特征截面的绘制。单击【伸出项：扫描】对话框中的【确定】按钮，完成扫描特征的建立。实体模型效果如图 4-173 所示。

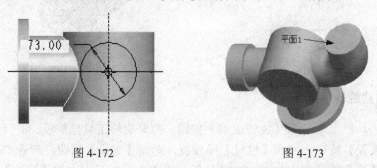

图 4-172　　　　　　　　　　图 4-173

步骤 6　创建拉伸特征

1）在特征工具栏中单击 按钮，打开拉伸工具操控板。

2）单击【放置】按钮，进入【放置】操控板，单击【定义】按钮，打开"草绘"对话框。

3）选择如图 4-173 所示平面 1 为草绘平面，RIGHT 基准平面为参照平面，接受系统默认的视图方向。单击"草绘"对话框中的【草绘】按钮，在弹出的"参照"对话框中，选取平面 1 上的圆作为尺寸标注的参照，然后单击"参照"对话框中的【关闭】按钮。系统进入草绘工作环境。

4）绘制如图 4-174 所示的图形，单击草绘命令工具栏中的 ✓ 按钮。

5）在拉伸工具操控板上输入拉伸的深度为 11。单击 ✓ 按钮，模型如图 4-175 所示。

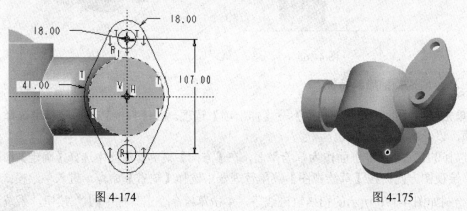

图 4-174　　　　　　　　　　图 4-175

步骤 7　建立拉伸减料特征

1）单击拉伸工具按钮 ，在拉伸特征操控板上单击 （去除材料）按钮。

2）单击【放置】面板中的【定义】按钮，系统显示"草绘"对话框。选择 FRONT 基准平面为草绘平面，RIGHT 基准平面为参照平面，接受系统默认的视图方向。单击"草绘"对话框中的【草绘】按钮，系统进入草绘工作环境。

3）绘制如图 4-176 所示的截面（一个直径为 96 的圆）。单击草绘命令工具栏中的 ✓ 按钮，返回拉伸特征操控板。

4）在拉伸工具操控板上选择 （双向拉伸）拉伸模式选项，输入拉伸的深度为 100。单击 ✓

按钮，模型如图 4-177 所示。

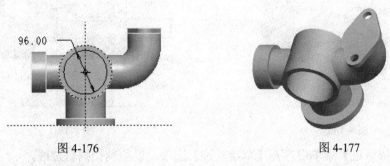

图 4-176　　　　　　　　　　图 4-177

步骤 8　建立拉伸减料特征

1）单击拉伸工具按钮，在拉伸特征操控板上单击（去除材料）按钮。

2）单击【放置】面板中的【定义】按钮，系统显示"草绘"对话框。选择如图 4-178 所示平面为草绘平面，接受系统默认的参照平面和视图方向。单击"草绘"对话框中的【草绘】按钮，系统进入草绘工作环境。

3）绘制如图 4-179 所示的截面（一个圆）。单击草绘命令工具栏中的按钮，返回拉伸特征操控板。

4）在拉伸工具操控板上选择（至下一曲面）拉伸模式选项。单击按钮，模型如图 4-180 所示。

图 4-178　　　　　　　　　　图 4-179

步骤 9　创建旋转减料特征

1）在特征工具栏上单击（旋转工具）按钮，打开旋转工具操控板，单击（去除材料）按钮。

2）单击【放置】按钮，进入【放置】操控板，单击【定义】按钮，打开"草绘"对话框。

3）选择 FRONT 基准平面为草绘平面，RIGHT 基准平面为参照平面，接受系统默认的视图方向。单击"草绘"对话框中的【草绘】按钮，系统进入草绘工作环境。

4）绘制如图 4-181 所示的截面（一条中心线和图示截面），单击草绘命令工具栏中的按钮。回到旋转特征操控板。接受默认的旋转角度为 360°。

5）在旋转工具操控板上，单击按钮，完成的旋转特征结果如图 4-182 所示。

步骤 10　创建扫描减料特征

1）单击菜单【插入】→【扫描】→【切口】选项。

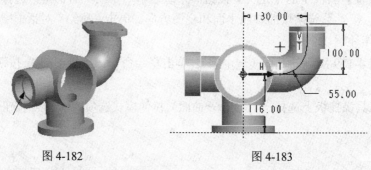

图 4-180　　　　　　　　　　　图 4-181

2）在【扫描轨迹】菜单中选择【草绘轨迹】选项，以绘制扫描轨迹线。

3）选择 FRONT 基准平面作为草绘平面，其余接受系统默认设置，进入草绘模式。

4）绘制如图 4-183 所示的扫描轨迹线条，单击草绘命令工具栏中的 ✓ 按钮，系统弹出【属性】菜单，依次单击菜单中的【合并端】、【完成】选项。

图 4-182　　　　　　　　　　　图 4-183

5）系统再次回到草绘状态，与轨迹垂直的面成为绘图面，绘制如图 4-184 所示的截面作为扫描截面（一个圆）。

6）单击草绘命令工具栏中的 ✓ 按钮，完成特征截面的绘制，系统弹出【方向】菜单，在【方向】菜单中单击【正向】选项。单击【切剪：扫描】对话框中的【确定】按钮，完成扫描特征的建立。按 Ctrl+D 组合键，实体模型效果如图 4-185 所示。

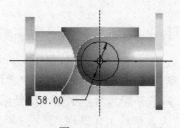

图 4-184　　　　　　　　　　　图 4-185

步骤 11　保存文件

单击菜单【文件】→【保存】选项，保存当前模型文件。

实训 5　塑料瓶模型的创建

本例创建如图 4-186 所示塑料瓶模型。

图 4-186

项目四 基础建模特征

步骤1 建立新文件

新建一个名为 chap04-17 的零件文件，采用 mmns_part_solid 模板。

步骤2 绘制原始轨迹线及轮廓线

1）单击基准特征工具栏中的 ⬙（草绘工具）按钮，打开"草绘"对话框。

2）选择 FRONT 基准面作为草绘平面，RIGHT 基准面作为参照面，单击【草绘】按钮，进入草绘工作界面。绘制如图 4-187 所示的两条样条曲线和一条直线。单击草绘命令工具栏中的 ✔ 按钮，完成曲线的绘制。结果如图 4-188 所示。

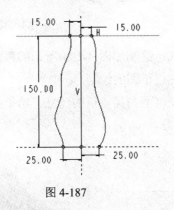
图 4-187

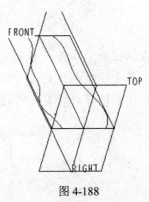
图 4-188

步骤3 绘制其他轮廓线

1）单击基准特征工具栏中的 ⬙ 按钮，打开"草绘"对话框。选择 RIGHT 基准面作为草绘平面，接受系统默认的视图参照，单击【草绘】按钮，进入草绘工作界面。

2）绘制如图 4-189 所示的曲线。单击草绘命令工具栏中的 ✔ 按钮，完成曲线的绘制。结果如图 4-190 所示。

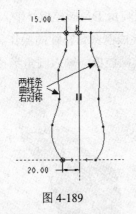
图 4-189

图 4-190

步骤4 建立可变剖面扫描特征

1）单击可变剖面扫描工具按钮 ⬙，打开可变剖面扫描特征操控板。单击 ▯ 按钮，以生成实体特征。如图 4-191 所示选择原始轨迹线（中间的直线），按下 Ctrl 键，依次选择其他 4 条轮廓线，如图 4-192 所示。

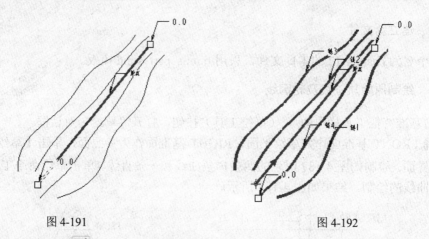

图 4-191　　　　　　　　　　　　图 4-192

2）在操控板上单击 按钮，进入草绘模式。绘制如图 4-193 所示的截面（四条依次相切圆锥曲线）。单击草绘命令工具栏中的 按钮，完成草图的绘制。

3）单击特征操控板中的 按钮，完成可变剖面扫描特征的建立，结果如图 4-194 所示。

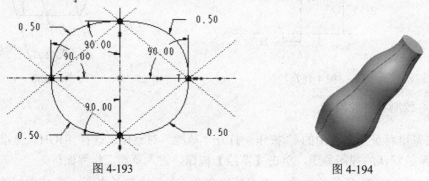

图 4-193　　　　　　　　　　　　图 4-194

步骤5 建立倒圆角特征（该特征可参考项目五）

1）在右侧工具栏单击 （倒圆角）按钮，打开倒圆角工具操控板。输入当前倒圆角半径为值"6"。选择如图 4-195 所示的边线。单击 按钮，完成倒圆角特征的操作。

2）再次单击 （倒圆角）按钮，打开倒圆角工具操控板。输入圆角半径为 2.5。选择如图 4-196 的边线。单击 按钮，完成倒圆角特征的操作。

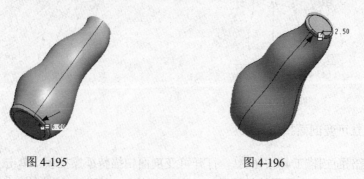

图 4-195　　　　　　　　　　　　图 4-196

步骤6 建立基准平面特征

在特征工具栏上单击 （基准平面）按钮，打开基准平面对话框，选择 TOP 平面作为建立基准平面的参照，在对话框中选择"偏移"类型，输入平移距离为 170，如图 4-197 所示，单击【确定】按钮，完成基准平面的创建。

图 4-197

步骤7 创建拉伸特征

1）在特征工具栏中单击 按钮，打开拉伸工具操控板。单击【放置】按钮，进入【放置】操控板，单击【定义】按钮，打开"草绘"对话框。选择刚建立的 DTM1 平面为草绘平面，RIGHT 平面为参照平面，接受系统默认的视图方向。单击"草绘"对话框中的【草绘】按钮，系统进入草绘工作环境。

2）绘制如图 4-198 所示的图形（一个圆），单击工具栏中的 按钮，完成草图绘制。

3）在拉伸工具操控板上单击 按钮，使拉伸方向朝向刚创建的实体模型，并输入拉伸的深度为 30。单击 按钮，完成拉伸特征的创建，结果如图 4-199 所示。

图 4-198

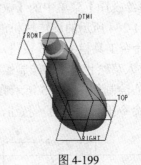

图 4-199

步骤8 建立壳特征（该特征可参考项目五）

1）单击壳工具按钮 ，打开壳特征操控板。

2）在壳工具操控板上输入厚度值为 2。选取如图 4-200 所示的零件表面，该表面将作为移除的曲面。单击 按钮，创建的壳特征如图 4-201 所示。

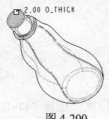

图 4-200

图 4-201

步骤 9 创建旋转增料特征

1）在特征工具栏上单击 (旋转工具) 按钮，打开旋转工具操控板。单击【放置】按钮，进入【放置】操控板，单击【定义】按钮，打开"草绘"对话框。选择 FRONT 基准面作为草绘平面，RIGHT 基准面作为参照面，视图方向为"底部"，再单击该对话框中的【草绘】按钮，系统进入草绘工作环境。

2）绘制如图 4-202 所示的一条中心线和截面。单击草绘命令工具栏中的 按钮，回到旋转特征操控板。接受默认的旋转角度为 360°。

3）在旋转工具操控板上，单击 按钮，完成的旋转特征结果如图 4-203 所示。

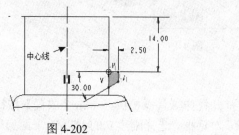
图 4-202

图 4-203

步骤 10 创建螺旋扫描特征

1）单击菜单【插入】→【螺旋扫描】→【伸出项】命令，打开【属性】菜单。接受【属性】菜单中的默认命令【常数】、【穿过轴】、【右手定则】，然后单击【完成】命令。

2）选择 FRONT 基准面作为草绘平面，单击【方向】菜单中的【确定】按钮，接受默认的视图方向，单击【草绘视图】菜单中的【缺省】命令，系统进入草绘状态。

3）绘制如图 4-204 所示的旋转轴和轮廓线。

4）单击草绘命令工具栏中的 按钮，在信息区显示的文本栏中输入螺距值为"2.5"，单击 按钮。系统再次进入草绘状态，以绘制螺旋扫描剖面。

5）在起始中心绘制如图 4-205 所示截面。

6）单击草绘命令工具栏中的 按钮，再单击鼠标中键，完成后的结果如图 4-206 所示。

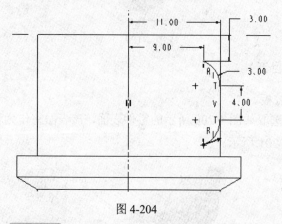
图 4-204

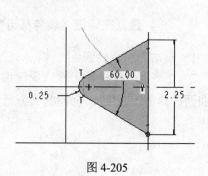
图 4-205

步骤 11 创建倒角特征（该特征可参考项目五）

1）单击倒角工具按钮 ，系统显示倒角特征操控板。选择"D×D"的倒角方式，设定 D 值为"0.8"。选择如图 4-207 所示中箭头指示的边作为倒角边。

2）单击✓按钮，完成倒角特征的建立。完成后的最终模型如图 4-186 所示。

图 4-206

图 4-207

步骤 12 保存文件

单击工具栏中的保存文件按钮，完成当前文件的保存。

拓展练习

一、思考题

1．伸出项特征与切剪特征有什么区别？
2．实体特征与薄壁特征有什么区别？
3．在创建扫描实体特征时，为什么有时需要两次进入二维草绘模式绘制草图？
4．在扫描特征有关"属性"的处理部分的"内部因素"的处理中，试述"增加内部因素"和"无内部因素"的区别。
5．怎样将两个具有不同顶点数的截面进行混合产生混合实体特征？

二、上机练习题

1．用【拉伸】特征完成如图 4-208 所示零件的建模。

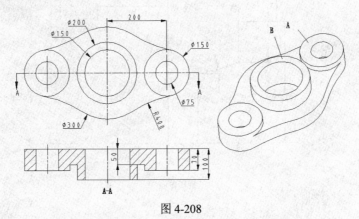
图 4-208

2．利用【旋转】特征创建轴类零件，如图 4-209 所示。

提示：
做键槽特征时，草绘平面与轴线须有一个偏移距离（偏移距离取决于键槽深度）。

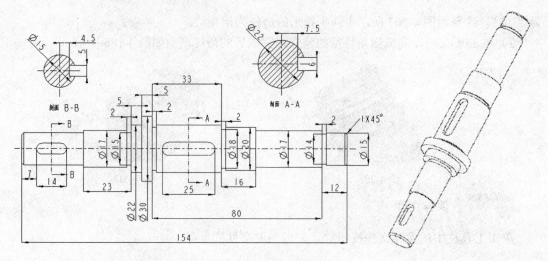

图 4-209

3. 利用【旋转】特征创建薄板铸管零件，如图 4-210 所示。

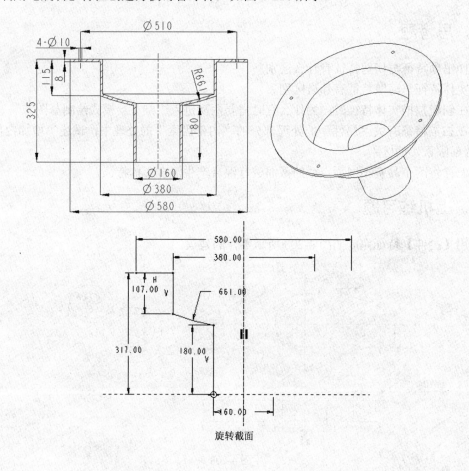

图 4-210

4. 利用【旋转】、【拉伸】、【基准平面】、【阵列】（阵列特征创建方法请参照项目六）等特征创建如图 4-211 所示零件。

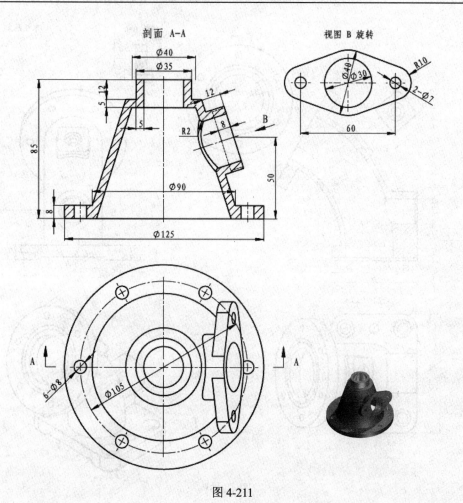

图 4-211

5. 利用【混合】、【旋转】特征创建杯子，如图 4-212 所示。

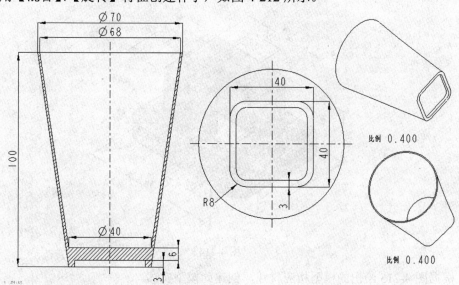

图 4-212

6. 创建连接管类零件，如图 4-213 所示。

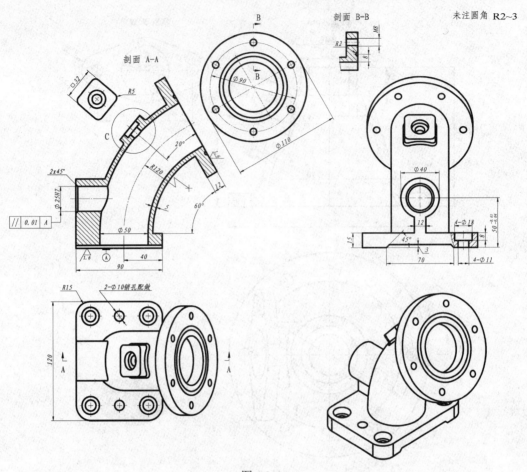

图 4-213

7. 利用【拉伸】特征创建如图 4-214 所示模型。

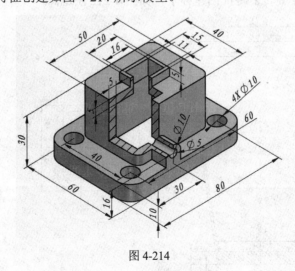

图 4-214

8. 根据图 4-215 给出的模型相应尺寸，创建此模型实体。

项目四 基础建模特征

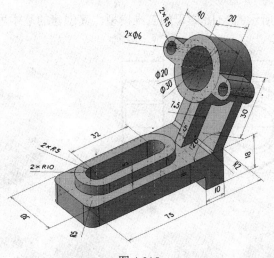

图 4-215

9. 打开附盘文件"\chap04\chap04-18.prt",如图 4-216 所示,利用【可变剖面扫描】特征创建显示器外形,如图 4-217 所示。

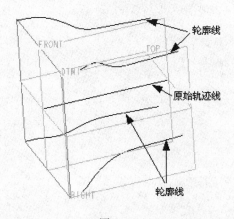

图 4-21

图 4-217

10. 创建"管接头"零件,如图 4-218 所示。

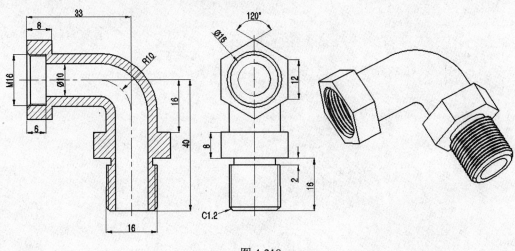

图 4-218

11. 创建如图 4-219 所示的 M10 螺母的三维模型，其创建的基本思路如图 4-220 所示。

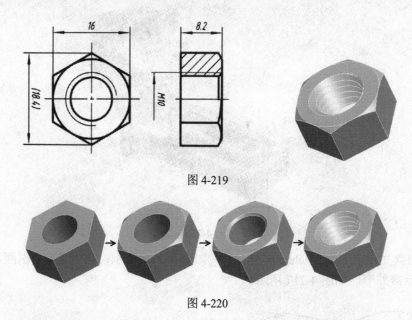

图 4-219

图 4-220

项目五 创建工程特征

【教 学 目 标】
1. 掌握工程特征创建方法及其应用
2. 掌握特征操作和编辑方法

【知 识 点】
1. 孔、壳、圆角、倒角和筋特征的创建
2. 拔模特征的创建方法及其应用

【重点与难点】
1. 孔特征创建时孔放置类型的设定
2. 各种不同类型倒圆角特征的创建
3. 理解拔模曲面、拔模枢轴和拖动方法的含义及选取
4. 综合应用各种工程特征创建实体零件

【学习方法建议】
1. 课堂：多动手操作实践
2. 课外：课前预习，课后复习相关基础知识，结合本项目及时练习，学习掌握综合运用所学知识的方法

【建 议 学 时】
8 学时

工程特征是在已有基础特征上创建出来的，"工程特征"包括孔特征、壳特征、倒角特征、倒圆角特征、筋特征和拔模特征等。要准备创建一个工程特征，需要确定两类参数。

- 定形参数：确定工程特征形状和大小的参数，如长、宽、高和直径等参数。
- 定位参数：确定工程特征在基础特征上的放置位置。定位参数的确定是通过选取适当的定位参照来确定的，因而定位参照的选择是创建工程特征的重要内容之一。

5.1 孔特征

从形式上来说，孔特征是由系统用拉伸或旋转特征创建出来的，但用户使用孔特征创建孔时，无需选择草绘平面和草绘参照，使操作更为简洁、明了。在 Pro/ENGINEER 系统中，可以将创建孔特征的方式分为三种：简单孔、草绘孔和标准孔。在深入学习创建孔特征之前，先来了解孔工具操控板上的一些工具按钮和选项。

在特征工具栏中单击 (孔工具) 按钮，或在菜单中选择【插入】→【孔】命令，打开孔工具操控板，如图 5-1 所示。

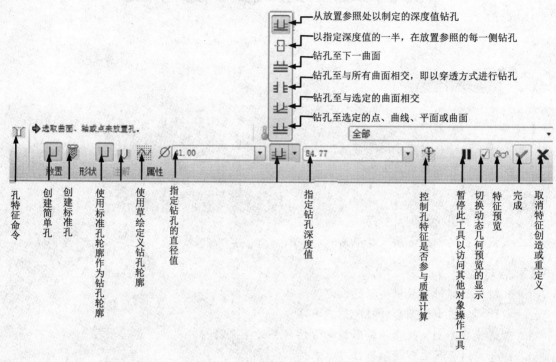

图 5-1

如果在孔工具操控板中单击 (创建标准孔) 按钮，则孔工具操控板出现用于创建标准孔的相关按钮及列表框等，如图 5-2 所示。

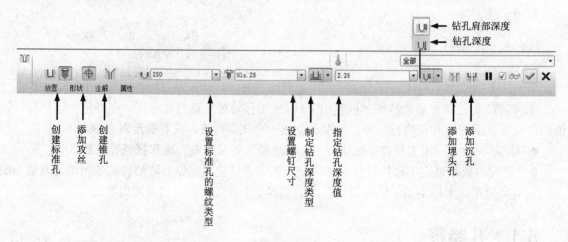

图 5-2

在孔工具操控板中单击【放置】按钮，打开【放置】操控板，如图 5-3 所示。在选择主放置参照后，可以根据要求选择放置类型选项，常用的放置类型选项有"线性"、"径向"和"直径"等。

项目五 创建工程特征

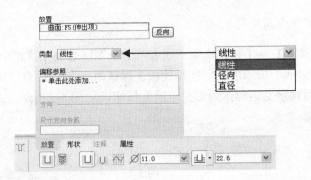

图 5-3

- 线性：标注孔的中心线到实体的两个边（或两个平面）的距离。
- 径向：以极坐标的方式标注孔的中心线位置。此时指定参考轴和参考平面，以标注极坐标的半径及角度尺寸。
- 直径：以直径的尺寸标注孔的中心位置，此时指定参考平面，以标注极坐标的直径及角度尺寸。
- 同轴：使孔的轴线与实体中已有的轴线共线。

【形状】操控板用来定义孔的具体形状。例如，在孔工具操控板中选中 （创建标准孔）按钮，并选中 （添加攻丝）按钮，然后单击【形状】按钮，打开【形状】操控板，如图 5-4 所示，从中可以设置所定孔的具体形状尺寸及相关选项。

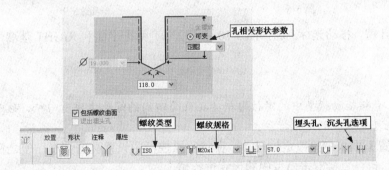

图 5-4

5.1.1 孔特征建模综合实例

本例使用孔特征建立如图 5-5 所示的零件模型。

步骤 1 打开练习文件

打开配书光盘 chap05 文件夹中的文件"chap05-01.part"，如图 5-6 所示。

图 5-5

图 5-6

步骤 2 建立第 1 个简单孔

1) 单击菜单【插入】→【孔】选项，或者单击绘图区右侧工具栏中的 按钮。
2) 系统显示如图 5-7 所示的孔特征操控板。默认时， （创建简单孔）按钮处于被选中状态，并选中 （使用预定义矩形作为钻孔轮廓）按钮，如图 5-7 所示。

图 5-7

3) 单击【放置】按钮，选择模型的上表面作为孔的放置平面，如图 5-8 所示。选择"线性"标注方式，在"偏移参照"栏单击左键，激活该项，如图 5-9 所示。

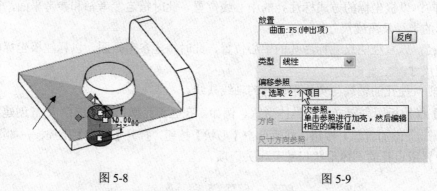

图 5-8　　　　　　　　　图 5-9

4) 按下 Ctrl 键，移动光标，选择图 5-10 中 FRONT 基准平面和 RIGHT 基准平面作为孔的定位基准。

提示：

快捷操作：直接拖动模型中的定位句柄（孔表面四周的绿色方块称句柄，也叫控制柄）到指定的边或面，也可完成孔的定位标注。

5) 在【放置】面板中修改定位尺寸，在特征操控板中设置孔的大小，使之符合设计要求，如图 5-10 所示。也可直接双击模型中的尺寸进行修改。

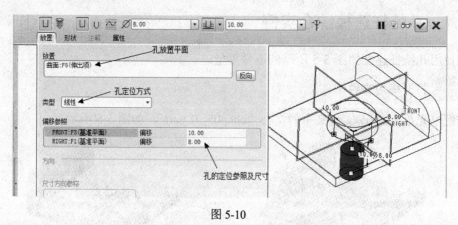

图 5-10

6) 单击 按钮，完成孔特征的建立，结果如图 5-11 所示。

步骤 3 建立第 2 个简单孔

1）单击绘图区右侧工具栏中的 按钮，打开孔特征操控板。在【放置】面板中，选择凸台的上表面作为孔的放置平面，并按住 Ctrl 键选择如图 5-12 所示特征轴"A_34"。

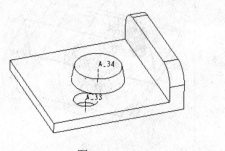
图 5-11

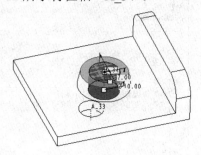
图 5-12

2）系统这时默认放置类型为"同轴"标注方式，如图 5-13 所示，以使建立的孔与凸台同轴。设定孔的直径为 10，孔的深度为 7。单击 按钮，完成孔特征的建立，如图 5-14 所示。

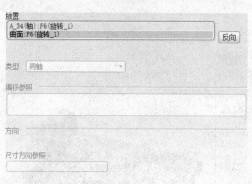
图 5-13

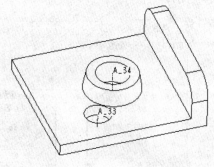
图 5-14

步骤 4 使用标准孔轮廓作为钻孔轮廓

1）单击 (孔工具) 按钮，打开孔工具操控板。

2）选中 (使用标准孔轮廓作为钻孔轮廓) 按钮，接着选择 (添加埋头孔) 按钮，此时孔工具操控板如图 5-15 所示。

3）选择模型上表面作为孔的放置平面，如图 5-16 所示。

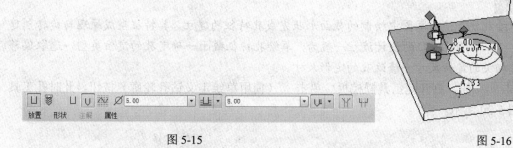

图 5-15　　　　　　　　　　　　　　　图 5-16

4）单击【放置】按钮，选择"线性"标注方式，在"偏移参照"栏单击左键，激活该项，接着在模型中选择 FRONT 基准平面，按住 Ctrl 键选择 RIGHT 基准平面。然后，在"偏移参照"

收集器中修改相应的偏移距离，如图 5-17 所示。

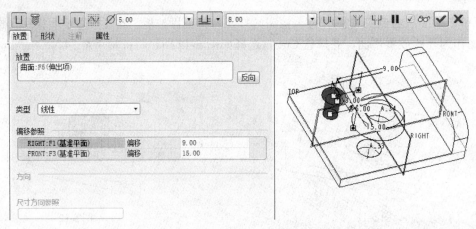

图 5-17

5）进入"形状"操控板，设置如图 5-18 所示的尺寸参数及选项。单击 ✓ 按钮，创建简单孔如图 5-19 所示。

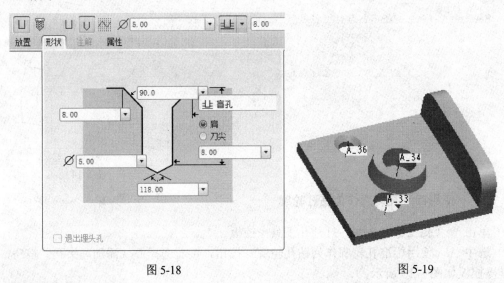

图 5-18　　　　　　　　　　　　图 5-19

步骤 5　创建草绘孔

提示：

所谓草绘孔就是使用草图中绘制的截面形状完成孔特征的建立，其特征生成原理与旋转创建减料特征类似。草绘孔特征的设计流程一般为：草绘孔特征截面→确定孔的定位类型→选取偏移参照和确定相关的定位尺寸→修改孔的定形尺寸。

1）单击 按钮，打开孔工具操控板。单击 （使用草绘定义钻孔轮廓）按钮，此时孔工具操控板如图 5-20 所示。

图 5-20

项目五　创建工程特征

2）单击操控板上的 ▨（激活草绘器以创建剖面）按钮，进入草绘模式。

3）在草绘模式下绘制孔的封闭截面和中心线，如图 5-21 所示。单击 ✓ 按钮，完成草绘。

提示：

所绘草绘图形中，应满足以下几个条件：

① 草绘截面应当是无相交图元的封闭环。

② 必须要有一个垂直的旋转轴（即应当草绘一条中心线）。

③ 所有截面必须位于旋转轴（中心线）一侧，并且截面中至少有一条边与旋转轴（即中心线）垂直。

图 5-21

4）选择模型上表面作为孔的放置平面。

5）单击【放置】按钮，选择"线性"标注方式，在"偏移参照"栏单击左键，激活该项，接着在模型中选择 FRONT 基准平面，按住 Ctrl 键选择 RIGHT 基准平面。然后，在"偏移参照"收集器中修改相应的偏移距离，如图 5-22 所示。

6）单击 ✓ 按钮，创建的草绘孔如图 5-23 所示。

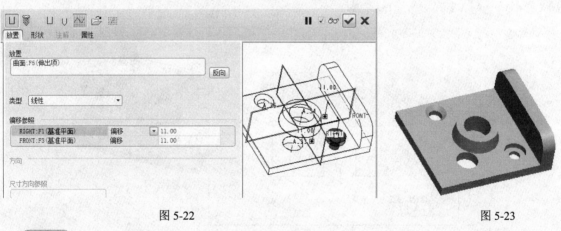

图 5-22　　　　　　　　　　　　　　　图 5-23

步骤 6　创建标准孔

1）单击 ▨ 按钮，打开孔工具操控板。单击 ▨ 按钮，以建立标准孔，其他参数设定如图 5-24 所示。

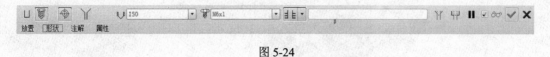

图 5-24

2）单击【放置】按钮，选择零件侧表面作为孔的放置平面，选择"线性"标注方式，在"偏移参照"栏单击左键，激活该项，接着在模型中选择 FRONT 基准平面，按住 Ctrl 键选择 TOP 基准平面。然后，在"偏移参照"收集器中修改相应的偏移距离，如图 5-25 所示。

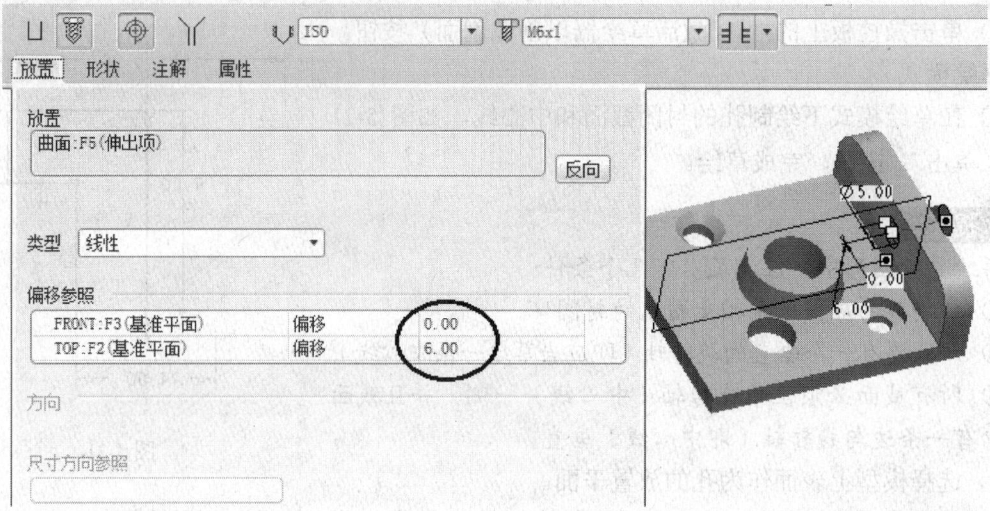

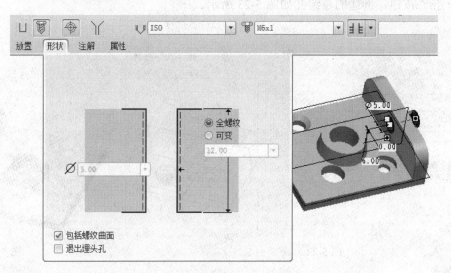

图 5-25

3）打开【形状】操控板，选中"全螺纹"单选按钮，其他选项如图 5-26 所示。

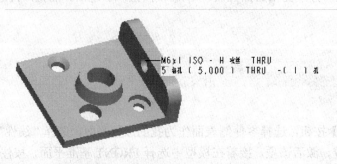

图 5-26

4）单击 ✓ 按钮，创建的标准孔如图 5-27 所示。

图 5-27

步骤 7 保存文件

单击工具栏中的保存文件按钮 ⌨，完成当前文件的保存。

5.2 壳特征

壳特征是指将已有实体改为薄壁结构特征。壳特征可指定一个或多个曲面作为移除面，并设置生成的抽壳厚度，系统就从选取的移除面开始，掏空所有和选取面有结合的特征材料，只留下指定壁厚的抽壳。生成的抽壳各表面厚度相等，若想使生成的抽壳厚度不同，可对这些表面厚度做单独设置。如果没有选取移除面，则会建立一个封闭的壳体，而中间部分是中空的。

图 5-28

单击 ⌨（壳工具）按钮或选择菜单【插入】→【壳】命令，将打开如图 5-28 所示的壳工具操控板。

单击【参照】按钮，打开【参照】操控板，如图 5-29 所示。在【参照】操控板上具有两个选项。"移除的曲面"选项用来收集要移除的曲面，当没有选择任何曲面时，创建的是封闭的壳特征，其内部被掏空；"非缺省厚度"选项用来定义不同厚度的曲面参照，在该选项中可以设置所选曲面参照的厚度。

图 5-29

5.2.1 壳特征建模实例

步骤 1 打开练习文件

打开配书光盘 chap05 文件夹中的文件"chap05-02.prt"，如图 5-30 所示。

图 5-30

步骤 2 建立壳特征

1) 单击壳工具按钮 ⌨，打开壳特征操控板。在壳工具操控板上输入厚度值为 2。
2) 按住鼠标中键调整模型视角，单击如图 5-31 所示的零件表面，该表面将作为移除的曲面。

单击 ✓ 按钮，创建的壳特征如图 5-32 所示。

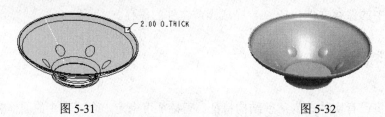

图 5-31　　　　　　　　　　图 5-32

3）在屏幕左端模型树中选择壳特征 ◫ 壳 1，单击鼠标右键，在弹出的快捷菜单中，选择【编辑定义】，如图 5-33 所示。系统再次进入壳特征操控板。

4）单击【参照】按钮，打开【参照】操控板，单击"非缺省厚度"选项将其激活，然后在模型中选择具有非默认厚度的曲面，如图 5-34 所示。

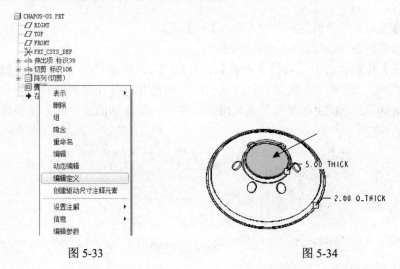

图 5-33　　　　　　　　　　图 5-34

5）在"非缺省厚度"选项中修改其厚度为 5，如图 5-35 所示。单击 ✓ 按钮，完成壳特征的建立。

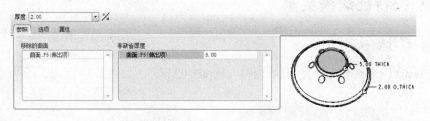

图 5-35

步骤 3　保存文件

单击工具栏中的保存文件按钮 🖫，完成当前文件的保存。

5.3　倒圆角特征

倒圆角在零件设计中有着极其重要的作用，它可以使产品特征棱线圆润化。按照半径定义的方式，倒圆角可以分为恒定半径倒圆角（创建的圆角半径值为一个常值）、可变半径倒圆角（创建的圆角允许有不等半径）、曲线驱动倒圆角（通过选取的曲线或边界以产生圆角，不需定义圆角半径值）和完全倒圆角（依据选取的曲面或边界自动产生全圆角）这些类型，如图 5-36 所示。

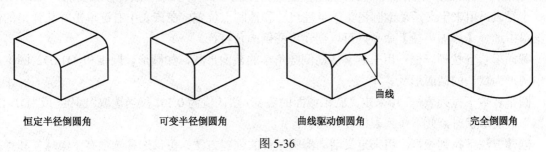

图 5-36

在特征工具栏中单击 ⌒（倒圆角工具）按钮，或者从菜单栏中选择【插入】→【倒圆角】命令，打开如图 5-37 所示的倒圆角工具操控板。

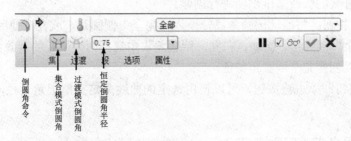

图 5-37

- 集：用于设定模型中各圆角的特征及大小。
- 过渡：用于设置两个圆角曲面交接处的控制。
- 段：用于反映每组圆角的组成段的情况。
- 选项：用于设置圆角的附着情况。

打开【集】操控板，如图 5-38 所示。下面介绍该操控板中的几个关键组成部分。

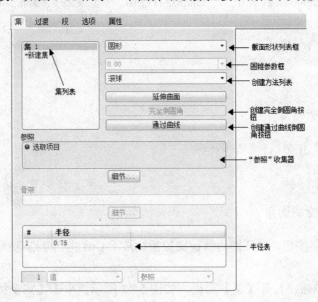

图 5-38

"集"列表：用来显示当前的所有倒圆角集，并可以添加新的倒圆角集或者删除当前的倒圆角集。

"参照"收集器：用来显示倒圆角集所选取的有效参照，可以添加或者移除参照。

半径表：用来定义活动倒圆角集的半径尺寸和控制点位置，在该表中右键单击并从弹出的快捷菜单中选择【添加半径】命令，可以创建可变倒圆角特征。

截面形状下拉列表框：用来定义活动倒圆角集的截面形状，如圆形、圆锥和 D1xD2 圆锥，其中圆形为默认的截面形状。

圆锥参数下拉列表框：用来定义圆锥截面的锐度，默认值为 0.50。仅当选取"圆锥"或"D1×D2 圆锥"截面形状时，此下拉列表框才可用。

创建方法下拉列表框：用来定义活动倒圆角集的创建方法，可供选择选项有"滚球"和"垂直于骨架"两个选项。选择前者时，以滚球方法创建倒圆角特征，即通过沿曲面滚动球体进行创建，滚动时球体与曲面保持自然相切；选择后者时，使用垂直于骨架方法创建倒圆角特征，即通过扫描垂直于指定骨架的弧或圆锥剖面进行创建。

【完全倒圆角】按钮：将活动倒圆角集转换为"完全"倒圆角，或允许使用第 3 个曲面来驱动曲面到曲面"完全"倒圆角。例如，在同一倒圆角集中选择两个平行的有效参照，单击【完全倒圆角】按钮，可以创建完全倒圆角特征。

【通过曲线】按钮：单击该按钮，可以使用选定的曲线来定义倒圆角半径，创建由曲线驱动的特殊倒圆角特征。

5.3.1 倒圆角特征建模实例

本例使用倒圆角特征工具建立如图 5-39 所示的零件模型。在本例中练习使用不同倒圆角特征的技巧。

步骤 1　打开练习文件

打开配书光盘 chap05 文件夹中的"chap05-03.prt"模型文件，如图 5-40 所示。

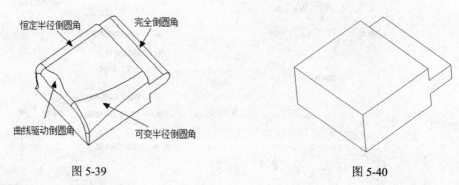

图 5-39　　　　　　　　　　　　　　图 5-40

步骤 2　建立完全倒圆角

1）单击倒圆角 按钮，打开圆角特征操控板。按下 Ctrl 键，分别选择图 5-41 中箭头指示的两条边。

2）单击【集】按钮，打开【集】面板，如图 5-42 所示。单击【完全倒圆角】按钮。

3）单击 按钮，创建的完全倒圆角特征如图 5-43 所示。

项目五 创建工程特征

图 5-41　　　　　　　　图 5-42　　　　　　　　图 5-43

步骤 3　建立恒定半径倒圆角

1）单击 按钮,打开倒圆角工具操控板。在倒圆角工具操控板上输入当前倒圆角集的圆角半径为 15,如图 5-44 所示。

2）在实体模型中选择要倒圆角的边参照,如图 5-45 所示。

3）单击 按钮,创建的恒定半径倒圆角特征如图 5-46 所示。

图 5-44　　　　　　　　图 5-45　　　　　　　　图 5-46

步骤 4　建立可变半径倒圆角

1）单击 按钮,打开倒圆角工具操控板。选择图 5-47 中箭头指示的一条边,系统自动产生一个默认半径值的圆角。

2）单击进入【集】操控板,在半径表中单击鼠标右键,从弹出的快捷菜单中选择【添加半径】命令,如图 5-48 所示。

图 5-47　　　　　　　　　　　　图 5-48

3）系统出现编号为 2 的另外半径,设置编号为 2 的半径值为 10,如图 5-49 所示。

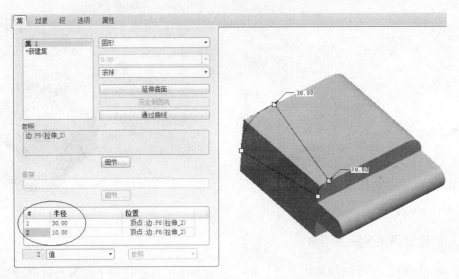

图 5-49

4）使用同样方法，连续增加第 3 个控制点，并设置编号为 3 的半径值为 15，位置选项内的值设为 0.5，如图 5-50 所示。

5）单击 ✓ 按钮，创建的可变倒圆角特征如图 5-51 所示。

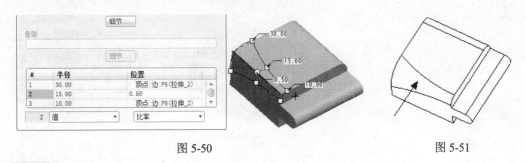

图 5-50　　　　　　　　　　　　　　　　　图 5-51

步骤 5　建立曲线驱动倒圆角

1）单击 ⌒ 按钮，打开倒圆角工具操控板。选择图 5-52 中箭头指示的一条边，系统自动产生一个默认半径值的圆角，会将与此条边相切的其他边一并选中。

2）单击【集】按钮，在弹出的上拉菜单中单击【通过曲线】按钮，结果如图 5-53 所示。

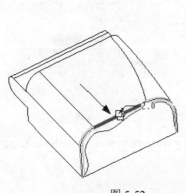

图 5-52　　　　　　　　　　　　　　　　　图 5-53

3）选择如图 5-54 所示箭头所指的曲线作为驱动曲线。
4）单击 ✓ 按钮，创建的曲线驱动倒圆角特征如图 5-55 所示。

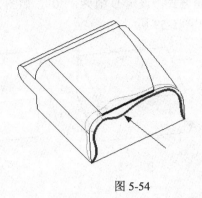 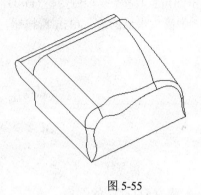

图 5-54　　　　　　　　　　　图 5-55

步骤 6　保存文件

单击工具栏中的保存文件按钮 💾，完成当前文件的保存。

5.4　倒角特征

倒角与倒圆角的功能相同，也是处理模型周围棱线的方法之一，系统提供了边倒角和拐角倒角两种方法，如图 5-56 所示。

边倒角　　　　　　　　　　　拐角倒角

图 5-56

边倒角包括 4 种倒角类型：
- 45°×D：在距选择的边尺寸为 D 的位置建立 45°的倒角，此选项仅适用于在两个垂直平面相交的边上建立倒角。
- D×D：距离选择边尺寸都为 D 的位置建立一个倒角。
- D1×D2：距离选择边尺寸分别为 D1 与 D2 的位置建立一个倒角。
- 角度×D：距离所选择边为 D 的位置，建立一个可自行设置角度的倒角。

5.4.1　倒角特征建模实例

本例使用倒角特征工具在零件模型中建立几种典型的倒角。

步骤 1　打开练习文件

打开配书光盘 chap05 文件夹中的文件"chap05-04.prt"。

步骤 2　建立 D×D 的倒角

1）单击倒角工具按钮，选择"D×D"的倒角方式，设定 D 值为"30",如图 5-57 所示。选择图 5-58 中箭头指示的边。单击✓按钮，结果如图 5-59 所示。

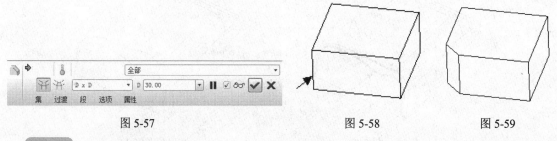

图 5-57　　　　　图 5-58　　　　　图 5-59

步骤 3　建立 D1×D2 的倒角

1）单击倒角工具按钮，选择"D1×D2"的倒角方式，设定 D1 值为"20",设定 D2 值为"60",如图 5-60 所示。选择图 5-61 中箭头指示的边。单击✓按钮，结果如图 5-62 所示。

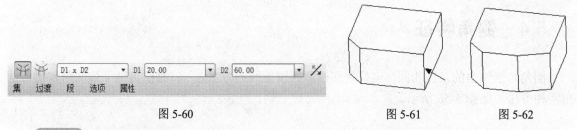

图 5-60　　　　　图 5-61　　　　　图 5-62

步骤 4　建立拐角倒角

1）单击菜单【插入】→【倒角】→【拐角倒角】选项，弹出如图 5-63 所示的对话框与菜单。系统提示"选择要倒角的角"，选择图 5-64 中箭头指示的边，弹出如图 5-65 所示的【选出/输入】菜单。

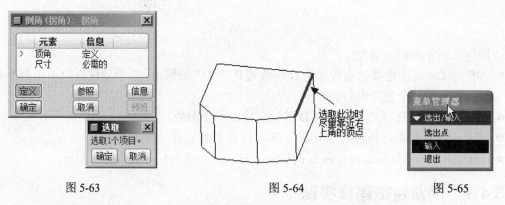

图 5-63　　　　　图 5-64　　　　　图 5-65

2）在【选出/输入】菜单中单击【输入】选项。

3）在弹出的输入文本框中输入为"80", 如图 5-66 所示，单击✓按钮。

4）系统自动选取第二条边线，在【选出/输入】菜单中单击【输入】选项。在弹出的输入文本框中输入"30"，单击✓按钮。

5）系统自动选取第三条边线，在【选出/输入】菜单中单击【输入】选项。在弹出的输入文本框中输入"50",单击✓按钮。再单击【倒角(拐角):拐角】对话框中单击【确定】按钮,完成拐角倒角特征的创建,如图 5-67 所示。

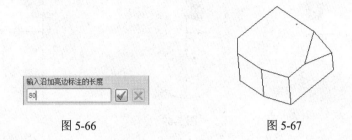

图 5-66　　　　　　　　　　　图 5-67

提示:

单击【输入】选项后,在依次输入各边的 D 值时,应注意高亮显示的边为当前输入 D 值的边。

步骤 7　保存文件

单击工具栏中的保存文件按钮 ,完成当前文件的保存。

5.5　创建筋特征

筋又称加强筋,通常是在两个或两个以上的特征之间加上材料,作为支撑。因为筋特征是建立在模型之间的特征,所以使用筋特征时必须存在其他的特征。创建筋时都需要确定筋的空间位置、截面形态和筋的壁厚。系统提供了轨迹筋和轮廓筋两种创建方法。

5.5.1　创建轮廓筋特征

轮廓筋是以筋的侧视图形状作为草绘截面形状进行创建的,草绘截面必须为"开放型",且草绘的图元须约束到相邻的特征上。

单击 (筋工具)按钮(或单击菜单【插入】→【筋】命令),打开如图 5-68 所示的筋工具操控板。

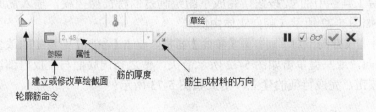

图 5-68

轮廓筋的高度、形状由绘制草绘决定,筋的宽度由参数设置,它的生成方向可以通过 按钮进行切换;在默认时,创建的筋特征是关于草绘平面向两侧伸展的,如果只是要在草绘平面的一侧创建筋特征,那么需要在创建过程中,单击一次或者单击两次操控板中的 按钮,如图 5-69 所示的三种情况。

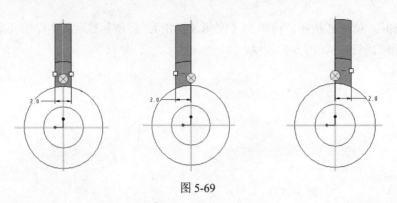

图 5-69

5.5.2 轮廓筋特征建模实例

步骤 1 打开练习文件

打开随书光盘中的"chap05-05.prt"文件中存在的三维实体模型,如图 5-70 所示。

步骤 2 创建轮廓筋

1)单击 按钮,打开筋工具操控板。进入操控板上的【参照】按钮,单击【定义】按钮,打开【草绘】对话框。

2)选择 FRONT 基准平面作为草绘平面,接受系统默认的视图方向,单击【草绘】按钮,进入二维草绘模式。单击【草绘】→【参照】命令,选取垂直面右轮廓和圆柱面外轮廓作为轮廓线,并绘制一条斜线段(约束直线两端点在实体参照线上),如图 5-71 所示。

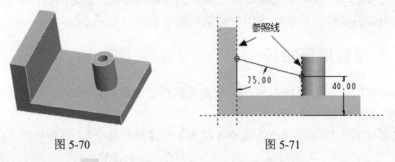

图 5-70　　　　　　　　　　图 5-71

3)单击草绘工具栏中的 按钮,完成草图绘制返回特征操控板,输入筋的厚度为"20",特征生成方向应如图 5-72 所示(朝向实体内侧)。

4)如果材料生成方向不对,则打开【参照】面板,单击【参照】面板中的改变方向按钮 反向 ,改变特征生成方向,或左键单击如图 5-72 所示箭头,使之指向底面与直板内部。

5)单击 按钮,完成特征的建立,结果如图 5-73 所示。

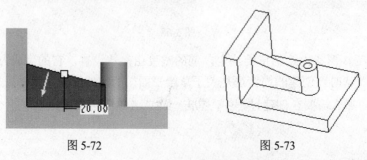

图 5-72　　　　　　　　　　图 5-73

步骤 3 保存文件

单击工具栏中的保存文件按钮，完成当前文件的保存。

5.5.3 创建轨迹筋特征

轨迹筋是以筋的俯视图形状作为草绘截面形状进行创建的，草绘截面可以由多个开放的、相交的曲线组成。

单击按钮（或单击菜单【插入】→【筋】→【轨迹筋】命令），打开如图 5-74 所示的轨迹筋工具操控板。

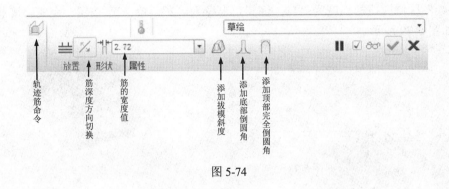

图 5-74

轨迹筋是一种非常灵活的筋创建工具，它只需要确定出筋的截面形状和位置，就会自动创建与相邻特征相闭合的筋特征。筋的高度、形状由绘制草绘图形和相邻特征共同决定，筋的宽度由参数设置，并且是关于草绘曲线对称分布，如图 5-75 所示。

5.5.4 轨迹筋特征建模实例

步骤 1 打开练习文件

打开随书光盘中的"chap05-06.prt"文件中存在的三维实体模型，如图 5-76 所示。

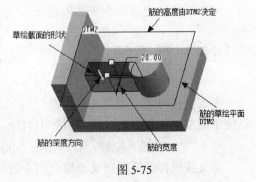

图 5-75

步骤 2 创建轨迹筋

1）单击按钮，打开轨迹筋操控板。单击操控板上的【放置】按钮，单击【定义】按钮，打开【草绘】对话框。

2）选择如图 5-76 所示零件顶面作为草绘平面，接受系统默认的视图方向，单击【草绘】按钮，进入二维草绘模式。

3）绘制如图 5-77 所示两条经过中心的垂直相交线段，单击草绘工具栏中的按钮，完成草图绘制，返回特征操控板。

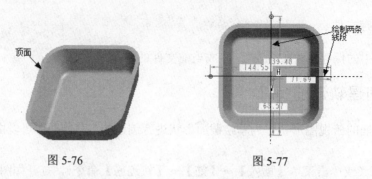

图 5-76　　　　　　　　　图 5-77

4) 在轨迹筋设计面板输入筋的厚度为"6"，单击 按钮添加拔模特征，再单击 按钮添加倒圆角特征，如图 5-78 所示。

5) 在绘图区修改拔模斜度为"1"，倒圆角半径为"2"。单击 按钮，完成轨迹筋特征的建立，结果如图 5-79 所示。

图 5-78　　　　　　　　　图 5-79

步骤3　保存文件

单击工具栏中的保存文件按钮 ，完成当前文件的保存。

5.6 拔模特征

考虑到浇铸或注塑工艺等因素，塑料制件、金属铸件与模具之间会存在 1°～30°之间的斜度，以便于成型品能很容易从模具型腔中取出，这个斜度就是拔模斜度。

单击 （拔模）按钮，打开如图 5-80 所示的拔模操控板。

定义拔模特征需要定义拔模曲面、拔模枢轴、拔模方向与拔模角度值。

图 5-80

在创建拔模特征的过程中，需要使用以下术语：
- 拔模曲面：模型中需要进行拔模的面。
- 拔模枢轴：又称中性面或中性曲线，即拔模后不会改变形状大小的截面、表面或曲线，可通过选取平面（在此情况下拔模曲面围绕它们与此平面的交线旋转）或选取拔模曲面上的单个曲线来定义拔模枢轴。
- 拖动方向（又称拔模方向）：用来测量拔模角度的方向参考，通常为模具开模方向。可通过选取平面（在这种情况下拖动方向垂直此平面）、直边、基准轴或坐标系的轴来定义。
- 拔模角度：拔模方向与生成的拔模曲面之间的角度。如果拔模曲面被分割，则可为拔模曲面的每侧定义两个独立的角度。拔模角度必须在-30°到+30°范围内。

拔模曲面可按拔模曲面上的拔模枢轴或不同的曲线进行分割，如与面组或草绘曲线的交线。如果使用不在拔模曲面上的草绘分割，系统会以垂直于草绘平面的方向将其投影到拔模曲面上。如果对拔模曲面进行分割，那么可以进行下列操作：
- 为拔模曲面的每一侧指定两个独立的拔模角度。
- 指定一个拔模角度，第二侧以相反方向拔模。
- 仅拔模曲面的一侧（两侧均可），另一侧仍位于中性位置。
- 具体的拔模操作还有其他的一些变化形式。

5.6.1 拔模特征建模实例

步骤1 打开练习文件

打开随书光盘中的"chap05-07.prt"文件中存在的三维实体模型，如图5-81所示。

步骤2 建立拔模特征

1）单击 ⚒（拔模）按钮，打开拔模操控板。
2）按住 Ctrl 键选择如图5-82所示的曲面作为拔模曲面。
3）在操控板上单击 ⚒（拔模枢轴收集器）按钮，接着在模型中选择FRONT基准平面作为拔模枢轴参照。

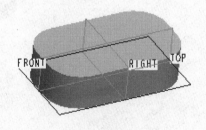
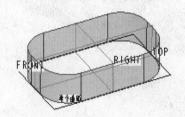

图5-81 　　　　　　　　　　图5-82

4）在操控板的角度框中输入拔模角度为15，如图5-83所示。
5）单击 ✔ 按钮，完成拔模特征的建立，结果如图5-84所示。

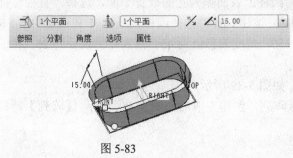

图5-83 　　　　　　　　　　图5-84

步骤 3 保存文件

单击工具栏中的保存文件按钮，完成当前文件的保存。

实训 6　底座模型的创建

本实训项目重点掌握孔特征、倒角、倒圆角特征及筋特征等的创建方法。

步骤 1 打开练习文件

打开随书光盘中的"chap05-08.prt"文件中存在的三维实体模型，如图 5-85 所示。

步骤 2 建立孔特征 1

1）单击（孔工具）按钮，打开孔工具操控板。

2）在【放置】面板中，选择左边圆柱上表面作为孔的放置平面，并按住 Ctrl 键选择模型中的圆柱轴线 A_2，输入孔的直径为 75，孔的深度设为"穿透"，如图 5-86 所示。

3）单击按钮，完成孔特征的建立。

4）用同样的方法创建右侧圆柱上孔的创建，完成后如图 5-87 所示。

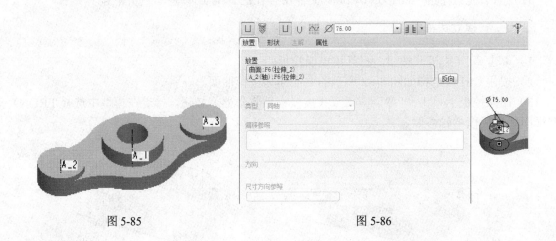

图 5-85　　　　　　　　　　　　　　图 5-86

步骤 3 建立孔特征 2

1）单击（孔工具）按钮，打开孔工具操控板。

2）在【放置】面板中，选择零件中间圆柱上表面作为孔的放置平面，选择"直径"标注方式，在"偏移参照"栏单击左键，激活该项，并按住 Ctrl 键选择圆柱轴线 A_1 和模型中的 FRONT 作为孔的定位基准，并设置直径偏移值为 150，角度偏移值为 45。输入孔的直径为 25，孔的深度设为"30"，如图 5-88 所示。

3）单击按钮，完成孔特征的建立，如图 5-89 所示。

4）用"轴阵列"的方式对此圆孔进行阵列，创建完成后如图 5-90 所示（【阵列】特征可参考项目六）。

项目五 创建工程特征

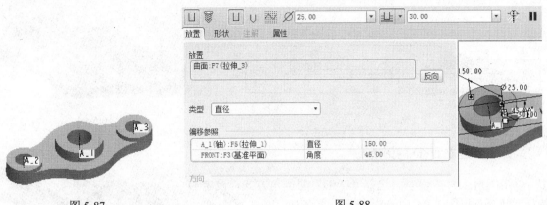

图 5-87　　　　　　　　　　　图 5-88

图 5-89　　　　　　　　　　　图 5-90

步骤 4　**建立倒圆角特征**

1）单击 （倒圆角）按钮，打开倒圆角操控板。在操控板上输入当前倒圆角集的圆角半径为 10。按住 Ctrl 键的同时，选择需要倒圆角的两条边。

2）按鼠标中键完成特征，倒圆角后模型如图 5-91 所示。

步骤 5　**建立筋特征**

1）单击 （筋工具）按钮，打开筋工具操控板。

2）进入操控板上的【参照】操控板，单击【定义】按钮，打开【草绘】对话框。

3）选择 FRONT 基准平面作为草绘平面，单击【草绘】按钮，系统进入草绘模式。绘制如图 5-92 所示的 1 条直线段（直线两端点分别与两圆柱顶平面对齐）。

图 5-91　　　　　　　　　　　图 5-92

4）单击草绘工具栏中的 按钮，完成草图绘制返回特征操控板，输入筋的厚度为"20"，特征生成方向应如图 5-93 所示。

5）单击 按钮，完成特征的建立，用同样的方法完成右侧筋特征的操作，结果如图 5-94 所示。

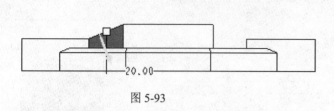

图 5-93　　　　　　　　　图 5-94

步骤 6　建立 D×D 的倒角

单击倒角工具按钮 ，选择"D×D"的倒角方式，设定 D 值为"5"，选择图 5-94 中箭头指示的 3 条边。单击 按钮，结果如图 5-95 所示。

步骤 7　保存文件

图 5-95

单击工具栏中的保存文件按钮 ，完成当前文件的保存。

实训 7　滚轮模型的创建

本练习将创建如图 5-96 所示的滚轮零件，通过该练习巩固拉伸特征、旋转特征、拔模特征、圆角特征、基准平面特征、孔特征等知识。

步骤 1　建立新文件

新建一个名为 chap05-09 的零件文件，采用 mmns_part_solid 模板。

步骤 2　创建旋转增料特征

1）在特征工具栏上单击 按钮，单击【放置】按钮，单击【定义】按钮，打开"草绘"对话框。

2）在"草绘"对话框中选择 FRONT 基准平面作为草绘平面，单击【草绘】按钮，系统进入草绘工作环境。绘制如图 5-97 所示的一条中心线和截面。单击工具栏中的 按钮，回到旋转特征操控板。接受默认的旋转角度为 360°。

3）在旋转工具操控板上，单击 按钮，完成的旋转特征结果如图 5-98 所示。

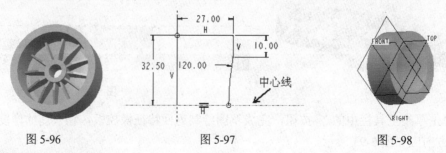

图 5-96　　　　　　　图 5-97　　　　　　　图 5-98

步骤 3　建立拔模特征

1）单击 按钮，打开拔模工具操控板。按住 Ctrl 键选择如图 5-99 所示的圆柱面作为拔模曲面。

2）在操控板上单击 ⬚（拔模枢轴收集器）按钮，接着在模型中选择 RIGHT 基准平面作为拔模枢轴参照。

3）在操控板的角度框中输入拔模角度为-3，按 Enter 键，如图 5-99 所示。

图 5-99

4）单击 ✓ 按钮，完成拔模特征的建立。

步骤 4 建立倒圆角特征

单击 ⬚ 按钮，在操控板上输入当前倒圆角集的圆角半径为 3。选择如图 5-100 所示的边线。单击 ✓ 按钮。

步骤 5 建立壳特征

单击 ⬚ 按钮，在操控板上输入厚度值为 5.5。选择如图 5-101 所示的要移除的曲面。单击 ✓ 按钮，创建的壳特征如图 5-102 所示。

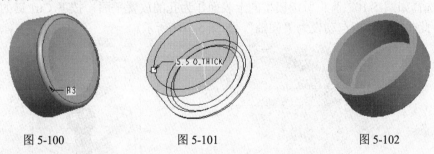

图 5-100　　　　　图 5-101　　　　　图 5-102

步骤 6 创建基准平面 DTM1

1）单击 ⬚（基准平面）按钮，系统弹出"基准平面"对话框。

2）在绘图窗口中左键选取如图 5-103 所示 RIGHT 基准平面作为参照，并设定约束条件为"偏移"，并在偏移距离栏内输入框中输入平移值"7"。

3）单击对话框中的【确定】按钮，完成基准平面的创建，系统自动命名为 DTM1，如图 5-104 所示。

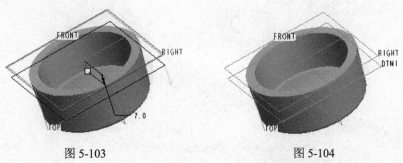

图 5-103　　　　　　　　　图 5-104

步骤 7 创建拉伸特征

1）在特征工具栏中单击 按钮，打开拉伸工具操控板。单击【放置】按钮，进入【放置】操控板，单击【定义】按钮，打开"草绘"对话框。

2）选择上一步骤创建的 DTM1 基准平面作为草绘平面，单击【草绘】按钮，系统进入草绘工作环境。绘制如图 5-105 所示的图形（一个圆），单击工具栏中的 按钮。

3）在拉伸工具操控板上，选择拉伸模式为 （拉伸至下一曲面）。单击 按钮，模型如图 5-106 所示。

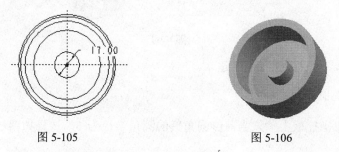

图 5-105   图 5-106

步骤 8 建立孔特征（使用标准孔轮廓作为钻孔轮廓）

1）单击 按钮，打开孔工具操控板。选中 （使用标准孔轮廓作为钻孔轮廓）按钮，接着选择 （添加沉头孔）按钮，输入孔的直径为"10"。

2）选择如图 5-107 箭头所指模型的上表面作为孔的放置平面，按下 Ctrl 键的同时选择 A_1 基准轴，此时标注类型自动设为"同轴"，如图 5-107 所示。

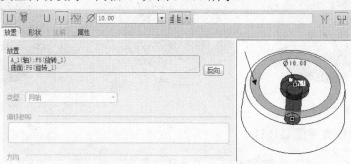

图 5-107

3）单击【形状】操控板，设置如图 5-108 所示的尺寸参数及选项。

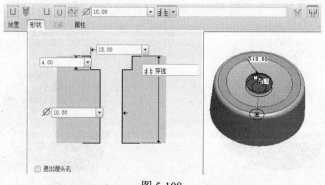

图 5-108

4）单击 ✓ 按钮，完成孔特征的创建。

步骤 9 建立倒圆角特征

单击 按钮，打开倒圆角操控板。在操控板上输入当前倒圆角集的圆角半径为 1。选择如图 5-109 所示的边线。单击 ✓ 按钮，完成倒圆角操作。

步骤 10 建立筋特征

1）单击 按钮，打开筋工具操控板。单击操控板上的【参照】按钮，单击【定义】按钮，打开【草绘】对话框。选择 FRONT 基准平面作为草绘平面，单击【草绘】按钮，系统进入草绘模式。单击（隐藏线）按钮，绘制如图 5-110 所示的两条直线段。

2）单击草绘工具栏中的 ✓ 按钮，完成草图绘制返回特征操控板，输入筋的厚度为"1.5"。单击 ✓ 按钮，完成特征的建立，结果如图 5-111 所示。

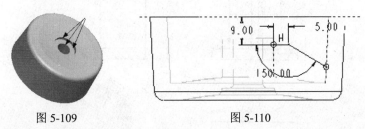

图 5-109　　　　　　　　图 5-110

步骤 11 创建阵列特征

将筋特征通过轴阵列的方法复制 12 个，结如图 5-112 所示（阵列特征可参照项目六的内容：采用"轴"阵列的方式）。

图 5-111　　　　　　　　图 5-112

步骤 12 保存文件

单击工具栏中的保存文件按钮 ，完成当前文件的保存。

拓展练习

一、思考题

1. 创建孔特征分几种方式？它们各有哪些区别？
2. 如何创建具有不同厚度的壳特征？请举例说明。
3. 如何创建可变半径倒圆角特征？请举例说明。
4. 绘制一个正方体，然后对其 4 个侧面进行拔模处理，拔模角度为 5°。

5. 简述如何创建边倒角特征。简述如何创建拐角倒角特征，可以举例辅助说明。
6. 在什么情况下，可以使用自动倒圆角工具来对模型的凸边或凹边进行自动倒圆角？

二、上机练习

1. 按图 5-113 所示的工程图绘制零件的三维实体模型。

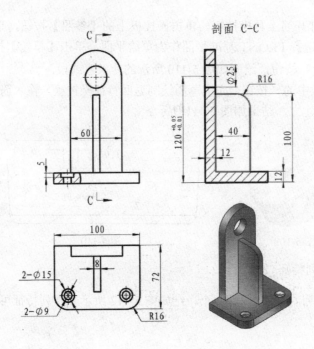

图 5-113

2. 打开附盘文件"\chap05\ chap05-10.prt"，如图 5-114 所示，使用【倒圆角】及【倒角】特征将零件凸台边缘倒圆角，倒圆角半径为"8"，孔边缘倒角，倒角类型为 D×D，大小为"5"，最终效果如图 5-115 所示。

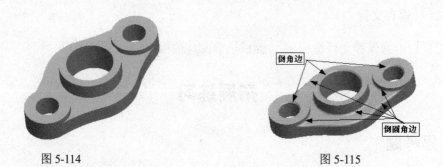

图 5-114   图 5-115

3. 本练习要求创建如图 5-116 所示的三维实体零件，通过该练习巩固拉伸特征、旋转特征、基准平面特征、孔特征等知识。

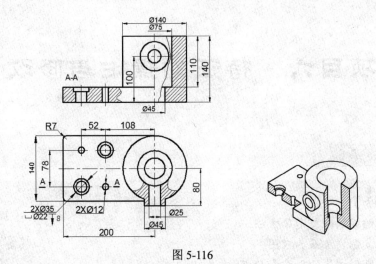

图 5-116

4. 本练习要求创建如图 5-117 所示的三维实体零件。

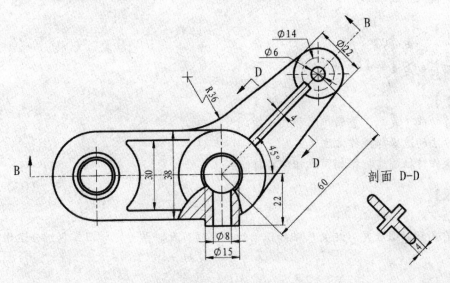

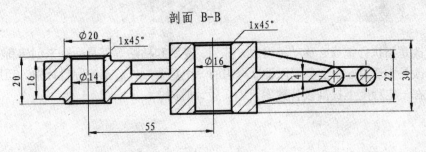

图 5-117

项目六　特征的操作与修改

【教　学　目　标】
1. 掌握特征的编辑和重定义方法
2. 掌握特征复制方法及其应用
3. 掌握常用阵列方法的用途和特点
4. 掌握提高建模效率的基本方法

【知　识　点】
1. 特征镜像、复制和阵列
2. 特征的编辑与重定义

【重点与难点】
1. 特征的操作功能（复制、重新排序和插入模式）
2. 不同阵列方法的选择与操作方法
3. 综合应用操作特征创建特征相同或相似特征的实体零件

【学习方法建议】
1. 课堂：多动手操作实践
2. 课外：课前预习，课后复习相关基础知识，结合本项目及时练习，学习掌握综合运用所学知识的方法

【建议学时】
6学时

　　特征的操作与修改是指执行镜像、移动、缩放、阵列、复制和粘贴等工具命令来创建新的特征。特征的操作与修改是实现 Pro/E 全参数化设计思想的一个重要方式。在实际设计中，巧用特征的操作与修改可以在一定程度上提高设计效率，缩短设计时间。

6.1　镜像

　　镜像可以将选定的特征相对于选定的镜像平面进行对称操作，从而得到与原特征完全对称的新特征。单击镜像几何工具图标，可以打开【镜像】操控面板，其中包括【参照】、【选项】和【属性】选项卡，如图6-1所示（或选择菜单栏中的【编辑】→【镜像】命令）。这个命令很简单，首先需要选中要镜像的特征，工具图标才能被激活，然后在图形窗口中选择镜像参考平面，然后单击鼠标中键或单击 ✓ 按钮，即可完成镜像操作。

图 6-1

6.2 特征操作

6.2.1 特征操作功能介绍

选择主菜单中的【编辑】→【特征操作】命令，系统弹出如图 6-2 所示的【特征】菜单管理器，使用该菜单管理器可以完成特征的基本操作，菜单中各命令的用途如下：
- 【复制】：创建选定特征的副本。
- 【重新排序】：重新调整特征的生成顺序。
- 【插入模式】：在指定特征之间插入新特征。

6.2.2 特征复制

在菜单栏中选择【编辑】→【特征操作】命令，打开【特征】菜单管理器，单击【特征】菜单中的【复制】命令，即可打开【复制】菜单，如图 6-3 所示。

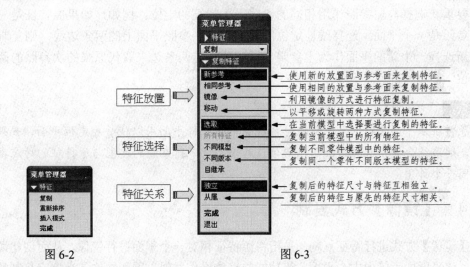

图 6-2   图 6-3

【复制特征】菜单管理器介绍：
1）指定放置方式
- 【新参照】：使用新的放置面与参考面来复制特征。
- 【相同参考】：使用与原模型相同的放置面与参考面来复制特征，可以改变复制特征的尺寸。
- 【镜像】：通过一个平面或一个基准镜像来复制特征。Pro/ENGINEER 自动地镜像特征，而不显示对话框。
- 【移动】：以【平移】或【旋转】这两种方式复制特征。平移或旋转的方向可由平面的法线方向或由实体的边、轴的方向来定义。该选项允许超出改变尺寸所能达到的范围之外的其他转换。

2）指定要复制的特征
- 【选取】：直接在图形窗口内单击选取要复制的原特征。
- 【所有特征】：选取模型的所有特征。
- 【不同模型】：从不同的模型中选取要复制的特征。只有使用【新参考】时，该选项可用。
- 【不同版本】：从当前模型的不同版本中选择要复制的特征。

3）指定原特征与复制特征之间的尺寸关系
- 【独立】：复制特征的尺寸与原特征的尺寸相互独立，没用从属关系。即原特征的尺寸发生了变化，新特征的尺寸不会受到影响。
- 【从属】：复制特征的尺寸与原特征的尺寸之间存在关联。即原特征的尺寸发生了变化，新特征的尺寸也会随之改变。该选项只涉及截面和尺寸，所有其他参照和属性都不是从属的。

6.2.3 【新参照】方式复制

使用【新参照】方式进行特征复制时，需重新选择特征的放置面与参考面，以确定复制特征的放置平面。

回顾特征建立的过程可知，建立一个特征（无论是草绘特征还是放置特征）首先要选择特征的草绘平面或放置参照：主参照和放置参照，这些参照可以是基准面、边、轴线等。【新参照】方式复制要重新选择与原参照作用相同的参照用于特征的定位。例如，如果原特征是一个孔特征，而主参照是一个平面，选择线性定位的次参照是主参照平面上的两条边线，则复制的孔特征需要重新选择一个新的平面作为主参照，同时要指定两条边来取代原来的次参照的两条边用于孔的定位。

> **提示：**
> 如果原特征以平面定位，复制特征时系统会提示选择平面用以代替原定位平面，如果原特征以边定位，则系统会提示选择边线用以定位。总而言之，新参照的类型与原特征的对应参照形式相同，起同一个作用。

6.2.4 【镜像】方式复制

使用【镜像】方式进行特征复制，是指将源特征相对一个平面进行镜像，从而创建源特征的一个副本，该平面即为镜像中心平面。该功能与镜像操作类似，所不同的是当指定复制后的新特征与原特征之间关系为"独立"时，镜像复制特征可以从原特征中独立出来。

6.2.5 【移动】方式复制

选择【编辑】→【特征操作】→【复制】→【移动】→【选取】→【从属】→【完成】命令，系统弹出【选取特征】菜单管理器。选取完要移动的特征后，选择【选取特征】菜单管理器中的【完成】命令。弹出【移动特征】菜单管理器，有【平移】和【旋转】两种方式来复制特征。

- 【平移】方式：指将源特征沿一个指定方向平移一定距离，来创建源特征的副本。在指

项目六 特征的操作与修改 · 155 ·

定移动复制方向的【一般选取方向】菜单中系统提供了"平面"、"曲线/边/轴"、"坐标系"三个选项来定义方向。
- 【旋转】方式：指将源特征沿曲面、边线或轴旋转一定角度，从而创建源特征的副本。当设置的旋转角度为正值时，源特征按逆时针旋转；反之源特征将按顺时针旋转。

6.2.6 复制特征建模实例

打开配书光盘 chap06 文件夹中的文件"chap06-01.prt"。

1. 建立【镜像】方式复制特征

1）在菜单栏中选择【编辑】→【特征操作】命令，打开【特征】菜单管理器。

2）在菜单管理器的【特征】菜单中选择【复制】命令，接着选择【镜像】→【选取】→【独立】→【完成】命令。

3）在模型树中或直接在图形中选择"孔"特征，选择特征后，在"选取"对话框中单击【确定】按钮。也可以直接在菜单管理器的【选取特征】菜单中选择【完成】命令。

4）系统弹出【设置平面】菜单，如图 6-4 所示。同时，系统会在提示窗口内显示提示信息"选择一个平面或创建一个基准以其作镜像"，这实际上是要求用户选择镜像平面参照。选择 FRONT 基准平面作为镜像平面参照。

5）单击菜单中的【完成】命令，完成此次操作，结果如图 6-5 所示。

2. 建立【新参考】方式复制特征

1）在菜单栏中选择【编辑】→【特征操作】命令，在菜单管理器的【特征】菜单中选择【复制】命令，接着选择【新参考】→【选取】→【独立】→【完成】命令。此时，菜单管理器如图 6-6 所示。

2）在图形窗口中或者通过模型树选择要移动复制的"孔"特征，如图 6-7 所示。选择特征后，在【选取特征】菜单中选择【完成】命令。

3）此时，出现如图 6-8 所示的"组元素"对话框和【组可变尺寸】菜单。在【组可变尺寸】菜单中选择"Dim 1、Dim 2、Dim 5、Dim 6"尺寸，然后单击【完成】命令。

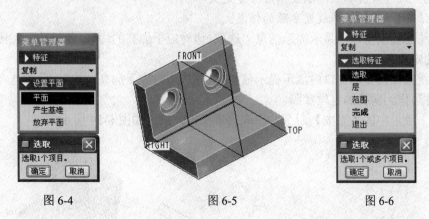

图 6-4　　　　　　　　　图 6-5　　　　　　　　　图 6-6

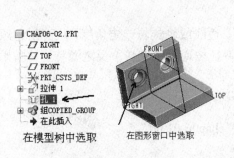

图 6-7　　　　　　　　　　　　图 6-8

4）在如图 6-9 所示的文本框中输入"Dim 1"的新尺寸值为 40，单击✓（接受）按钮。

5）同上，依次输入"Dim 2"的新尺寸：40，"Dim 5"的新尺寸：50，"Dim 6"的新尺寸：30。

6）系统弹出【参考】菜单，如图 6-10 所示。同时，系统会在提示窗口内显示提示信息"选取"曲面对应于加亮的曲面"，这实际上是要求用户为孔特征选择新的孔的放置平面参照。选择如图 6-11 所示的灰色平面作为新孔的放置平面参照。

图 6-9　　　　　　图 6-10　　　　　　图 6-11

> **提示：**
>
> 【参考】菜单中各选项功能如下：
> 【替换】：为复制特征选取新参照。
> 【相同】：指明原始参照应用于复制特征。
> 【跳过】：跳过当前参照，以便以后可重定义参照。
> 【参照信息】：提供解释放置参照的信息。

7）系统在提示窗口内显示提示信息"选取 边对应于加亮的边"，此时选择如图 6-12 所示边作为新孔的定位参照。

8）系统继续在提示窗口内显示提示信息"选取 边对应于加亮的边"，此时选择如图 6-13 所示加粗实体边作为新孔的定位参照。

9）单击菜单中的【完成】命令，完成此次操作，结果如图 6-14 所示。

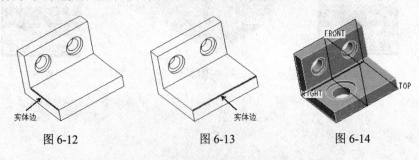

图 6-12　　　　　　图 6-13　　　　　　图 6-14

步骤 4 保存文件

单击工具栏中的保存文件按钮 🖫，完成当前文件的保存。

6.3 特征阵列

6.3.1 阵列概述

【阵列】特征是指将一定数量的对象按照规则有序的格式进行排列，常用于快速、准备创建数量较多、排列规则和形状相近的一组结构。

系统允许只阵列一个单独特征。如果要阵列多个特征，可先将这些特征创建一个局部【组】，然后阵列这个【组】。创建【组】阵列后，可取消阵列或取消分组实体以便可以对其进行独立修改。

要执行【阵列】命令，可选取要阵列的特征，然后在编辑特征工具栏中单击阵列 🖫 按钮，或在菜单栏中单击【编辑】→【阵列】命令，或在模型树中用鼠标右键单击特征名称，然后从快捷菜单中选取【阵列】命令，系统弹出【阵列】特征操控面板，如图 6-15 所示。

图 6-15

6.3.2 阵列特征的分类

系统提供了 8 种阵列类型，下面分别进行介绍。
- 【尺寸】阵列：通过使用驱动尺寸并指定阵列的增量变化来创建阵列。
- 【方向】阵列：通过指定方向并使用拖动句柄设置阵列增长的方向和增量来创建阵列。
- 【轴】阵列：通过使用拖动句柄设置阵列的角增量和径向增量来创建径向阵列。
- 【表】阵列：通过使用阵列表并为每一阵列实例指定尺寸值来创建阵列。
- 【参照】阵列：通过参照另一阵列来创建阵列。
- 【填充】阵列：根据选定栅格用实例填充区域来创建阵列。
- 【曲线】阵列：根据草绘曲线来创建阵列。
- 【点】阵列：通过创建点或选取已有的点作为参照来阵列选定特征。

6.3.3 尺寸阵列特征建模实例

步骤 1 打开练习文件

打开配书光盘 chap06 文件夹中的文件"chap06-02.prt"，如图 6-16 所示。

步骤 2 创建尺寸阵列

1) 在模型树中（或在模型中），选中图 6-16 所示的小圆孔拉伸减料特征。单击阵列工具按钮 🖫，打开阵列特征操控板。

2) 此时，"尺寸"阵列选项为默认选项，如图 6-15 所示。在图形窗口中，要阵列的特征显示出其尺寸，如图 6-17 所示。

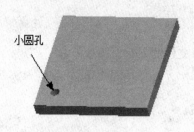 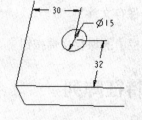

图 6-16　　　　　　　　　　　　　　图 6-17

3）在操控板中单击【尺寸】按钮，进入【尺寸】操控板，然后在模型中单击数值为 32 的尺寸，该尺寸作为方向 1 的尺寸变量，输入其增量为 35，按 Enter 键，如图 6-18 所示。

4）在【尺寸】操控板上，单击"方向 2"收集器将其激活，然后在模型中单击数值为 30 的尺寸，输入该尺寸增量为 35，按 Enter 键，在阵列工具操控板中输入方向 1 的阵列成员数为 5，方向 2 的阵列成员数为 5，如图 6-19 所示。

5）单击阵列特征操控板中的 ✓ 按钮，完成阵列特征创建，如图 6-20 所示。

阵列特征按阵列尺寸的再生方式分有【相同】、【可变】及【一般】3 种类型，它们位于阵列工具操控板的【选项】操控板中，如图 6-21 所示。

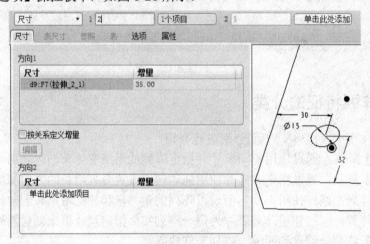

图 6-18

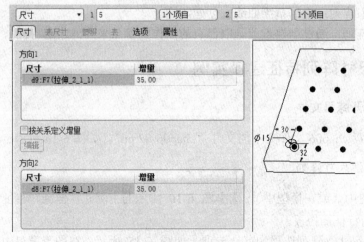

图 6-19

项目六 特征的操作与修改

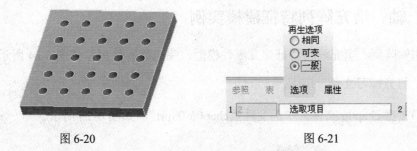

图 6-20　　　　　　　　　　图 6-21

- "相同"：阵列而成的特征与原始特征的大小尺寸相同。
- "可变"：阵列而成的特征与原始特征的大小尺寸可以有所变化，但阵列出来的特征成员之间不能够存在体积相互重叠的现象。选择该单选选项时，可以直接修改阵列成员的参数，但修改后的阵列成员不能相交。
- "一般"：阵列而成的特征和原始特征可以不相同，并且阵列成员之间可以相交。此选项为默认项，具有较大的自由度，但再生所需的时间较多。选择该单选选项时，可以直接修改阵列成员的参数。

步骤 3 编辑尺寸阵列

1）在模型树中选中刚创建的阵列特征，单击右键，在弹出的快捷菜单中选择【编辑定义】。
2）系统再次弹出【阵列】的操控面板，单击【尺寸】按钮，进入【尺寸】操控板，单击"方向 2"收集器将其激活，然后按住 Ctrl 键，在模型中单击数值为Φ15 孔直径尺寸，输入该尺寸增量为 5，按 Enter 键，如图 6-22 所示。
3）然后单击【选项】按钮，将"再生选项"改为【一般】，单击阵列特征操控板中的✓按钮，完成阵列特征的修改，结果如图 6-23 所示。

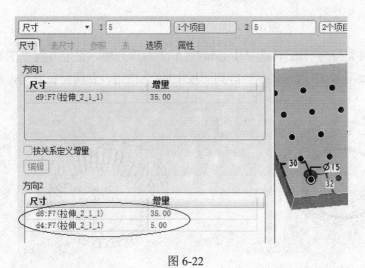

图 6-22　　　　　　　　　　图 6-23

步骤 4 保存文件

单击工具栏中的保存文件按钮，完成当前文件的保存。

6.3.4 轴、填充阵列特征建模实例

本例使用轴阵列、填充阵列特征建立零件模型，完成的零件模型如图 6-24 所示。

步骤 1 打开练习文件

打开配书光盘 chap06 文件夹中的文件 "chap06-03prt"，如图 6-25 所示。

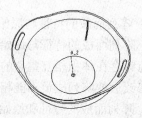

图 6-24   图 6-25

步骤 2 建立"轴"类型阵列特征

1）在模型树（或模型）中选择如图 6-26 所示特征 ⊞ 🗗 拉伸 3 。

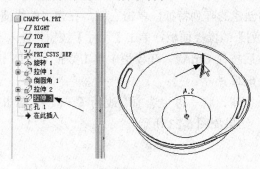

图 6-26

2）单击 按钮，选择阵列类型为"轴"，选择中心轴线 A_2 为阵列轴。设定方向 1 的阵列个数为 50，角度间隔为 7.2，如图 6-27 所示。单击阵列面板中的 ✔ 按钮，完成特征阵列，结果如图 6-28 所示。

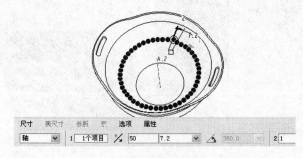
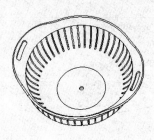

图 6-27   图 6-28

步骤 3 建立"填充"阵列特征

1）选择孔特征 孔 1 ，单击 按钮，选择阵列类型为"填充"，如图 6-29 所示。

图 6-29

2)单击【参照】面板中的【定义】按钮,打开"草绘"对话框。选择图 6-30 中箭头指示的面为草绘平面,其他选项接受系统默认的设置。单击【草绘】按钮,进入草绘工作界面。绘制如图 6-31 所示的一个圆,作为填充区域。

图 6-30

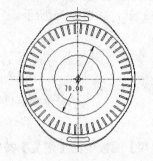

图 6-31

3)单击草绘命令工具栏中的 ✔ 按钮。

4)在阵列操控面板中,如图 6-32 所示,设置各选项与参数。

图 6-32

5)单击阵列特征操控板中的 ✔ 按钮,完成特征阵列,结果如图 6-33 所示。

图 6-33

步骤4 保存文件

单击工具栏中的保存文件按钮 ,完成当前文件的保存。

提示:

阵列总数应包括原始特征在内。

可以通过修改阵列尺寸值的正负号来改变阵列方向。

若阵列时有某一成员不需要生成,可单击该阵列成员对应的黑点使其变白点。

删除阵列时,不要直接使用【删除】命令。因为系统将阵列特征作为一个特征组来管理,如果使用【删除】命令删除,将把原始特征一并删除。如果只需删除阵列特征而保留原始特征,可以使用【删除阵列】命令。

6.3.5 曲线阵列特征建模实例

步骤 1 打开练习文件

打开配书光盘 chap06 文件夹中的文件"chap06-04.prt",如图 6-34 所示。

步骤 2 建立曲线阵列特征

1)选择模型中的旋转特征 旋转 1,单击阵列工具按钮,打开阵列特征操控板,选择阵列类型为"曲线",如图 6-35 所示。

图 6-34　　　　　　　　　　　图 6-35

2)单击【参照】面板中的【定义】按钮,打开【草绘】对话框。选择 FRONT 基准平面为草绘平面,其他选项接受系统默认的设置。单击【草绘】按钮,进入草绘工作界面。绘制如图 6-36 所示的样条曲线。单击草绘命令工具栏中的 按钮。

3)在阵列操控面板中,如图 6-37 所示,设置各选项与参数。

图 6-36　　　　　　　　　　　图 6-37

4)单击阵列特征操控板中的 按钮,完成特征阵列,结果如图 6-38 所示。

> 说明:
> 按钮:需要输入阵列成员间的间距。
> 按钮:需要输入沿曲线方向的阵列成员数目。

实训 8　塑料盖模型的创建

完成的塑料盖模型如图 6-39 所示。重点掌握【阵列】特征、【镜像】特征的创建方法,另外需要注意如何利用【组】特征来创建阵列特征。

图 6-38　　　　　　　　　　　图 6-39

步骤1 建立新文件

新建一个名为 chap06-05 的零件文件，采用 mmns_part_solid 模板。

步骤2 建立旋转增料特征

1) 单击 按钮，在旋转特征操控板中单击【放置】面板中的【定义】按钮，系统显示"草绘"对话框。选择 FRONT 基准面为草绘平面，RIGHT 基准面为参照平面，接受系统默认的视图方向，单击【草绘】按钮，系统进入草绘工作环境。

2) 绘制如图 6-40 所示的一条中心线和特征截面，然后单击草绘命令工具栏中的 按钮。

3) 在旋转特征操控板中接受默认的旋转角度为 360°。

4) 单击旋转特征操控板中的 按钮，完成本次旋转特征的建立，结果如图 6-41 所示。

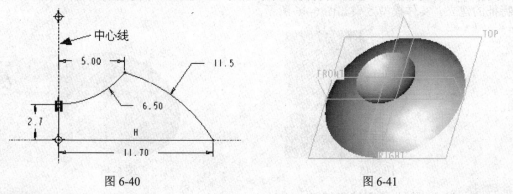

图 6-40　　　　　　　　　　　　图 6-41

步骤3 建立倒圆角特征

单击 按钮，打开倒圆角工具操控板。输入倒圆角半径为 1。选择如图 6-42 所示的边线作为倒圆角边。单击 按钮。结果如图 6-43 所示。

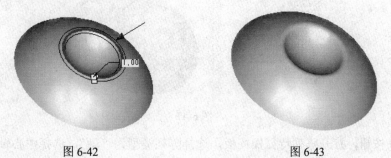

图 6-42　　　　　　　　　　　　图 6-43

步骤4 建立扫描减料特征

1) 单击菜单【插入】→【扫描】→【切口】选项，弹出"切剪：扫描"对话框与菜单。在【扫描轨迹】菜单中选择【草绘轨迹】选项，以绘制扫描轨迹线。

2) 选择 FRONT 基准平面作为草绘平面，在【方向】菜单中选择【确定】命令，在弹出的【草绘】菜单中选择【缺省】命令，系统进入草绘模式。

3) 绘制如图 6-44 所示的扫描轨迹线（一条圆弧），单击草绘命令工具栏中的 按钮。在弹出的【属性】菜单中选择【完成】命令。

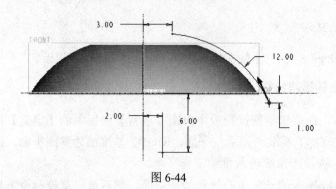

图 6-44

4）系统再次回到草绘模式，绘制如图 6-45 所示的截面（一个Φ2.5 圆）作为扫描截面。

5）单击草绘命令工具栏中的 ✓ 按钮。单击"切剪：扫描"对话框中的【确定】按钮，完成扫描特征的建立。实体模型效果如图 6-46 所示。

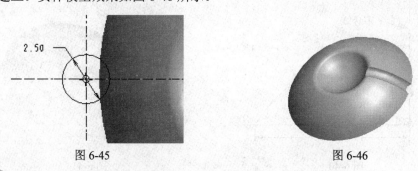

图 6-45　　　　　　　　　图 6-46

步骤 5 建立"轴"类型阵列特征

1）在模型树（或模型）中选择刚创建的扫描特征 ↙ 切剪 标识105，如图 6-47 所示。

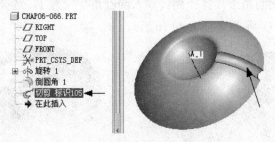

图 6-47

2）单击 按钮，打开阵列特征操控板，选择阵列类型为"轴"，选择中心轴线 A_1 为阵列轴。设定方向 1 的阵列个数为 6，角度间隔为 60，如图 6-48 所示。

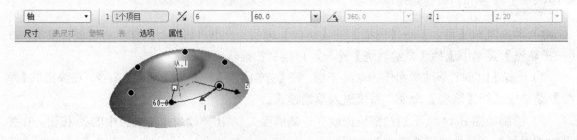

图 6-48

3）单击阵列面板中的 ✓ 按钮，完成特征阵列，结果如图 6-49 所示。

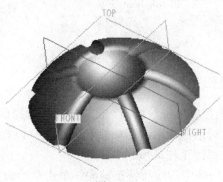

图 6-49

步骤 6 建立倒圆角特征

1）单击 按钮，输入倒圆角半径为 0.5。选择如图 6-50 所示的边线作为倒圆角边（注意：选取的边线一定要是步骤 4 创建扫描减料特征形成的切剪边线）。

2）单击 ✓ 按钮。结果如图 6-51 所示。

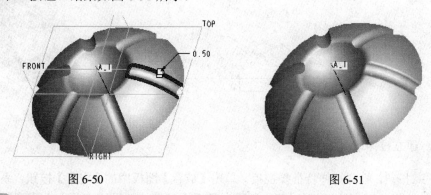

图 6-50　　　　　　　　　　　　　　　图 6-51

步骤 7 建立"参照"类型阵列特征

1）在模型树（或模型）中选择刚创建的倒圆角特征 ，如图 6-52 所示。

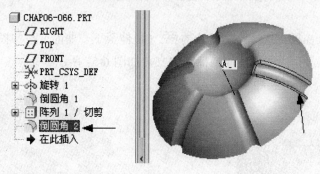

图 6-52

2）单击阵列工具按钮 ，打开阵列特征操控板，系统自动设定阵列类型为"参照"。如图 6-53 所示。单击 ✓ 按钮，完成倒圆角特征的阵列。

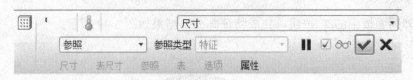

图 6-53

步骤 8 建立旋转减料特征

1）单击 按钮，在旋转操控板单击 按钮。在旋转特征操控板中单击【放置】面板中的【定义】按钮，系统显示"草绘"对话框。单击【草绘】对话框中的 使用先前的 按钮，再单击该对话框中的【草绘】按钮，系统进入草绘工作环境。

2）绘制如图 6-54 所示的一条中心线和特征截面。单击草绘命令工具栏中的 按钮，回到旋转特征操控板。设定去除的材料侧箭头指向特征截面内侧，在旋转特征操控板中接受默认的旋转角度为 360°。

3）单击旋转特征操控板中的 按钮，完成该零件模型的建立，结果如图 6-55 所示。

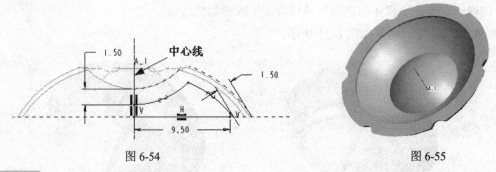

图 6-54　　　　　　　　　　　图 6-55

步骤 9 建立拉伸增料特征

1）单击 按钮，打开拉伸特征操控板。单击【放置】面板中的【定义】按钮，系统显示"草绘"对话框，选择 TOP 基准平面为草绘平面，接受系统默认的设置。单击【草绘】按钮，系统进入草绘工作环境。

2）绘制如图 6-56 所示的截面（两个圆），单击草绘命令工具栏中的 按钮，完成拉伸截面的绘制。

3）在拉伸工具操控板上选择系统默认的 （拉伸至下一曲面）拉伸模式选项，单击拉伸特征操控板中的 按钮，完成本次拉伸特征的建立，如图 6-57 所示。

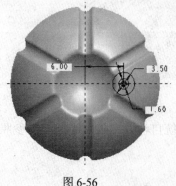 

图 6-56　　　　　　　　　　　图 6-57

项目六 特征的操作与修改

步骤 10 建立 D×D 的倒角特征

1）单击倒角工具按钮，选择"D×D"的倒角方式，设定 D 值为"0.3"。

2）选择图 6-58 中箭头指示的边线（圆柱内孔边缘）作为倒角边。单击 ✓ 按钮，结果如图 6-59 所示。

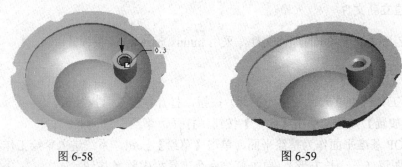

图 6-58　　　　　　　　图 6-59

步骤 11 建立组特征

将步骤 9 创建的拉伸特征与步骤 10 创建的倒角特征建立一个组。

1）在模型树（或模型）中按住 Ctrl 键选择拉伸特征 拉伸 1 与倒角特征 倒角 1，如图 6-60 所示。

2）单击菜单【编辑】→【组】命令，或单击鼠标右键，在弹出的快捷菜单中，单击【组】命令，此时，拉伸特征与倒角特征变成了一个群组，模型树变成如图 6-61 所示。

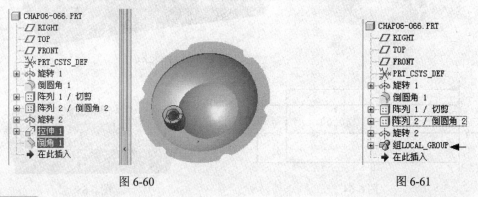

图 6-60　　　　　　　　图 6-61

步骤 12 建立镜像特征

1）在模型树中选择刚建立的组特征 组LOCAL_GROUP，单击 ⁑ （镜像）按钮，打开镜像工具操控板。指定镜像平面，选择 FRONT 基准平面作为镜像平面。

2）在镜像工具操控板上，单击 ✓ 按钮，完成镜像特征的创建，如图 6-62 所示。

步骤 13 保存文件

单击工具栏中的保存文件按钮，完成当前文件的保存。

实训 9　机箱外壳模型的创建

本练习将创建如图 6-63 所示的壳体零件，其背面开有 13 个尺寸相同，间距相等的百叶窗，故可先用拉伸特征创建基础实体，然后用壳工具和倒圆角特征完成壳体和圆角的创建，再用拉伸、旋转特征和镜像特征创建第一个百叶窗并通过复制命令完成第二个百叶窗的创建，最后，通过阵列完成其余百叶窗的创建，得到最后的结果。

壳体零件的创建步骤如下：

步骤 1　建立新文件

新建一个名为 chap06-06 的零件文件，采用 mmns_part_solid 模板。

步骤 2　创建拉伸特征

1）在特征工具栏中单击 ☐（拉伸工具）按钮，打开拉伸工具操控板。

2）单击【放置】按钮，单击【定义】按钮，打开"草绘"对话框。

3）选择 TOP 基准平面作为草绘平面，单击【草绘】按钮，系统进入草绘工作环境。绘制如图 6-64 所示的图形（一个长方形），单击草绘命令工具栏中的 ✔ 按钮。

4）在拉伸工具操控板上输入拉伸值为 120。单击 ✔（完成）按钮，模型如图 6-65 所示。

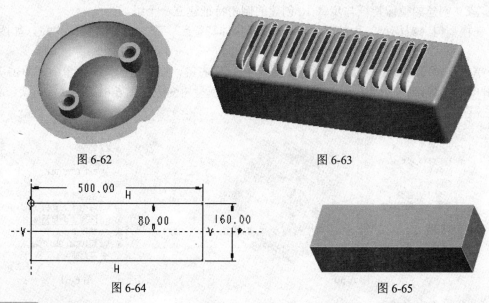

图 6-62　　　　　　　　　　　图 6-63

图 6-64　　　　　　　　　　　图 6-65

步骤 3　建立倒圆角特征

1）单击 ↘（倒圆角）按钮，打开倒圆角操控板。输入当前倒圆角集的圆角半径为"10"。按住 Ctrl 键的同时，选择如图 6-66 所示立方体的八条棱边作为倒圆角的边。

2）按鼠标中键完成特征，倒圆角后模型如图 6-67 所示。

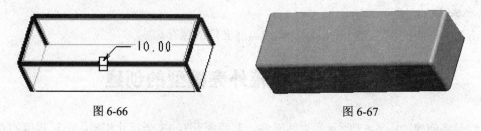

图 6-66　　　　　　　　　　　图 6-67

项目六 特征的操作与修改

步骤4 建立壳特征

1）单击壳工具按钮，打开壳特征操控板。在壳工具操控板上输入厚度值为2。
2）按住鼠标中键调整模型视角，单击如图6-68所示的零件的表面，该表面将作为移除的曲面。单击（完成）按钮，创建的壳特征如图6-69所示。

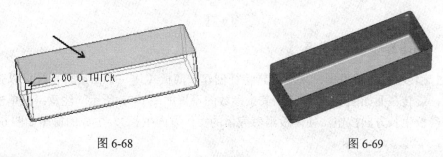

图6-68　　　　　　　　　　图6-69

步骤5 创建第一个百叶窗的孔

1）单击拉伸工具按钮，打开拉伸特征操控板，单击（去除材料）按钮。
2）单击【放置】面板中的【定义】按钮，系统显示"草绘"对话框。
3）选择壳体的上表面为草绘平面，接受系统默认的视图方向。单击"草绘"对话框中的【草绘】按钮，系统进入草绘工作环境。绘制如图6-70所示的截面。
4）单击草绘命令工具栏中的按钮，返回拉伸特征操控板。
5）在拉伸工具操控板中的文本框中输入拉伸值为"2"。单击拉伸特征操控板中的按钮，结果如图6-71所示。

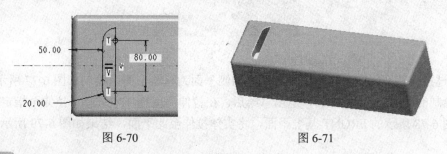

图6-70　　　　　　　　　　图6-71

步骤6 阵列百叶窗孔（采用"方向"类型阵列特征）

1）在模型树中选择刚创建的拉伸特征。
2）单击阵列工具按钮，打开阵列特征操控板，选择阵列类型为"方向"，选择RIGHT基准平面为方向参照。设定方向1的阵列个数为13，阵列间隔为30，如图6-72所示。阵列结果如图6-73所示。

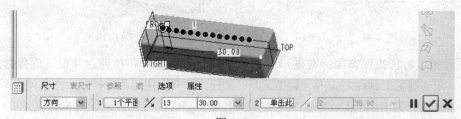

图6-72

图 6-73

步骤 7 创建第一个百叶窗楣

1）通过旋转特征创建窗楣：采用旋转特征创建一薄板实体，单击旋转特征，以壳体上表面为草绘平面，旋转截面如图 6-74 所示，其余参数的设置如图 6-75 所示（注意：应单击薄板厚度值框右侧的薄板生长方向按钮，使薄板沿着壳体的实体方向生长），生成的窗楣如图 6-76 所示。

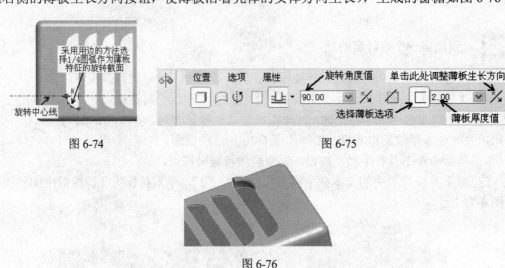

图 6-74　　　　　　　　　　　　　图 6-75

图 6-76

2）通过拉伸特征创建窗楣：以旋转窗楣的侧平面为草绘平面，绘制如图 6-77 所示的拉伸截面（注意绘制的截面一定要封闭），退出草绘后，在拉伸深度选项中选择"拉伸至指定平面"，然后选择如图 6-78 所示的 FRONT 基准平面，将实体拉伸至此平面，结果如图 6-79 所示。

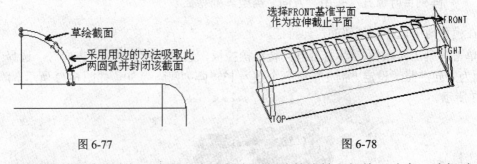

图 6-77　　　　　　　　　　　　　图 6-78

3）通过镜像特征镜像窗楣：在图形中选择上面创建的旋转和拉伸百叶窗（选择时应同时按下 Ctrl 键），单击特征工具栏中的 （镜像工具）按钮，打开镜像工具操控板。指定镜像平面，选择 FRONT 基准平面作为镜像平面。单击 （完成）按钮，完成的镜像效果如图 6-80 所示。

项目六 特征的操作与修改

图 6-79

图 6-80

步骤 8 建立组特征（将步骤 7 创建的旋转、拉伸及镜像特征建立一个组）

1）在模型树（或模型）中按住 Ctrl 键选择旋转特征 、拉伸特征 及镜像特征，如图 6-81 所示。

2）单击菜单【编辑】→【组】命令，或单击鼠标右键，在弹出的快捷菜单中，单击【组】命令，此时，拉伸特征与倒角特征变成了一个群组，模型树发生变化，如图 6-82 所示。

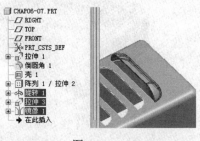
图 6-81

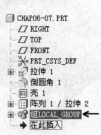
图 6-82

步骤 9 阵列其余的窗棂（采用"参照"类型阵列特征）

1）在模型树（或模型）中选择刚创建的组。
2）单击阵列工具按钮，打开阵列特征操控板，系统自动设定阵列类型为"参照"。如图 6-83 所示。
3）单击 ✓ （完成）按钮，完成其余百叶窗的阵列。其结果如图 6-84 所示。

图 6-83

图 6-84

步骤 10 保存文件

单击工具栏中的保存文件按钮，完成当前文件的保存。

拓展练习

一、思考题：

1. 简述创建镜像特征的一般步骤。

2. 如何进行移动复制的操作,请举一个应用例子来辅助说明。
3. 可以使用哪几种方式来创建阵列特征?
4. 延伸知识思考:执行菜单栏中的【编辑】→【特征操作】命令,将打开一个菜单管理器【特征】菜单,除了本章介绍的【复制】命令外,还有【重新排序】命令和【插入模式】命令。请通过软件的帮助文件,了解如何对特征进行重新排序和设置插入模式。

二、上机练习

1. 打开附盘文件"\chap06\chap06-07.prt",如图 6-85 所示,利用【复制】特征变换成如图 6-86 所示图形。

图 6-85　　　　　　　　　　　图 6-86

2. 本练习要求创建如图 6-87 所示的三维实体零件,通过该练习巩固旋转特征、孔特征、阵列特征等知识。

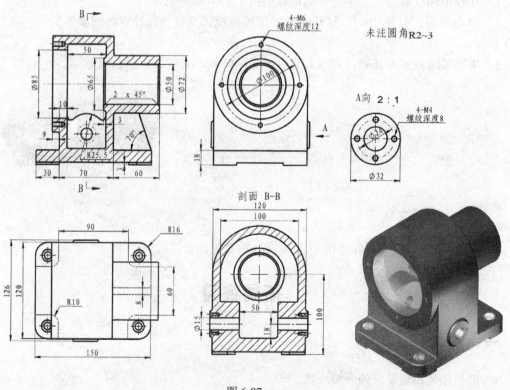

图 6-87

3. 本练习要求创建如图 6-88 所示的三维实体零件。

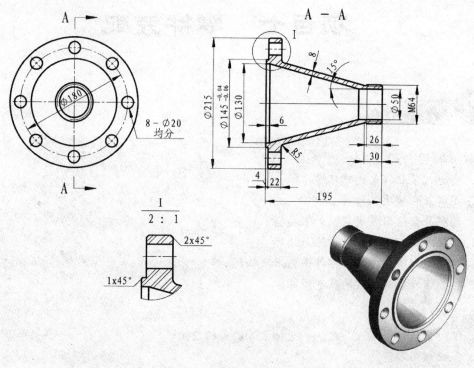

图 6-88

项目七 零件装配

【教 学 目 标】
1. 会进入装配模型创建环境
2. 了解装配模块工作界面
3. 理解并会应用常用装配约束类型
4. 掌握装配相同零件的方法与技巧
5. 掌握装配编辑方法、爆炸图生产及编辑
6. 掌握组件装配设计的基本步骤

【知 识 点】
1. 配对、对齐、插入、默认、坐标系等约束的应用
2. 装配相同零件
3. 元件特征镜像
4. 分解视图与偏移线

【重点与难点】
1. 理解掌握约束类型,能正确装配
2. 正确进行装配文件管理操作
3. 正确建立分解视图及偏移线

【学习方法建议】
1. 课堂:抓住约束类型概念的理解,紧密联系制图中装配关系的定义,在头脑中建立约束几何模型,必须多动手操作实践。
2. 课外:及时练习,训练自己,看到装配关系,描述出约束类型

【建 议 学 时】
8 学时

  一个复杂的模型总是被拆分成多个零件,分别完成每个零件的建模之后,再将其按照一定的装配关系组装为组件。零件装配是三维模型设计的重要内容之一。零件之间的装配关系实际上就是零件之间的位置约束关系。零件装配完成后必须首先保证各个零件装配在正确的位置,即装配零件时使用的约束条件是正确而且充分的。Pro/ENGINEER 软件基础包提供了专门用于装配设计的组件模块。

  组件模块的作用是组合一些元件,使之满足一定的设计需要,其中的元件可以是已有零件、部件装配体或者可以直接在组件模块中创建的元件。在装配中存在两种方法:自底向上的装配设

计和自顶向下的装配设计。

自底向上的装配设计方法是先创建单个的零件模型，然后在组件模块中根据它们的装配关系逐一对零件进行装配，这种设计方法主要应用于一些已经比较成熟的产品设计，可以获得比较高的设计效率，也是使用最普遍的。

自顶向下的装配设计方法方法是先勾画出产品的整体结构关系，然后再根据这些关系在组件模块中逐一建立元件。这种设计方法完全能够适应多变的现代设计需要。

7.1 新建组件文件

新建一个组件文件的具体操作步骤如下：

1）单击 按钮，在"新建"对话框中选中"组件"和"设计"单选按钮，输入文件名称，取消选中"使用缺省模板"复选框以不使用默认模板，如图 7-1 所示。

2）单击"新建"对话框中的【确定】按钮，打开"新文件选项"对话框。

3）在"新文件选项"对话框中的"模板"选项组中选择 mmns_asm_design，单击【确定】按钮，进入组件设计界面，如图 7-2 所示。

图 7-1

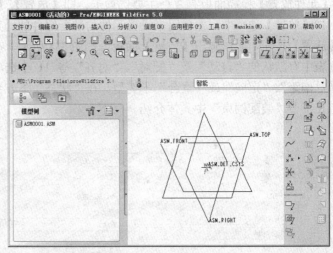

图 7-2

7.2 元件放置

本节主要讲解装配环境下的元件放置。在装配模式下的主要操作有两种方式：装配元件和创建元件。

1）装配元件：将元件（已创建完成的零件）添加到组件，进行装配的方法为执行菜单栏下的【插入】→【元件】→【装配】命令，或单击右侧工具栏中的【将元件添加到组件】按钮 。然后从弹出的"文件打开"对话框中选择零件，单击【打开】按钮，所选零件即可出现在主窗口内。接下来就是进行元件放置以及设置装配约束。

2）创建元件：除添加元件到组件中进行装配外，还可在组件模式下创建零件，方法是执行【插入】→【元件】→【创建】命令，或单击右侧工具栏中的【在组件模式下创建零件】按钮 ，在装配模式中直接创建零件。在弹出的"元件创建"对话框中输入名称，单击【确定】按钮，弹出"创建选项"对话框,选择"创建特征"单选按钮,接下来就可以像在零件模式中一样进行各种特征的创建操作。创建元件后,返回到组件模式下,将其定位、约束,进行装配。

在 Pro/ENGINEER 的组件模式下,不单可以进行零件的装配,也可含有子组件(子装配、部件),即也可插入.asm 文件进行装配。

1. 放置元件

单击右侧工具栏中的 按钮,从弹出的"打开"对话框中选择零件,单击【打开】按钮,所选零件即可出现在主窗口内,屏幕下方会出现【元件放置】操控面板,如图 7-3 所示。

图 7-3

2. 操控面板各选项卡含义

【元件放置】操控面板有 3 个主要选项卡,即【放置】、【移动】和【挠性】。

1)【放置】选项卡:主要用来设置元件与装配组件的约束类型、偏置距离和参照对象等。单击【放置】按钮,系统弹出【放置】面板,如图 7-4 所示。在【放置】标签页的"约束类型"下拉列表中有默认的"自动"及"配对"、"对齐"等 11 个选项,其中"配对"、"对齐"约束需要选择"偏距"、"定向"或"重合"子类型。在"状态"下方会显示约束状态。约束类型的具体含义将在下节"装配约束"中具体介绍。

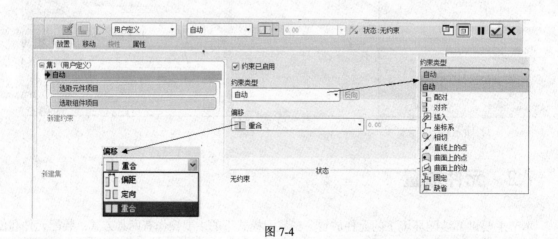

图 7-4

2)【移动】选项卡:主要用来平移、旋转元件到适当的装配位置或调整元件到合适的装配角度,甚至移动元件到合适的位置后直接放置元件。单击【移动】按钮,系统弹出如图 7-5 所示的"移动"面板。该面板包括 3 个选项区域,即"运动类型"下拉列表框、"参照"单选按钮和"运动增量"文本框。

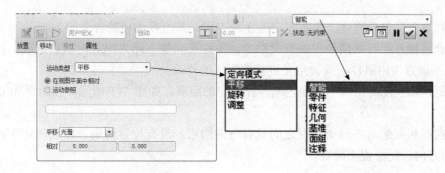

图 7-5

① "运动类型"下拉列表中有如下选项：
  a. 定向模式：单击装配元件，然后按住鼠标中键即可对元件进行定向操作。
  b. 平移：沿所选的运动参照平移要装配的元件。
  c. 旋转：沿所选的运动参照旋转要装配的元件。
  d. 调整：将要装配的元件的某个参照图元（例如平面）与组件的某个参照图元（例如平面）对齐或配对。它不是一个固定的装配约束，而是非参数性地移动元件。但其操作方法与固定约束的"配对"或"对齐"类似。

② "参照"单选按钮区域有两个单选按钮：即"在视图平面中相对"和"运动参照"。
  a. "在视图平面中相对"：在相对视图平面（即显示器屏幕平面）移动元件。
  b. "运动参照"：选取一个参照作为运动参照移动。此时"运动参照"收集器被激活，单击其中的字符，可以激活参照的选取。

③ "运动增量"下拉列表框和文本框：主要用来设置运动位置的增量方式和数值，包括一个"平移"下拉列表框和一个"相对"数值文本框。
  a. 平移：设置调整件移动的速度，包括"光滑"、"常数"（1、5、10）或者输入数值确定移动速度。
  b. 相对：罗列出调整元件移动位置的平移或旋转数值。

移动的操作方法是：先设置"运动类型"，接着定义"运动参照"，完成后即可利用鼠标左键在图形区中点选移动元件（左键点选平移元件时，按右键即可切换至"旋转"运动）。

7.3 装配约束

所谓装配约束就是零件之间的配合关系，通过装配约束，可以指定一个元件相对于组件（装配体）中其他元件（或特征）的放置方式和位置。通常需要设置多个约束条件来控制元件之间的相对位置。Pro/ENGINEER 为元件的放置提供了多种约束类型，如图 7-4 所示。

1. "自动"约束

仅需点选元件及组件的参照，由系统猜测意图而自动设置适当的约束，如"配对"、"对齐"、"曲面上的边"等，如"配对"/"对齐"相互错了，可使用"反向"纠错，"自动"对于较明显的装配很适用，但对于较复杂的装配则常常会判断失误，此时就需要自行定义装配约束。

2. "配对"约束

"配对"约束可使两个装配元件中的两个平面或曲面重合并且朝向相反，如图 7-6 所示。

"配对约束"又包含重合、偏距和定向3种方式,其中各选项的含义如下:

1)重合:相互配对的两个平面彼此贴合,不存在间隙(此为配对的默认选项,相当于偏距值为0,但不能直接用组件的编辑定义进行偏距值的修改)。

2)偏距:相互配对的两个平面之间存在一定的距离,如图7-7所示,当距离为0时两平面重合。

3)定向:相互配对的两个平面之间只有方向约束,没有位置约束。即只确定了元件相对于参照组件的方向,而位置不确定。

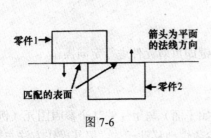

图7-6

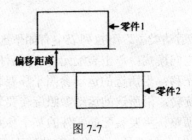

图7-7

3."对齐"约束

"对齐"约束可使两个装配元件中的两个平面共面(重合并且朝向同一方向)、两条轴线同轴或两个点重合,可以对齐旋转曲面或边,如图7-8所示。

"对齐约束"也包含重合、偏距和定向3种方式,其中各选项的含义如下:

1)重合:面与面完全平齐(共面、且朝向同一方向)(此为对齐的默认选项,相当于偏距值为0,但不能直接用组件的编辑定义进行偏距值的修改)。

2)偏距:输入偏距值(可为负值),则面与面朝向同一方向,并相距一定距离,如图7-9所示。

3)定向:只约束方向(面与面朝向同一方向),无相对距离约束。

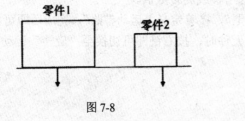

图7-8

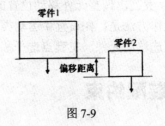

图7-9

提示:

在进行"配对"或"对齐"操作时,对于要配合的两个零件,必须选择相同的几何特征,如平面对平面、旋转曲面对旋转曲面等。

"配对"或"对齐"的偏移值可为正值也可为负值。若输入负值,则表示偏移方向与模型中箭头指示的方向相反。

4."插入"约束

"插入"约束可使一旋转曲面插入另一旋转曲面中,且使它们各自的轴同轴。当元件无轴线及轴线选取无效或不方便时,使用这个约束,如图7-10所示。

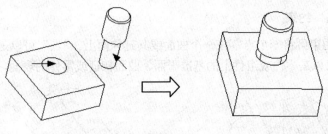

图 7-10

5. "坐标系"约束

"坐标系"约束可将两个装配元件的坐标系对齐,或者将元件与组件的坐标系对齐,即两个坐标系中的原点、X 轴、Y 轴、Z 轴分别对齐,彼此重合,这一个约束即能使元件完全约束,如图 7-11 所示。

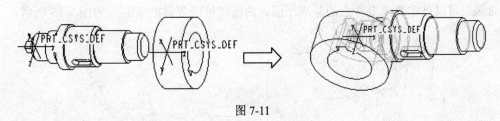

图 7-11

6. "相切"约束

"相切"约束可使两个曲面成相切状态,如图 7-12 所示。

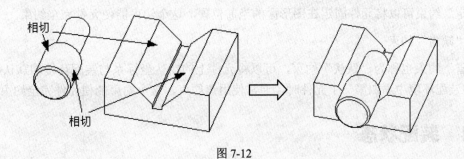

图 7-12

7. "直线上的点"约束

"直线上的点"约束可将一个点落在一条线或其延伸线上。"点"可以是零件或组件上的顶点或基准点,"线"可以是零件或组件上的边、轴线或基准曲线,如图 7-13 所示。

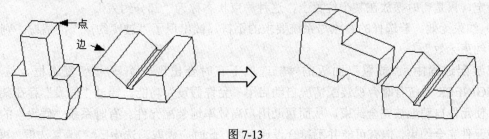

图 7-13

8. "曲面上的点"约束

"曲面上的点"约束可将一个点落在一个曲面或其延伸面上。"点"可以是零件或组件上的顶点或基准点,"曲面"可以是零件或组件上的基准平面、曲面特征或零件的表面,如图7-14所示。

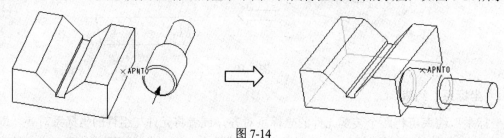

图7-14

9. "曲面上的边"约束

"曲面上的边"约束可将一条边落在一个曲面或其延伸面上。"边"可以是零件或组件上的边线,"曲面"可以是零件或组件上的基准平面、曲面特征或零件的表面,如图7-15所示。

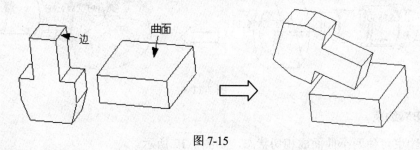

图7-15

10. "固定"约束

"固定"约束可以将元件固定在图形区的当前位置,这个约束能使元件完全约束。

11. "缺省"约束

"缺省"约束也称为"默认"约束,可以将元件上的默认坐标系与装配环境的默认坐标系对齐。当向装配环境中添加第一个元件时,通常使用该约束。这个约束能使元件完全约束。

7.4 装配状态

在装配过程中,"放置"面板的 状态 选项会视情况出现如下约束状态:没有约束、部分约束、完全约束、约束无效。

1)部分约束:在元件装配过程中,可允许"部分约束"的情况,也就是说:元件装配位置并不确定,只是暂时摆放在某个位置上,这种约束状态称为"部分约束"。

2)约束无效:若选择的参照与系统要求的不符,或出现了"过度约束"的情况,则系统会提示"约束无效"。

在装配过程中,"放置"面板的 状态 选项下有时会出现一个 ☑允许假设 复选框,这是因为Pro/ENGINEER系统有时会视装配情况自动启用"允许假设"功能,通过"假设"存在某个装配约束,使元件自动地被完全约束,从而帮助用户高效率地装配元件。有时系统"假设"的约束虽然能使元件完全约束,但有可能并不符合设计意图,此时应先取消选中 ☑允许假设 复选框,再在"放置"选项中单击"新建约束"字符,添加和明确定义约束,使元件重新完全约束。

下面通过两个实训项目具体介绍模型的装配过程。

实训 10 虎钳的装配

本实训项目要装配的为如图 7-16 所示虎钳装配体,本装配体由 10 类不同零件组装而成。

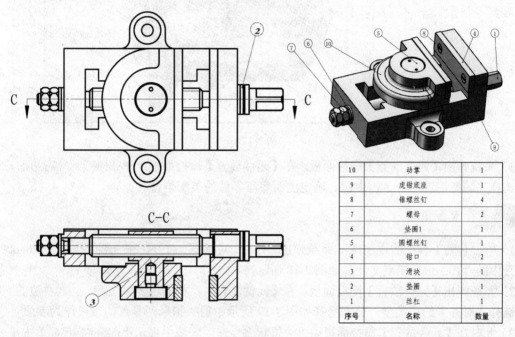

图 7-16

具体操作步骤如下:

步骤 1 建立新文件

1)在菜单栏中执行【文件】→【设置工作目录】命令,将工作目录设置到虎钳装配体的全部零件所在的文件夹"chap07\ chap07-01"中。

2)单击工具栏中的 按钮。系统弹出"新建"对话框,在"类型"选项区中选择"组件",在"子类型"选项区中使用默认的"设计",输入组件文件名"chap07-01",取消选中"使用缺省模板"复选框,单击【确定】按钮。

3)在模板选项中,选用 mmns_asm_design 模板,单击【确定】按钮,进入装配界面。

步骤 2 装载虎钳底座零件

1)单击菜单【插入】→【元件】→【装配】命令,或单击右侧工具栏中的【将元件添加到组件】按钮 。系统弹出"打开"对话框。

2)在"打开"对话框中选择配书光盘"chap07\ chap07-01"文件夹中的"109.prt"模型文件,单击【打开】按钮,所选虎钳底座零件即出现在主窗口内,如图 7-17 所示。

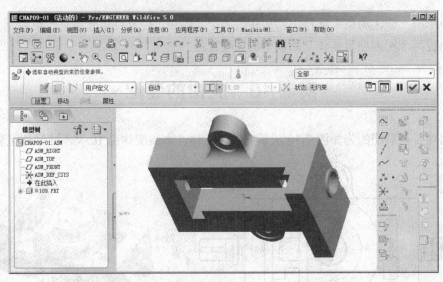

图 7-17

3) 系统弹出【元件放置】操控面板,在【元件放置】操控面板上单击 自动 右边的三角按钮,选择"缺省"选项,单击中键,确定虎钳底座零件的装配位置。

步骤 3 装配垫圈

1) 单击右侧工具栏的 按钮。系统弹出"打开"对话框。打开配书光盘 "chap07\ chap07-01" 文件夹中的"102.prt"模型文件,如图 7-18 所示。

2) 系统弹出【元件放置】操控面板,在【元件放置】操控面板上单击 自动 右边的三角按钮,选择"对齐"约束类型。分别选择如图 7-19 所示中箭头指示两零件的轴线作为参照。

3) 此时在【元件放置】操控面板中"放置状态"选项区域中提示"部分约束",单击【放置】面板中的"新建约束",在"约束类型"列表框中,选择"配对"约束类型。"偏移"类型设为"重合"。选择如图 7-19 中箭头所示虎钳右端面与垫圈端面。

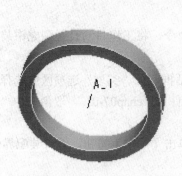

图 7-18

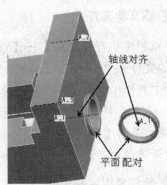

图 7-19

4) 此时【元件放置】操控板显示当前装配状态为完全约束状态。

5) 单击【元件放置】操控板中的 按钮,完成垫圈的装配。

步骤 4 装配丝杆

1) 单击右侧工具栏中的 按钮。系统弹出"打开"对话框。打开配书光盘 "chap07\ chap07-01"

文件夹中的"101.prt"模型文件,如图 7-20 所示。

2)系统弹出【元件放置】操控面板,在【元件放置】操控面板上单击 自动 右边的三角按钮,选择"对齐"约束类型。分别选择图 7-21 中箭头指示的两零件轴线作为参照。

3)单击【放置】面板中的"新建约束",在"约束类型"列表框中,选择"配对"约束类型。"偏移"类型设为"重合"。分别选择图 7-21 中箭头所示垫圈零件端面与丝杆轴肩端面。

图 7-20　　　　　　　　　　　　图 7-21

4)此时【元件放置】操控板显示当前装配状态为完全约束状态。

5)单击【元件放置】操控板中的 ✓ 按钮,完成挡丝杆的装配,如图 7-22 所示。

步骤 5　装配垫圈 1

1)单击右侧工具栏中的 按钮。系统弹出"打开"对话框。打开配书光盘"chap07\ chap07-01"文件夹中的"106.prt"模型文件,如图 7-23 所示。

2)系统弹出【元件放置】操控面板,在【元件放置】操控面板上单击 自动 右边的三角按钮,选择"对齐"约束类型,分别选择图 7-24 中箭头指示的两零件轴线作为参照。

图 7-22

3)单击【放置】面板中的"新建约束",在"约束类型"列表框中,选择"配对"约束类型。"偏移"类型设为"重合"。分别选择图 7-24 中箭头所示虎钳底座侧端面与垫圈 1 零件端面。

4)此时【元件放置】操控板显示当前装配状态为完全约束状态。

5)单击【元件放置】操控板中的 ✓ 按钮,完成垫圈 1 零件的装配。装配结果如图 7-25 所示。

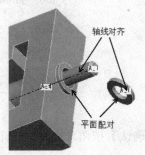

图 7-23　　　　　图 7-24　　　　　　　　图 7-25

步骤6 装配第一个螺母

1）单击右侧工具栏中的 按钮。系统弹出"打开"对话框。打开配书光盘"chap07\ chap07-01"文件夹中的"107.prt"模型文件，如图7-26所示。

2）系统弹出【元件放置】操控面板，在【元件放置】操控面板上单击 自动 右边的三角按钮，选择"对齐"约束类型，分别选择图7-27中箭头指示的两零件轴线作为参照。

3）单击【放置】面板中的"新建约束"，在"约束类型"列表框中，选择"配对"约束类型。"偏移"类型设为"重合"。分别选择图7-27中箭头指示两端面作为参照。

4）此时【元件放置】操控板显示当前装配状态为完全约束状态。单击【元件放置】操控板中的 按钮，完成螺母的装配。装配结果如图7-28所示。

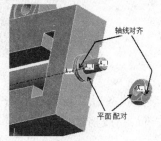

图7-26 图7-27 图7-28

步骤7 重复装配螺母

1）在模型树或绘图区选中刚装配的"107.prt"零件。

2）在菜单栏中选择【编辑】→【重复】命令，打开"重复元件"对话框。

3）在"可变组件参照"选项组中选择图7-29所示箭头所指"配对"约束行，单击【添加】按钮。在组件中单击上一步骤装配好螺母的右侧端面，此时，如图7-30所示。

图7-29 图7-30

4）单击"重复元件"对话框中的【确认】按钮，完成另一个螺母的装配。

步骤8 装配滑块

1）单击右侧工具栏中的 按钮。系统弹出"打开"对话框。打开配书光盘"chap07\ chap07-01"

文件夹中的"103.prt"模型文件，如图7-31所示。

2）系统弹出【元件放置】操控面板，在【元件放置】操控面板上单击 自动 右边的三角按钮，选择"对齐"约束类型，分别选择图7-32中箭头指示的两零件轴线作为参照。

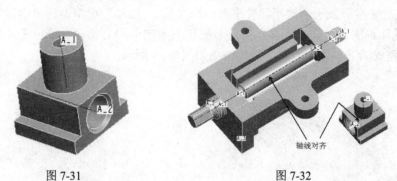

图7-31　　　　　　　　　图7-32

3）单击【放置】面板中的"新建约束"，在"约束类型"列表框中，选择"配对"约束类型，"偏移"类型设为"重合"。分别选择图7-33中箭头所示两零件端面作为参照。

4）单击【放置】面板中的"新建约束"，在"约束类型"列表框中，选择"配对"约束类型，"偏移"类型设为"偏距"，输入偏距值为50。分别选择图7-34中箭头所示虎钳底座内侧端面与滑块零件端面作为参照。

5）此时【元件放置】操控板显示当前装配状态为完全约束状态，单击【元件放置】操控板中的 ✓ 按钮，完成滑块的装配。装配结果如图7-35所示。

图7-33　　　　　　　　图7-34　　　　　　　　图7-35

步骤9 装配动掌

1）单击右侧工具栏中的 按钮。系统弹出"打开"对话框。打开配书光盘"chap07\chap07-01"文件夹中的"110.prt"模型文件，如图7-36所示。

2）系统弹出【元件放置】操控面板，在【元件放置】操控面板上单击 自动 右边的三角按钮，选择"对齐"约束类型，分别选择图7-37中箭头指示的两零件轴线作为参照。

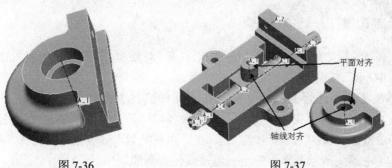

图7-36　　　　　　　　　图7-37

3）单击【放置】面板中的"新建约束",在"约束类型"列表框中,选择"对齐"约束类型,"偏移"类型设为"重合"。分别选择图 7-37 中箭头所示两零件平面作为参照。

4）单击【放置】面板中的"新建约束",在"约束类型"列表框中,选择"配对"约束类型。分别选择如图 7-38 中箭头所示的两零件平面作为参照,"偏移"类型设为"定向"。

5）此时【元件放置】操控板显示当前装配状态为完全约束状态,单击【元件放置】操控板中的✓按钮,完成动掌零件的装配。装配结果如图 7-39 所示。

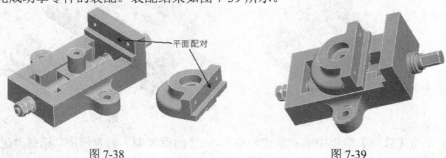

图 7-38　　　　　　　　　　图 7-39

步骤 10　装配螺钉

1）单击右侧工具栏中的 按钮。系统弹出"打开"对话框。打开配书光盘"chap07\ chap07-01"文件夹中的"105.prt"模型文件,如图 7-40 所示。

2）系统弹出【元件放置】操控面板,在【元件放置】操控面板上单击 自动 右边的三角按钮,选择"对齐"约束类型,分别选择图 7-41 中箭头指示两零件的轴线作为参照。

3）单击【放置】面板中的"新建约束",在"约束类型"列表框中,选择"配对"约束类型,"偏移"类型设为"重合"。分别选择如图 7-41 中箭头所示两零件平面作为参照。

4）此时【元件放置】操控板显示当前装配状态为完全约束状态,单击【元件放置】操控板中的✓按钮,完成螺钉零件的装配。装配结果如图 7-42 所示。

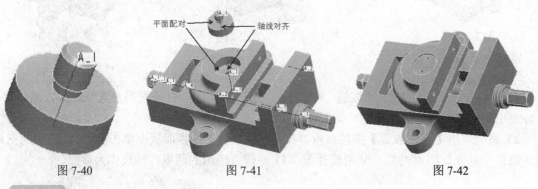

图 7-40　　　　　　图 7-41　　　　　　图 7-42

步骤 11　装配钳口

1）单击右侧工具栏中的 按钮。系统弹出"打开"对话框。打开配书光盘"chap07\ chap07-01"文件夹中的"104.prt"模型文件,如图 7-43 所示。

2）系统弹出【元件放置】操控面板,在【元件放置】操控面板上单击 自动 右边的三角按钮,选择"对齐"约束类型,分别选择图 7-44 中箭头指示两零件的一组轴线作为参照。

3）单击【放置】面板中的"新建约束",在"约束类型"列表框中,选择"对齐"约束类型,分别选择图 7-44 中箭头所示两零件的另一组轴线作为参照。

项目七 零件装配

4)单击【放置】面板中的"新建约束",在"约束类型"列表框中,选择"配对"约束类型,"偏移"类型设为"重合"。分别选择图7-44中箭头所示两零件平面作为参照。

5)此时【元件放置】操控板显示当前装配状态为完全约束状态,单击【元件放置】操控板中的✓按钮,完成钳口零件的装配。装配结果如图7-45所示。

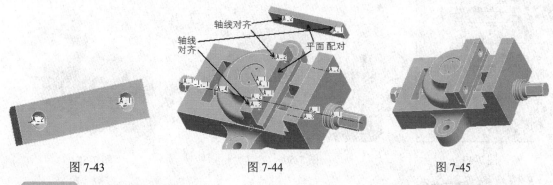

图7-43　　　　　　　　图7-44　　　　　　　　图7-45

步骤12 装配锥螺丝钉

1)单击右侧工具栏中的 按钮。系统弹出"打开"对话框。打开配书光盘"chap07\chap07-01"文件夹中的"108.prt"模型文件,如图7-46所示。

2)系统弹出【元件放置】操控面板,在【元件放置】操控面板上单击 自动 右边的三角按钮,选择"对齐"约束类型,分别选择图7-47中箭头指示两零件的轴线作为参照。

3)单击【放置】面板中的"新建约束",在"约束类型"列表框中,选择"对齐"约束类型,"偏移"类型设为"重合"。分别选择图7-47中箭头所示两零件的端面作为参照。

4)此时【元件放置】操控板显示当前装配状态为完全约束状态。单击【元件放置】操控板中的✓按钮,完成锥螺丝钉零件的装配。装配结果如图7-48所示。

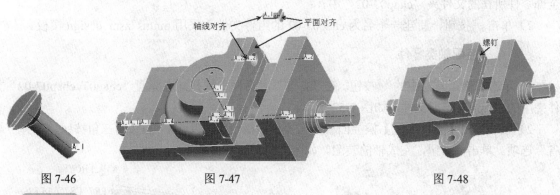

图7-46　　　　　　　　图7-47　　　　　　　　图7-48

步骤13 重复装配螺钉

1)在模型树或绘图区选中刚装配的"108.prt"零件。

2)在菜单栏中选择【编辑】→【重复】命令,打开"重复元件"对话框。

3)在"可变组件参照"选项组中选择图7-49箭头所指"对齐"约束行。单击【添加】按钮。在组件中单击装配好的钳口零件下方的轴线,单击"重复元件"对话框中的【确认】按钮。完成另一个螺钉的装配,如图7-50所示。

步骤 14 装配另一侧的钳口和螺钉

同样的操作,完成另一侧的钳口和螺钉的装配,最后结果如图 7-51 所示。

图 7-49

图 7-50

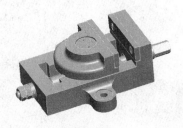
图 7-51

步骤 15 保存文件

单击工具栏中的保存文件按钮 ,完成当前文件的保存。

实训 11　调节阀的装配

装配调节阀模型。具体操作步骤如下:

步骤 1 建立新文件

1)在菜单栏中执行【文件】→【设置工作目录】命令,将工作目录设置到调节阀装配体的全部零件所在的文件夹"chap07-02"中。

2)单击 按钮,新建一个名为 chap07-02 的组件文件,采用 mnms_asm_design 模板。

步骤 2 装配轴类零件

1)单击右侧工具栏中的 按钮。在"打开"对话框中选择配书光盘"chap07\ chap07-02"文件夹中的"1.prt"模型文件,如图 7-52 所示。

2)系统弹出【元件放置】操控面板,在操控面板上单击 自动 右边的三角按钮,选择"缺省"选项。单击 按钮,完成轴的装配。如图 7-53 所示。

图 7-52

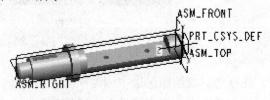
图 7-53

步骤 3 装配阀片

1)单击右侧工具栏中的 按钮。系统弹出"打开"对话框。打开配书光盘"chap07\ chap07-01"

文件夹中的"2.prt"模型文件，如图 7-54 所示。

2）系统弹出【元件放置】操控面板，在【元件放置】操控面板上单击 自动 右边的三角按钮，选择"配对"约束类型。设置"偏移"类型为"重合"。

3）如图 7-55 中箭头所示，分别选择轴类零件端面与阀片端面。

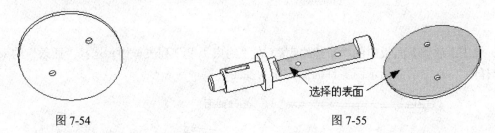

图 7-54　　　　　　　　　　　　　　图 7-55

4）单击【放置】面板中的"新建约束"，在"约束类型"列表框中，选择"对齐"约束类型，设置"偏移"类型为"重合"。分别选择图 7-56 中箭头指示两零件的轴线作为参照。

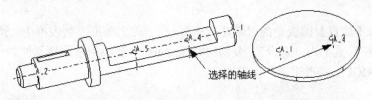

图 7-56

5）再次单击【放置】面板中的"新建约束"，在"约束类型"列表框中，选择"对齐"约束类型，设置"偏移"类型为"重合"。分别选择图 7-57 中箭头指示两零件的轴线作为参照。

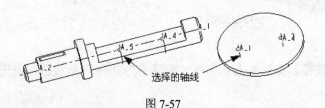

图 7-57

6）此时【元件放置】操控板显示当前装配状态为完全约束状态。单击操控板中的 ✓ 按钮，完成阀片的装配。

步骤 5　装配曲柄零件

1）单击右侧工具栏中的 按钮。系统弹出"打开"对话框。打开配书光盘"chap07\ chap07-02"文件夹中的"3.prt"模型文件，如图 7-58 所示。

2）系统弹出【元件放置】操控面板，在【元件放置】操控面板上单击 自动 右边的三角按钮，选择"对齐"约束类型，设置"偏移"类型为"重合"。如图 7-59 中箭头所示，分别选择曲柄零件端面与轴类零件端面。

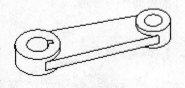

图 7-58

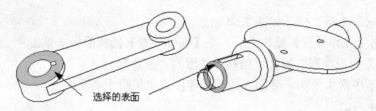

图 7-59

3）单击【放置】面板中的"新建约束"，在"约束类型"列表框中，选择"插入"约束类型。分别选择图 7-60 中箭头指示两零件的曲面作为参照。

图 7-60

4）再次单击【放置】面板中的"新建约束"，在"约束类型"列表框中，选择"对齐"约束类型，设置"偏移"类型为"重合"。分别选择图 7-61 中箭头指示曲柄零件的 RIGHT 基准平面和组件的 ASM_RIGHT 基准平面作为参照。

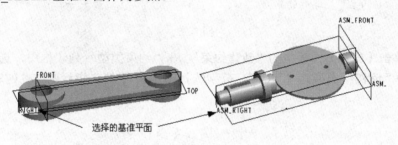

图 7-61

5）此时【元件放置】操控板显示当前装配状态为完全约束状态。单击操控板中的✓按钮，完成曲柄零件的装配。

步骤 5 装配泵体零件

1）单击右侧工具栏中的 按钮，系统弹出"打开"对话框。打开配书光盘"chap07\ chap07-02"文件夹中的"4.prt"模型文件，如图 7-62 所示。

2）系统弹出【元件放置】操控面板，在【元件放置】操控面板上单击 自动 右边的三角按钮，选择"配对"约束类型，设置"偏移"类型为"重合"。分别选择图 7-63 中箭头指示两零件的表面作为参照。

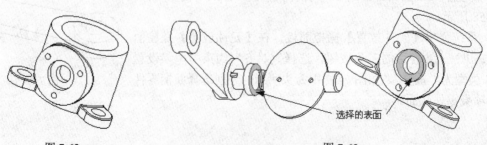

图 7-62   图 7-63

3）单击【放置】面板中的"新建约束"，在"约束类型"列表框中，选择"对齐"约束类型，设置"偏移"类型为"重合"。分别选择图7-64中箭头指示两零件的轴线作为参照。

4）再次单击【放置】面板中的"新建约束"，在"约束类型"列表框中，选择"配对"约束类型，设置"偏移"类型为"重合"。分别选择图7-65中箭头指示油缸零件的DTM7基准平面和组件的ASM_TOP基准平面作为参照。

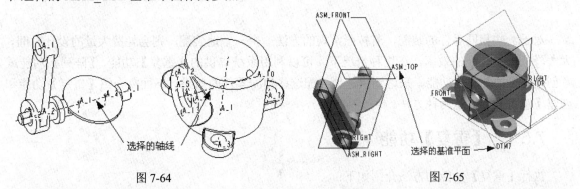

图 7-64　　　　　　　　　　　　　　　　图 7-65

5）此时【元件放置】操控板显示当前装配状态为完全约束状态。单击操控板中的✓按钮，完成泵体零件的装配。

步骤6 装配手柄零件

1）单击右侧工具栏中的按钮。系统弹出"打开"对话框。打开配书光盘"chap07\ chap07-02"文件夹中的"5.prt"模型文件，如图7-66所示。

2）系统弹出【元件放置】操控面板，在【元件放置】操控面板上单击 自动 右边的三角按钮，选择"配对"约束类型，设置"偏移"类型为"重合"。分别选择图7-67中箭头指示两零件的表面作为参照。

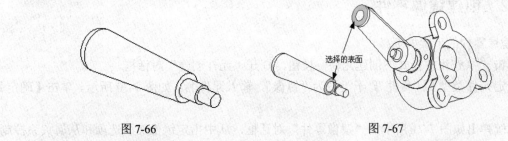

图 7-66　　　　　　　　　　　　　　　　图 7-67

3）单击【放置】面板中的"新建约束"，在"约束类型"列表框中，选择"对齐"约束类型，设置"偏移"类型为"重合"。分别选择图7-68中箭头指示两零件的轴线作为参照。

4）此时【元件放置】操控板显示当前装配状态为完全约束状态。单击【元件放置】操控板中的✓按钮，完成手柄零件的装配。装配结果如图7-69所示。

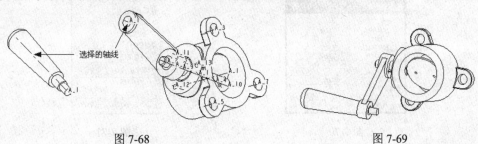

图 7-68　　　　　　　　　　　　　　　　图 7-69

步骤 7　保存文件

单击工具栏中的保存文件按钮 ，完成当前文件的保存。

7.5　装配相同零件

对于一些相同零件的装配，若按照常规的方法一个一个地装配，则会耗费大量的设计时间，大大降低模型装配的效率。在这种情况下，可以利用系统提供的【重复】功能、【阵列】功能或者创建【镜像】零件功能，来达到快速地装配这些相同零件的效果。下面将介绍【重复】功能和创建【镜像】零件这两种方法。

7.5.1　【重复】功能

执行【重复】功能的方法介绍如下：
1）选择装配体中的源零件。
2）在菜单栏中，选择【编辑】→【重复】命令，打开如图 7-29 所示的"重复元件"对话框。
3）在"可变组件参照"选项组中选择允许变化的参照类型，然后在"放置元件"选项组中单击【添加】按钮。
4）在组件中选择有效的参照，即可装配一个相同零件。
5）继续在组件中选择有效的参照，重复装配零件。
6）单击"重复元件"对话框上的【确认】按钮，完成装配。

具体的操作训练可以参考"实训 10 虎钳的装配"中螺母及螺钉部分内容。

7.5.2　创建镜像零件

创建镜像零件的步骤如下：
1）单击 （在组件模式下创建元件）按钮，打开"元件创建"对话框。
2）指定元件类型为"零件"，子类型为"镜像"，输入元件名，如图 7-70 所示。单击【确定】按钮。
3）系统弹出如图 7-71 所示的"镜像零件"对话框，从中指定镜像类型选项和从属关系控制选项。

图 7-70

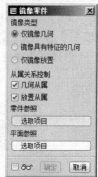

图 7-71

4）选择零件参照。
5）选择平面参照定义镜像平面。
6）单击"镜像零件"对话框中的【确定】按钮。

7.5.3 创建镜像元件装配实例

步骤 1 打开组件模型

1）将工作目录设置到装配体的全部零件所在的文件夹"chap07\ chap07-03"中。
2）打开随书光盘"chap07\ chap07-03"文件夹内的"hap07-03.asm"件，该文件中已经存在的组件模型如图 7-72 所示。

步骤 2 镜像装配零件

1）单击 （在组件模式下创建元件）按钮，打开"元件创建"对话框。
2）在"类型"选项组中选中"零件"单选按钮，在"子类型"选项组中选中"镜像"单选按钮，输入元件名为"3"，单击【确定】按钮。
3）接受"镜像零件"对话框上的默认选项。
4）选择"2.prt"零件作为零件参照。选择 ASM_RIGHT 基准平面作为镜像平面参照。
5）单击"镜像零件"对话框中的【确定】按钮，完成的组件如图 7-73 所示。

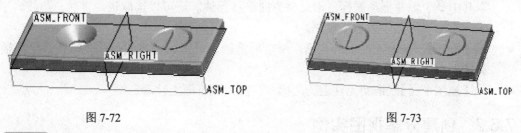

图 7-72　　　　　　　　　　　　　　图 7-73

步骤 3 保存文件

单击工具栏中的保存文件按钮 ，完成当前文件的保存。

7.6 组件分解

为了查看某个组件（装配体）中各个零件的相对位置关系，或表达组件的装配过程及组件的构成，在 Pro/ENGINEER 中可以将组件分解。实际上组件分解就是将装配体中的各零部件沿着某一视图平面或直线或坐标系进行移动或旋转操作，使各个零件从装配体中分离出来。

7.6.1 创建分解视图的方法

系统提供了两种生成装配体分解图（亦称爆炸图）的方法，这两种方法说明如下：

1. 自动生成装配分解图

选择菜单栏中的【视图】→【分解】→【分解视图】命令，系统将自动生成装配分解图。但是自动生成的分解视图通常无法贴切地表达出各元件的相对位置关系,因此,通常情况下都由设计者自行定义装配体的分解状态,形成所需要的爆炸图。若要让分解图复原,可以选择菜单栏中的【视图】→【分解】→【取消分解视图】命令。

2. 自定义分解图

选择菜单栏中的【视图】→【分解】→【编辑位置】命令,系统将打开如图7-74所示的【编辑位置】操控面板。系统提供了3种运动类型,说明如下。

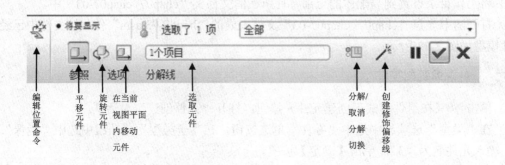

图 7-74

- 【平移】:当选取元件后,在平移元件上显示带有拖动控制滑块的坐标系,这时可以选取其中一个轴并拖动鼠标,沿此轴方向平移元件。还可以选取轴、直线、边线、平面、坐标系轴或两点作为平移参照。
- 【旋转】:拖动元件上的句柄,绕着所选轴、直线、边线或当前坐标系的坐标轴作为旋转中心线进行旋转。
- 【视图平面】:拖动元件上的句柄在当前视图平面上移动。

7.6.2 创建分解视图实例

步骤1 打开组件模型

1)将工作目录设置到装配体的全部零件所在的文件夹"chap07\ chap07-04"中。

2)打开随书光盘"chap07\ chap07-04"文件夹内的"hap07-04.asm"件,该文件中已经存在的组件模型如图7-75所示。

步骤2 创建模型的分解视图

1)选择菜单中【视图】→【视图管理器】命令,打开"视图管理器"对话框。单击"分解"选项,再单击"新建"按钮,系统自动命名新的分解视图名称为"Exp0001",按回车键,完成新的分解视图的创建,然后单击【关闭】按钮。

2)选择菜单中【视图】→【分解】→【编辑位置】命令。打开【编辑位置】操控面板。

3)在【编辑位置】操控面板中选择平移按钮 ,选择零件3,并选取控制滑块上的X方向将其向右移动到合适的位置上,如图7-76所示。

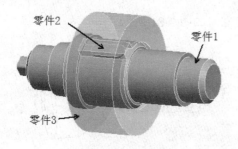

图 7-75

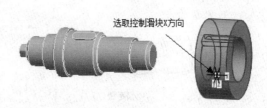

图 7-76

4)选择零件 2,并选取控制滑块上的 X 方向将其向右移动到合适的位置上,如图 7-77 所示。单击 ✓ 按钮,完成分解图的建立。

7.6.3 创建修饰偏移线

修饰偏移线是用以说明分解元件的运动,表达各个元件之间相对关系的标示,它能增加图面的易读性,使元件之间的关系更加清晰地显示在使用者面前。

图 7-77

下面沿用上例创建分解视图的偏移线。具体操作步骤如下:

步骤 1　具体操作步骤如下:

1)选择菜单中【视图】→【分解】→【编辑位置】命令。打开【编辑位置】操控面板。在操控面板中单击【分解线】按钮,系统弹出如图 7-78 所示分解线面板。

【分解线】面板中各按钮含义如下:

① ✎ 按钮:创建修饰偏移线,以说明分解元件的运动。

② ✎ 【修改】:编辑选定的分解线。

③ ✎ 【删除】:删除选定的分解线。

2)单击【分解线】面板中的 ✎ 按钮,系统弹出"修饰偏移线"对话框,如图 7-79 所示。分别选取零件 1 特征轴"A_1"的右端点,再选取零件 3 特征轴"A_1"的左端点,然后单击"修饰偏移线"对话框中的【应用】按钮,创建第一条偏移线,系统显示两轴线之间的关系,如图 7-80 所示。

图 7-78

图 7-79

3)再次单击【分解线】面板中的 ✎ 按钮,在系统弹出的"修饰偏移线"对话框中分别选取零件 1 键槽底平面的中间位置,再选取零件 2 键零件下平面,然后单击"修饰偏移线"对话框中的【应用】按钮,系统创建第二条偏移线。

4）单击操控面板中的 ✓ 按钮，完成偏移线的建立，如图 7-81 所示。

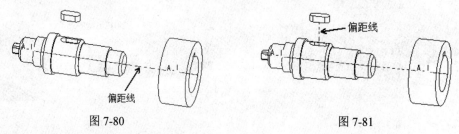

图 7-80　　　　　　　　　　图 7-81

步骤 2　保存分解状态及保存文件

1）选择菜单中【视图】→【视图管理器】命令，打开"视图管理器"对话框。单击【分解】选项，再单击"编辑"下拉菜单中的【保存】命令，如图 7-82 所示，在弹出的"保存显示元素"对话框中单击【确定】按钮，完成分解状态的保存。

图 7-82

2）单击工具栏中的保存文件按钮 ■，完成当前文件的保存。

拓展练习

一、思考题

1. 简述配对约束与对齐约束有什么不同，并举例进行对比。
2. 举例说明"允许假设"的含义。
3. 装配相同零件主要有哪几种方法？简述各种方法的一般操作步骤。
4. 装配完成后，进行文件保存时"保存副本"与"备份"的区别是什么？分别适于在什么情况下使用？
5. 完全约束、部分约束与约束冲突之间有何差异？哪些是允许的？哪些是不允许的？
6. 如何创建分解视图？如何建立修饰偏移线？
7. 在组件模式下可以创建新元件吗？如何操作？

二、上机练习题

1. 试采用自底向上的装配方法在零件模块中创建如图 7-83 所示齿轮泵中的每一个零件，然后按如图 7-84 提供的装配图，将齿轮泵中的各零件装配成组件和建立分解视图并创建偏移线。

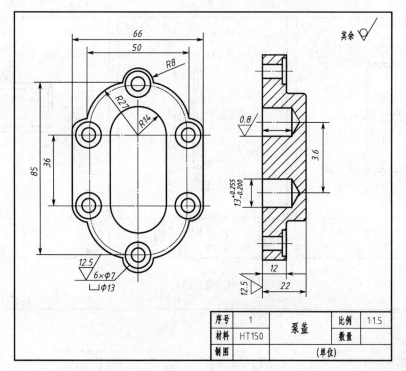

图 7-83（1）

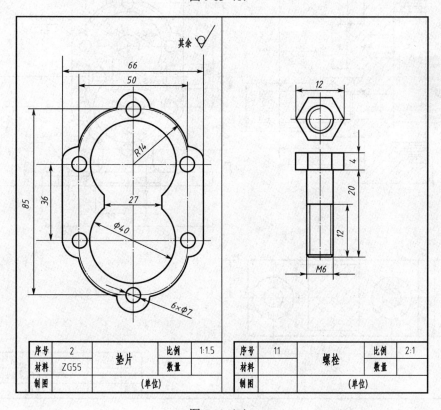

图 7-83（2）

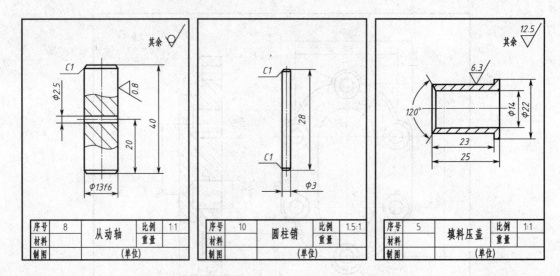

图 7-83（3）

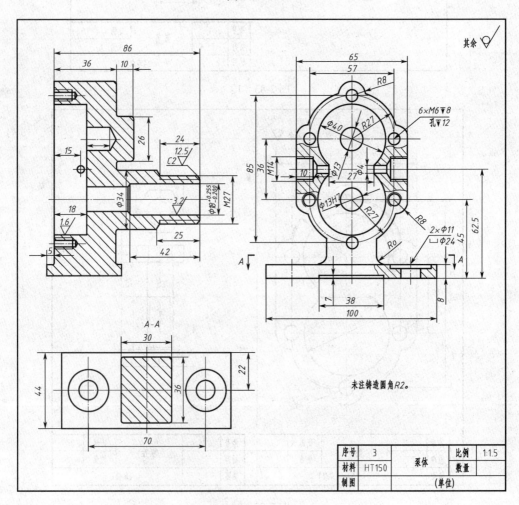

图 7-83（4）

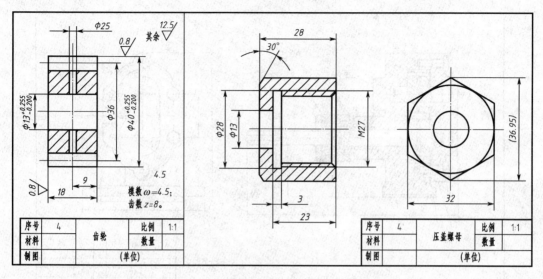

图 7-83（5）

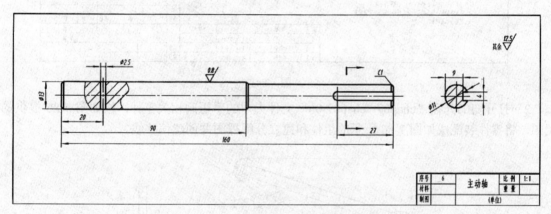

图 7-83（6）

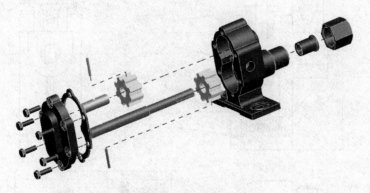

齿轮泵分解视图及偏移线（供参考）

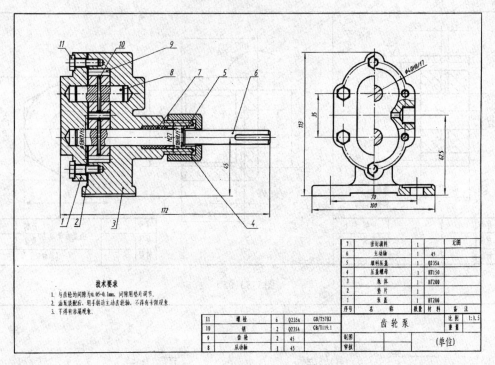

图 7-84

2. 打开随书光盘"chap07\ chap07-06"文件夹内的手压阀相关零件，按如图 7-85 提供的装配图，将零件装配成如图 7-86 所示的组件和建立分解视图并创建偏移线。

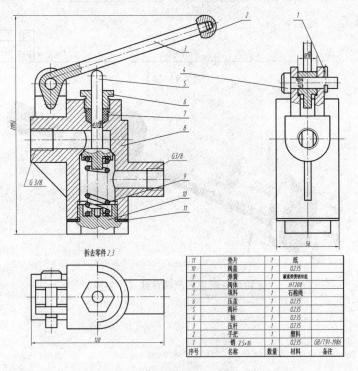

图 7-85

手压阀的工作原理：

手压阀是吸进或排出液体的一种手动阀门。当握住手柄向下压紧阀杆时，弹簧因受力压缩使阀杆向下移动，液体入口与出口相通；手柄向上抬起时，由于弹簧弹力作用，阀杆向上移动，压紧阀体，使液体入口与出口不通。

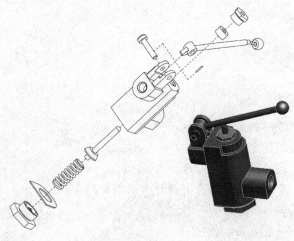

图 7-86

项目八　曲面设计

【教　学　目　标】
1. 熟悉曲面建模环境，熟悉各种工具的使用
2. 掌握基本曲面的创建方法
3. 掌握填充曲面、边界混合曲面命令
4. 掌握曲面延伸、复制、修剪和合并操作方法与技巧
5. 掌握由曲面生成实体的方法
6. 掌握曲面建模的一般方法和技巧

【知　识　点】
1. 拉伸、旋转、扫描、可变剖面扫描和混合曲面特征的创建
2. 填充曲面特征的创建
3. 边界混合曲面特征的创建
4. 曲面的修剪、延伸、合并、复制、移动
5. 曲面加厚和实体化

【重点与难点】
1. 边界混合曲面的创建
2. 曲面编辑命令的灵活应用
3. 综合应用点、线、面等各种特征创建实体零件

【学习方法建议】
1. 课堂：典型例题、习题的操作实践；重点掌握各命令操作方法，理解各命令代表的含义
2. 课外：书籍、网络中含有大量不同形状的零件，可供参考练习；生活之中处处有零件，勤观察、勤思考、勤练习，熟能生巧

【建　议　学　时】
10学时

　　Pro/ENGINEER 中的曲面造型工具，对于具有复杂曲线和曲面的零件造型十分有用。曲面特征的建立方式除了与实体特征相同的拉伸、旋转、扫描、混合等方式外，也可由基准点建立基准曲线，再由基准曲线建立曲面，或由边界线来建立曲面。曲面与曲面间还可有很高的操作性，例如曲面的合并、修剪、延伸等。

8.1 曲面的创建方式

1. 可以使用【插入】菜单中的下列选项来创建曲面特征

（1）【拉伸】：在垂直于草绘平面的方向上，通过将草绘截面拉伸到指定深度来创建面组。
（2）【旋转】：通过绕截面中草绘的第一条中心线，将草绘截面旋转至某特定角度来创建面组。
（3）【扫描】：通过沿指定轨迹扫描草绘截面来创建面组。可草绘轨迹线，也可使用现有基准曲线作为轨迹线。
（4）【混合】：创建连接多个草绘截面的平滑面组。
（5）【扫描混合】：使用扫描混合几何创建面组。
（6）【螺旋扫描】：使用螺旋扫描几何创建面组。
（7）【边界混合】：通过在一到两个方向上选取边界来创建曲面特征。
（8）【可变剖面扫描】：使用可变剖面扫描创建面组。
（9）【高级】：打开【高级】菜单，允许用复杂的特征定义创建曲面。【高级】菜单内容分别简介如下：

- 【圆锥曲面和 N 侧曲面片】：通过选取边界线及控制线来建立截面为二次方曲线的平滑曲面，或以至少 5 条边界线（必须形成一个封闭的循环）建立出多边形（至少五边形）的曲面。
- 【将剖面混合到曲面】：从一个截面混成到一个相切曲面来创建新的曲面。
- 【在曲面间混合】：从一曲面混成到另一相切曲面来创建新的曲面。
- 【从文件混合】：通过文件指定的截面来混成创建新的曲面。
- 【将切面混合到曲面】：从一条边或曲线向相切曲面混成来创建新的曲面。
- 【曲面自由形状】：通过动态操作创建新的曲面。

2．也可使用【编辑】菜单中的下列选项来创建曲面特征

（1）【填充】：通过草绘边界创建平面组。
（2）【复制】和【粘贴】：通过复制现有面组或曲面来创建面组。指定选取方法，然后选取要复制的曲面。Pro/ENGINEER 可以直接在所选曲面的上面创建曲面特征。
（3）【镜像】：创建关于指定平面的现有面组或曲面的镜像副本。
（4）【偏移】：通过由面组或曲面偏移来创建面组。

8.2 与实体特征相似的曲面特征

可以采用与实体特征相似的创建方法来创建曲面特征，包括拉伸、旋转、扫描、混合、扫描混合、螺旋扫描、可变剖面扫描等特征，其基本的流程和操作方法与前面章节介绍的实体特征相似，这里就不再详述，仅对不同的方面加以阐述。

创建曲面特征时，增加了【开放或闭合的体积块】选项，即使用【拉伸】、【旋转】、【扫描】或【混合】等特征创建曲面时，可通过封闭特征的端部来创建包围闭合体积块的面组，也可使其端部保持开放来创建包围开放体积块的面组。

拉伸曲面、旋转曲面、混合曲面创建的方法也与前面介绍的实体特征创建方法相似，这里不再列举案例来讲解，仅通过几个简单的例子来介绍扫描曲面和可变剖面扫描曲面的创建过程。

8.2.1 创建扫描曲面实例

步骤 1 建立新文件

新建一个名为"chap08-01"的零件文件，采用 mmns_part_solid 模板。

步骤 2 创建扫描曲面特征

1）单击菜单【插入】→【扫描】→【曲面】选项，弹出"曲面：扫描"对话框与菜单。
2）在【扫描轨迹】菜单中选择【草绘轨迹】选项，以绘制扫描轨迹线。
3）选择 FRONT 基准平面作为草绘平面，在【方向】菜单管理器中选择【确定】命令，接受默认的草绘视图方向；在【草绘视图】菜单管理器中选择【缺省】命令，进入草绘模式。绘制如图 8-1 所示的圆弧，单击草绘命令工具栏中的 ✓ 按钮。
4）在出现的如图 8-2 所示的【属性】菜单中，选择【开放端】→【完成】命令。

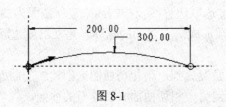

图 8-1　　　　　　　　　　　图 8-2

5）系统再次进入草绘模式，绘制如图 8-3 所示的截面（一段圆弧）作为扫描截面。
6）单击草绘命令工具栏中的 ✓ 按钮，完成特征截面的绘制。单击"曲面：扫描"对话框中的【确定】按钮，完成扫描特征的建立。曲面模型效果如图 8-4 所示。

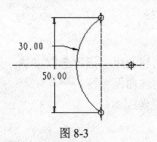
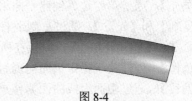

图 8-3　　　　　　　　　　　图 8-4

步骤 3 保存文件

单击工具栏中的保存文件按钮 🖫，完成当前文件的保存。

8.2.2 创建可变剖面扫描曲面实例

步骤 1 建立新文件

新建一个名为"chap08-02"的零件文件，采用 mmns_part_solid 模板。

步骤 2 绘制原始轨迹线及轮廓线

1）单击基准特征工具栏中的 按钮，打开"草绘"对话框。选择 FRONT 基准面作为草绘平面，RIGHT 基准面作为参照面，单击【草绘】按钮，进入草绘工作界面。

2）绘制如图 8-5 所示的曲线（一条直线和一段条圆弧，注意直线和圆弧的高度应一致）。单击草绘命令工具栏中的 ✓ 按钮，完成曲线的绘制。效果如图 8-6 所示。

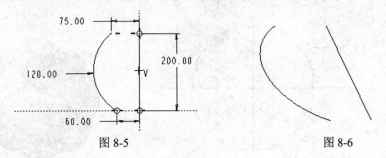

图 8-5　　　　　　　　　　　　　图 8-6

步骤 3　创建其他轮廓线

1）在绘图区选择圆弧曲线，然后选择【编辑】→【复制】命令，再选择【编辑】→【选择性粘贴】命令，在弹出的【选择性粘贴】操控面板中，单击 ⟳（旋转）按钮，然后选择直线为旋转轴，输入旋转角度为 45，并在【选项】操控板上取消勾选"隐藏原始几何"复选框，如图 8-7 所示。单击 ✓（完成）按钮，完成曲线旋转复制。

2）选择刚旋转复制的曲线，然后单击阵列工具按钮 ▦，打开阵列特征操控板。单击【尺寸】按钮，进入【尺寸】操控板，然后在模型中单击数值为 45 的尺寸，该尺寸作为方向 1 的尺寸变量，输入其增量为 45，按 Enter 键。在阵列工具操控板中输入方向 1 的阵列成员数为 7，单击完成按钮，完成曲线的阵列，结果如图 8-8 所示。

步骤 4　建立可变剖面扫描特征

1）单击可变剖面扫描工具按钮 ✏，打开可变剖面扫描特征操控板，在默认时， ▱（曲面）按钮处于被选中的状态。如图 8-9 所示。

图 8-7　　　　　　　　图 8-8　　　　　　　　图 8-9

2）选择如图 8-10 所示的曲线作为原点轨迹，接着按住 Ctrl 键分别选取另外 8 条曲线，如图 8-11 所示。

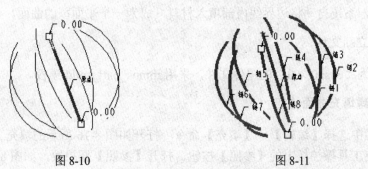

图 8-10　　　　　　　　　　　　　图 8-11

3）在操控板上单击 ☒（创建或编辑剖面）按钮，进入草绘模式。绘制如图 8-12 所示的样条曲线剖面（8 段等半径的圆弧）。单击草绘命令工具栏中的 ✔ 按钮，完成草图的绘制。

4）单击特征操控板中的 ✔ 按钮，完成可变剖面扫描特征的建立，结果如图 8-13 所示。

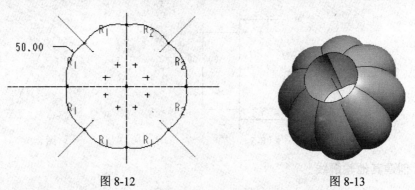

图 8-12　　　　　　　　　　图 8-13

5）在屏幕左端模型树中选择可变截面扫描特征 ⬇Var Sect Sweep 1，单击鼠标右键，在弹出的快捷菜单中，选择【编辑定义】，系统再次进入可变截面扫描特征操控板。

6）在可变截面扫描特征操控板上的【选项】面板中勾选"封闭端点"复选框，如图 8-14 所示。单击特征操控板中的 ✔ 按钮，完成可变剖面扫描特征的建立，结果如图 8-15 所示。可以发现，刚创建的曲面已用上下两平面进行了封闭。

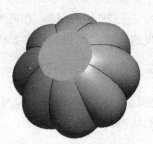

图 8-14　　　　　　　　　　图 8-15

步骤 5 保存文件

单击工具栏中的保存文件按钮 🖫，完成当前文件的保存。

8.2.3　创建填充曲面特征实例

可以通过草绘边界来创建平的曲面，即以零件上的某一个平面或基准平面作为绘图平面，绘制曲面的边界线，系统自动将边界线内部填入材料，成为一个平面型的曲面。

步骤 1 建立新文件

新建一个名为"chap08-03"的零件文件，采用 mmns_part_solid 模板。

步骤 2 创建填充曲面特征

1）从菜单栏中选择【编辑】→【填充】命令，打开如图 8-16 所示的填充工具操控板。

2）单击填充工具操控板上的【参照】按钮，打开【参照】操控板，如图 8-17 所示。

项目八 曲面设计

图 8-16

图 8-17

3）单击【参照】操控板上的【定义】按钮，打开"草绘"对话框。选择 FRONT 基准平面作为草绘平面，单击【草绘】按钮，进入草绘模式。

4）绘制如图 8-18 所示的截面（提示：草图外形必须是封闭的）。单击草绘命令工具栏中的 ✓ 按钮，完成草图的绘制。创建的填充曲面如图 8-19 所示。

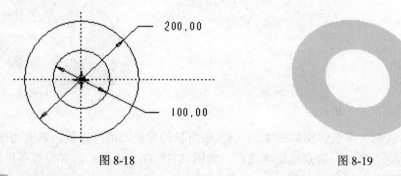

图 8-18   图 8-19

步骤3 保存文件

单击工具栏中的保存文件按钮 🖫 ，完成当前文件的保存。

8.3 边界混合曲面

使用边界混合工具，通过定义边界的方式产生曲面。

在菜单栏中选择【插入】→【边界混合】命令，或者单击 （边界混合工具）按钮，打开如图 8-20 所示的操控板。

图 8-20

该操控板上具有两个重要的收集器，即 ⎨选取项目⎬（第一方向链收集器）和 ⎨单击此处添加项目⎬（第二方向链收集器）。若只使用 ⎨选取项目⎬（第一方向链收集器），则创建的曲面是单向的边界混合曲面，如图 8-21 所示。若 ⎨选取项目⎬（第一方向链收集器）和 ⎨单击此处添加项目⎬（第二方向链收集器）都使用，那么创建的曲面将是双向的边界混合曲面，如图 8-22 所示。

图 8-21

图 8-22

点选【曲线】按钮，系统弹出如图 8-23 所示的面板，点选作为第一个方向的边界曲线（选多条曲线时按住 Ctrl 键），单击【第二方向】下的区域，使其获得输入焦点，点选作为第二个方向的边界曲线。此时可以单击收集器右侧的 ↑（在连接序列中向上重新排序链）按钮或 ↓（在连接序列中向下重新排序链）按钮，从而调整该方向上的曲线链的顺序。注意：曲线链的顺序不同，则所生成的曲面也会有所不同。

若创建的为单方向边界混合曲面，选取完第一方向边界曲线后，在【曲线】操控板上，选中"闭合混合"复选框，那么创建的边界混合曲面将通过第一条边链和最后一条边链，从而形成一个闭合的环状，如图 8-24 所示。

图 8-23　　　　　　　　　　　　　　　　　　图 8-24

点选【选项】按钮，系统弹出如图 8-25（a）中所示的面板，可以设置影响曲面形状的曲线。单击"影响曲线"下方区域，再点选影响曲线，如图 8-25（b）中所示，并设置备用基准曲线参数即可。控制效果前后对比如图 8-25（c）和图 8-25（d）中所示。
- "平滑度因子"：输入的平滑度因子越大，曲面就越平滑。
- "在方向上的曲面片"：定义曲面沿第一个方向和第二个方向形成的曲面片数，曲面片数的范围为 1～29。

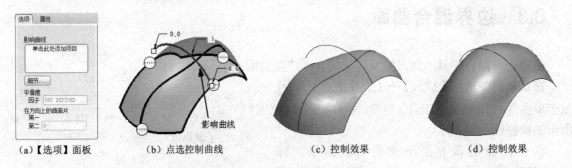

(a)【选项】面板　　　(b) 点选控制曲线　　　(c) 控制效果　　　(d) 控制效果

图 8-25

点选【约束】按钮，系统弹出如图 8-26 所示的面板，可以给与其他曲面或基准平面相邻的侧边加上一定的约束关系，单击一种"约束类型"（包括自由、切线、曲率及垂直），单击"图元—曲面"下侧区域，使其获得输入焦点，并点选相邻的曲面或基准平面即可。

下面介绍各边界约束条件选项的功能。
- "自由"：在边界链处不设置相切条件。
- "相切"：定义混合曲面与参照曲面在该边界链处相切。
- "曲率"：设置边界曲率等于曲面参照的曲率。
- "垂直"：设置边界与曲面参照垂直。

点选【控制点】，系统弹出如图 8-27 所示的面板，可以设置曲线间混合时不同的连接方式。

项目八 曲面设计

图 8-26

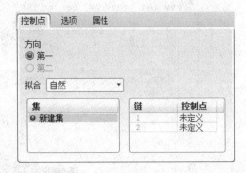

图 8-27

提示：

关于如何选择边界混合参考元素作如下说明：
- 在边界混合特征中，可选择曲线、实体边、基准点、曲线的端点等作为参考元素。
- 在每个方向，必须按顺序选择参考元素。
- 以两个方向定义的边界混合曲面外部边界必须构成封闭环。

8.3.1 创建边界混合曲面实例

步骤 1　打开文件

打开随书光盘中的"chap08-04.prt"文件，该文件中存在的基准曲线如图 8-28 所示。

步骤 2　创建第一个边界混合曲面（双向的边界混合曲面）

1）单击 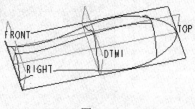（边界混合工具）按钮，打开边界混合工具操控板。

图 8-28

2）点选【曲线】按钮，系统弹出如图 8-29 所示的面板，点选作为第一个方向的边界曲线 1，并在按住 Ctrl 键的同时在选择曲线 2 和曲线 3，如图 8-29 所示。

3）在【曲线】面板上，单击【第二方向】下的区域，使其获得输入焦点，点选作为第二个方向的边界曲线 1，并在按住 Ctrl 键的同时选择曲线 2 和曲线 3，如图 8-30 所示。

4）单击 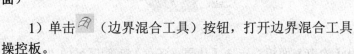 按钮，创建边界混合曲面，如图 8-31 所示。

图 8-29

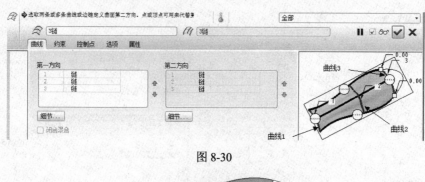

图 8-30

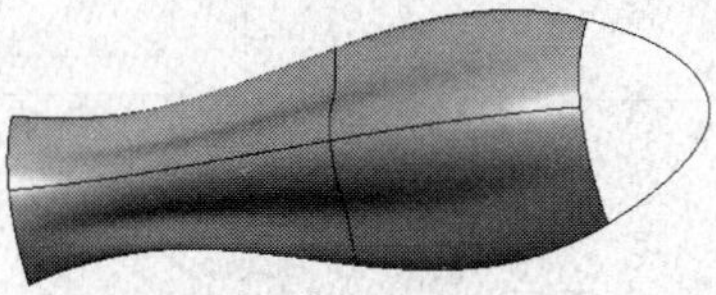

图 8-31

步骤 3 创建第二个边界混合曲面（单向的边界混合曲面）

1）单击 按钮，打开边界混合工具操控板。

2）单击【曲线】按钮，系统弹出如图 8-32 所示的面板，点选作为第一个方向的边界曲线 1，按住 Ctrl 键的同时选择曲线 2，如图 8-32 所示。

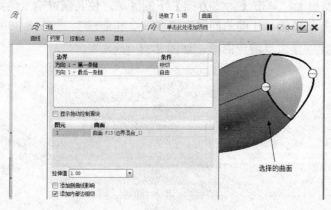

图 8-32

3）点选【约束】按钮，系统弹出【约束】面板，点选【边界—条件】下侧区域的"方向 1-第一条链"约束关系，选取"约束类型"下的"相切"条件。点选【图元—曲面】下侧区域，选取如图 8-33 所示曲面作为与新建边界混合曲面相切的曲面。通过这样的约束操作，可以使这次创建的边界混合曲面与选取的曲面相切（注意：若要使两曲面相切是有一定条件的，请读者认真思考）。

图 8-33

4）单击 ✓ 按钮，创建单向的边界混合曲面，如图 8-34 所示。

步骤 9 保存文件

单击工具栏中的保存文件按钮 🖫 ，完成当前文件的保存。

图 8-34

8.4 曲面复制

通过复制现有实体表面或曲面来创建一个曲面特征，指定选择方法并选择要复制的曲面，粘贴后新曲面特征与原实体表面或曲面特征位置重合，形状和大小都相同。

选择要复制的曲面，单击 📋 按钮，再单击 📋 按钮，或者单击菜单【编辑】→【复制】→【粘贴】，或用组合键【Ctrl+C】和【Ctrl+V】命令，打开复制曲面控制面板，如图 8-35 所示。

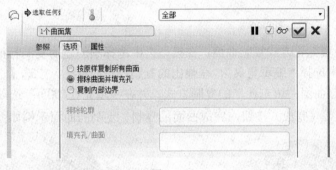

图 8-35

【选项】中的命令及其含义如下。

（1）按原样复制所有曲面：准确地按原样复制曲面。

（2）排除曲面并填充孔：复制某些曲面，同时可以选择填充曲面内的孔，选择此项，以下两项可使用。

① 排除轮廓：明确在当前复制特征中不进行复制的曲面。

② 填充孔/曲面：选择孔并填充到选择的曲面上。

（3）复制内部边界：仅复制边界内的曲面，用于复制原始曲面中的一部分区域。选择此项，面板中显示【边界曲线】选项。

8.4.1 曲面复制实例

步骤 1 打开文件

打开随书光盘中的"chap08-05.prt"文件，如图 8-36 所示。

步骤 2 曲面复制

1）为方便我们选取曲面，首先在过滤器的下拉列表框中，选择"几何"选项，如图 8-37 所示。

2）按原样复制曲面：选取如图 8-38 所示的曲面，在系统绘图区上侧工具条单击 📋（复制）按钮，再单击 📋（粘贴）按钮，系统显示曲面复制操控面板。

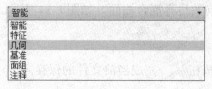
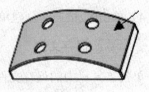

图 8-36　　　　　　　　　　图 8-37　　　　　　　　　　图 8-38

3）点选【选项】，系统弹出如图 8-39 所示的面板。选择"按原样复制所有曲面"的复制方式。单击 ✓ 按钮，完成曲面的复制。复制的曲面示例如图 8-40 所示。

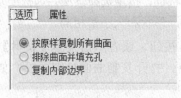

图 8-39　　　　　　　　　　　　　　　　　　图 8-40

4）排除曲面并填充孔方式复制曲面：在模型树中选择刚创建的复制特征 复制 1，单击右键，在弹出的快捷菜单中选择"编辑定义"，在弹出的复制操控面板上，点选【选项】，在系统弹出的面板上，选择"排除曲面并填充孔"的复制方式，并在"填充孔/曲面"选项中选择如图 8-41 所示的孔边界。单击 ✓（完成）按钮，完成曲面的复制。复制的曲面示例如图 8-42 所示。

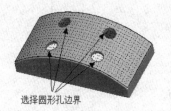

图 8-41　　　　　　　　　　　　　　　　　　图 8-42

5）复制内部边界方式复制曲面：同上操作，在弹出的复制操控面板上，点选【选项】，在系统弹出的上滑面板上，选择"复制内部边界"的复制方式，并在"边界曲线"选项中选择如图 8-43 所示的边界。单击 ✓（完成）按钮，完成曲面的复制。复制的曲面示例如图 8-44 所示。

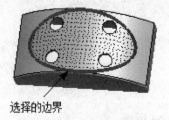

图 8-43　　　　　　　　　　　　　　　　　　图 8-44

8.5　延伸曲面

延伸曲面也称为曲面的延伸，是将曲面上某一选中的边按照一定的规律来延伸。曲面延伸的种类较多，包括相同延伸、相切延伸、将曲面延伸至参照平面和修改量度延伸等。

通常，延伸曲面图标处于未被激活状态，当选择了准备延伸的边之后，方能将其激活。单击【编辑】→【延伸】，打开【延伸】操控面板，如图 8-45 所示。

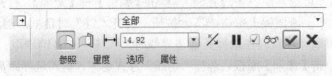

图 8-45

1）延伸特征操控面板中的命令及其含义如下：

① 按距离延伸 ▭：将曲面沿曲面上指定的边界线延伸指定的距离。

② 延伸到面 ▭：将曲面沿曲面上指定的边界线延伸到指定的面。

③ 延伸距离 ⊢⊣：指定曲面延伸的距离，在其后的组合框中输入延伸距离。

④ 延伸方向反向命令 ⤢：将曲面延伸的方向反向，其结果类似于将曲面修剪。

2）按距离延伸方式可以选择延伸曲面是相同、切线还是逼近方式，可在【选项】面板中设定，【选项】面板如图 8-46 所示。

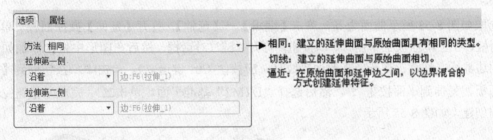

图 8-46

8.5.1 延伸曲面实例

步骤 1 打开文件

打开随书光盘中的"chap08-06.prt"文件。

步骤 2 相同方式曲面延伸

选取如图 8-47 所示曲面边界，单击【编辑】→【延伸】，打开【延伸】操控面板，系统默认延伸方式为"相同"，输入延伸距离"20"，单击单击 ✓（完成）按钮完成延伸曲面的创建，如图 8-48 所示（注意：如果将曲面延伸的方向反向，曲面将被修剪，反向延伸后的曲面如图 8-49 所示）。

图 8-47　　　　　　　图 8-48　　　　　　　图 8-49

步骤3 切线方式曲面延伸

选取如图 8-50 所示曲面边界（提示：扫描曲面有多个边界须一次延伸，但仍须先选一条边界线，待调出命令后才可选其他各条边界线），单击【编辑】→【延伸】，打开【延伸】操控面板，单击【参照】面板，在上滑面板上单击 细节... 按钮，打开"链"对话框，然后在图形中依次添加如图 8-51 所示的边界线（注意：在选择其他边界线时，应按住 Ctrl 键选取）。单击 确定 按钮回到【延伸】操控面板，单击【选项】面板，选择"切线"方式延伸，输入延伸距离"30"，单击 ✓（完成）按钮完成延伸曲面的创建，如图 8-52 所示。

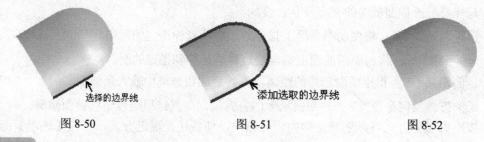

图 8-50　　　　　　　　　图 8-51　　　　　　　　　图 8-52

步骤4 至平面方式曲面延伸

选取如图 8-53 所示曲面边界，单击【编辑】→【延伸】，打开【延伸】操控面板，单击【参照】面板，在上滑面板上单击 细节... 按钮，打开"链"对话框，然后在图形中依次添加如图 8-54 所示的边界线（注意：在选择其他边界线时，应按住 Ctrl 键选取）。单击 确定 按钮回到【延伸】操控面板，延伸到平面按钮 ，然后选择"DTM2"基准平面，单击 ✓（完成）按钮完成延伸曲面的创建，如图 8-55 所示。

图 8-53　　　　　　　　　图 8-54　　　　　　　　　图 8-55

步骤5 保存文件

单击工具栏中的保存文件按钮 ，完成当前文件的保存。

8.6　曲面修剪

曲面修剪是指利用曲面上的曲线、与曲面相交的另一曲面或基准平面对本体曲面进行剪切或分割的操作。本体面组称为修剪的面组，用作修剪的曲线、曲面或基准平面称为修剪对象。

修剪曲面的方法比较多，大致可分为两种主要的方式：一种方式是利用"减料"特征工具对曲面进行材料剪切；另一种方式是利用"修剪"工具沿着曲面上的曲线或与之相交的面组或基准平面对曲面进行裁剪或分割。

先选取需要修剪的曲面特征，再单击 （修剪工具）按钮，或者在菜单栏中选择【编辑】→

【修剪】命令，打开曲面修剪工具操控板，如图 8-56 所示。

图 8-56

修剪操控面板包括两个主要按钮，即【参照】和【选项】按钮，单击按钮，分别出现【参照】面板和【选项】面板。

(1)【参照】面板：如图 8-57 所示，主要用于设置被修剪的曲面和修剪对象的元素（曲线、曲面或基准平面）并显示选取的信息。其中包括两个收集器：即"修剪的面组"和"修剪对象"。

① 修剪的面组：即要被修剪的曲面或面组，一般在执行命令前已经选取。

② 修剪对象：即用作修剪曲面的对象，可以是曲线、曲面或基准平面。单击收集器中的字符，激活收集器，即选取对象。此收集器与主操控面板中的收集器功能相同。

(2)【选项】面板：如图 8-58 所示，用于设置修剪的方式。包括两个复选项，一个"薄修剪方式"下拉列表框和一个"排除曲面"收集器。

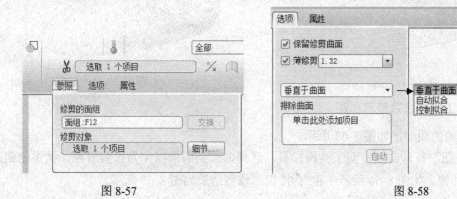

图 8-57　　　　　　　　　　　图 8-58

① 保留修剪曲面：即曲面修剪后，仍然保留作为修剪对象的曲面，此选项只有选曲面为修剪对象时才起作用，且为系统默认选项。

② 薄修剪：将修剪对象沿着指定方向加厚，再对曲面进行修剪。加厚的方式有 3 种，即垂直于曲面、自动拟合和控制拟合，选中"薄修剪"，此下拉列表框才被激活。

● 垂直于曲面：从修剪曲面的法向方向偏移曲面进行修剪操作。
● 自动拟合：系统自动确定拟合方向。
● 控制拟合：用户自行确定偏移方向。

③ 排除曲面：设置禁止薄修剪的曲面。

8.6.1　曲面修剪实例

打开随书光盘中的"chap08-07.prt"文件，曲面如图 8-59 所示。

1. 利用与曲面相交的面组来修剪曲面

1）选择要修剪的曲面，如图 8-60 所示。

 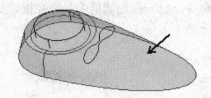

图 8-59　　　　　　　　　　　　　　　图 8-60

2）单击 （修剪工具）按钮，或者在菜单栏中选择【编辑】→【修剪】命令，打开曲面修剪工具操控板。

3）单击 中的字符，选取圆柱曲面，如图 8-61 所示。箭头所示方向为保留曲面的方向，从图可知保留曲面方向朝外圆柱表面外侧。单击【选项】按钮，在【选项】上滑面板中取消选中"保留修剪曲面"和"薄修剪"两个复选框，单击中键，完成曲面修剪，如图 8-62 所示。

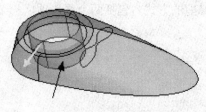 

图 8-61　　　　　　　　　　　　　　　图 8-62

2. 利用曲面上的曲线来修剪曲面

1）选择要修剪的曲面，如图 8-63 所示。

2）单击 按钮，打开曲面修剪工具操控板，选择曲面上的曲线作为修剪对象，使保留曲面方向朝曲线轮廓外侧。如图 8-64 所示单击 按钮，修剪结果如图 8-65 所示。

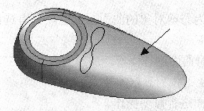 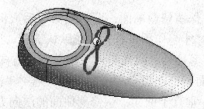

图 8-63　　　　　　　　　　　　　　　图 8-64

3. 利用拉伸减料特征来修剪曲面

1）单击拉伸工具按钮 ，打开拉伸特征操控板，单击拉伸特征操控板上的按钮 （曲面）以指定要创建的模型为曲面，单击 （去除材料）按钮。然后选取上一步骤修剪后的面组。

2）再单击【放置】面板中的【定义】按钮，系统显示"草绘"对话框。

3）选择 TOP 基准面为草绘平面，接受系统默认的视图方向。单击对话框中的【草绘】按钮，系统进入草绘工作环境。绘制如图 8-66 所示的截面（一个椭圆），单击草绘命令工具栏中的 按钮，完成拉伸截面的绘制。

项目八 曲面设计

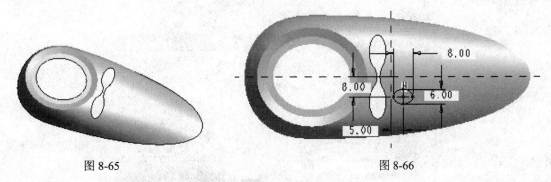

图 8-65   图 8-66

4）在操控板上单击拉伸深度方向按钮 ，使拉伸深度朝向 TOP 基准平面上方，并输入拉伸深度为 20。单击 按钮，创建的拉伸曲面对原始曲面修剪结果如图 8-67 所示。

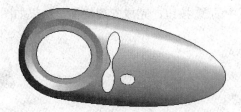

图 8-67

4．利用尺寸阵列特征阵列刚建立的修剪曲面

1）在模型树中（或在模型中），选中刚建立的拉伸减料特征。

2）单击阵列工具按钮 ，打开阵列特征操控板。此时，"尺寸"阵列选项为默认选项。在图形窗口中，要阵列的特征显示出其尺寸，如图 8-68 所示。

3）单击【尺寸】按钮，进入【尺寸】操控板，然后在模型中单击数值为 8 的尺寸，该尺寸作为方向 1 的尺寸变量，输入其增量为-8，按 Enter 键，如图 8-68 所示。

4）在【尺寸】操控板上，单击"方向 2"收集器从而将其激活，然后在模型中单击数值为 5 的尺寸，输入该尺寸增量为 10，按 Enter 键，如图 8-69 所示。

5）在阵列工具操控板中输入方向 1 的阵列成员数为"3"，方向 2 的阵列成员数为"4"，如图 8-70 所示。

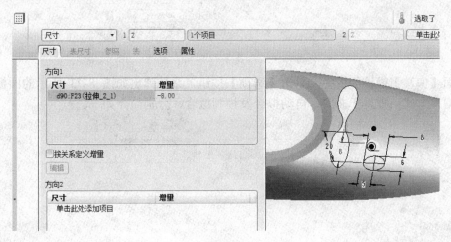

图 8-68

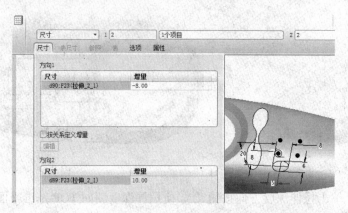

图 8-69

6）单击阵列特征操控板中的 ✓ 按钮，完成阵列特征，结果如图 8-71 所示。

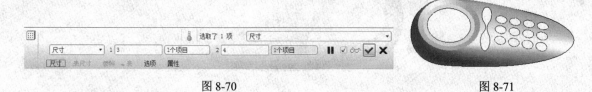

图 8-70　　　　　　　　　　　　　　　　　　图 8-71

5. 保存文件

单击工具栏中的保存文件按钮 ▣，完成当前文件的保存。

8.7　曲面偏移

曲面偏移是通过对现有实体表面或曲面进行偏移来创建一个曲面特征，偏移时可以指定距离、方式和参考曲面。经常用到的曲面偏移有 3 种：标准偏移特征、具有拔模特征的偏移特征和展开特征偏移。单击选择一个曲面后，在菜单栏中点选【编辑】→【偏移】命令，系统显示如图 8-72 所示的曲面【偏移】操控面板。

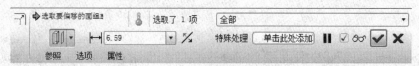

图 8-72

在曲面【偏移】操控面板中。单击【选项】按钮，系统弹出如图 8-73 所示的面板。系统提供了 3 种偏移方式：垂直于曲面、自动拟合及控制拟合，分别简介如下。

图 8-73

- 垂直于曲面：沿参考曲面的法线方向进行偏移，是系统默认的偏移方式。
- 自动拟合：由系统估算出最佳的偏移方向和缩放比例，向曲面的法线方向生成与原曲面外形相仿的结果，但不能保证各方向都为均匀偏移。示例如图 8-74 所示。
- 控制拟合：向用户指定的坐标系及轴向进行偏移。示例如图 8-75 所示。

图 8-74　　　　　　　　　　　图 8-75

8.7.1　曲面偏移实例

步骤 1　打开文件

打开随书光盘中的"chap08-08.prt"文件，曲面如图 8-76 所示。

步骤 2　创建偏移曲面

1）选择模型中存在的曲面。在菜单栏中点选【编辑】→【偏移】命令，系统显示曲面【偏移】操控面板。

图 8-76

2）接受默认的 （标准偏移特征）选项，在偏移工具操控板上输入偏移距离 3，如图 8-77 所示。

3）单击【选项】按钮，打开【选项】操控板，在列表框中选择"垂直于曲面"选项，选中"创建侧曲面"复选框，则创建的曲面带有侧曲面。

4）单击 按钮，完成曲面偏移特征的创建。如图 8-78 所示。

图 8-77　　　　　　　　　　　图 8-78

步骤 3　保存文件

单击工具栏中的保存文件按钮 ，完成当前文件的保存。

8.8　曲面合并

曲面合并命令是将两个相邻或相交的曲面或面组合并成一个面组，是曲面造型中使用频率最高的方法之一。

点选需要合并的两个曲面（选完一个曲面后按住 Ctrl 键再选另一个曲面），如图 8-79 所示。在菜单栏中点选【编辑】→【合并】命令，或在右侧工具栏中单击 （合并工具）按钮，系统显示曲面合并操控面板，如图 8-80 所示。

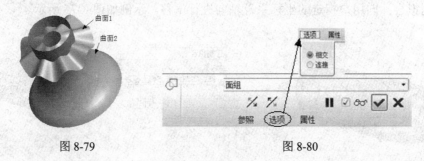

图 8-79　　　　　　　　　　图 8-80

合并工具操控板上主要按钮及选项的功能如下。

- 按钮：改变要保留的第一面组的一侧。
- 按钮：改变要保留的第二面组的一侧。

工作区中两个曲面上显示方向箭头，箭头所指方向为合并后保留的曲面侧，可分别单击图标面板上的按钮 和 按钮进行转换，图 8-81 所示为两个曲面采用不同保留侧的 4 种组合情况。

图 8-81

- "相交"：合并两个相交的曲面（面组），只保留曲面（面组）相交之后定义的部分。此为默认项。
- "连接"：合并两个相邻曲面（面组），其中一个曲面（面组）的一侧边必须在另一曲面（面组）上。

8.8.1　曲面合并操作实例

步骤1　打开文件

打开随书光盘中的"chap08-09.prt"文件，如图 8-82 所示。

步骤2　曲面合并

1）选择如图 8-82 所示的曲面 1，按住 Ctrl 键选择曲面 2。单击 （合并工具）按钮，此时如图 8-83 所示。单击 按钮，合并后的曲面如图 8-84 所示。

2）选择刚创建的合并曲面，按住 Ctrl 键选择如图 8-82 所示的曲面 3。单击 （合并工具）按钮，此时如图 8-85 所示。单击 按钮，合并后的曲面如图 8-86 所示。

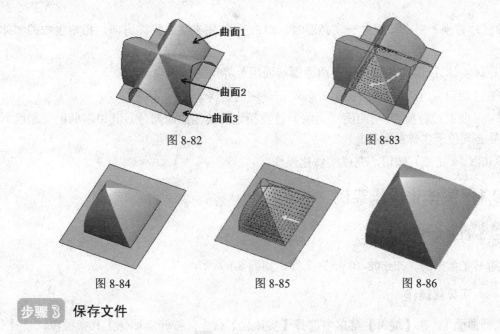

图 8-82　　　　　　　图 8-83

图 8-84　　　　图 8-85　　　　图 8-86

步骤 3 保存文件

单击工具栏中的保存文件按钮，完成当前文件的保存。

8.9 曲面加厚

曲面加厚就是将已有的曲面用加材料的方式将其转换成薄壳实体。通常可以利用【加厚】工具创建复杂形状的薄壳实体。

选择要加厚的曲面之后，在菜单栏中选择【编辑】→【加厚】命令，打开如图 8-87 所示的曲面加厚操控板。

单击【选项】按钮，打开【选项】操控板。可以在该操控板上，选择"垂直于曲面"、"自动拟合"或者"控制拟合"选项来定义曲面加厚的形式。其中，"垂直于曲面"选项为默认项。该命令比较简单，具体操作读者可以自行学习。

图 8-87

8.10 曲面的实体化操作

曲面实体化就是将创建的曲面特征转化为实体特征。在设计中，可以利用【实体化】工具进行添加、移除和替换实体材料。由于创建曲面相对于常规的实体特征具有更大的灵活性，所以【实体化】特征可以设计比较复杂的实体特征。

实体化操作的步骤如下：

1）选取曲面。

2）在【编辑】菜单中选择【实体化】命令，打开如图 8-88 所示的实体化工具操控板。

3）在操控板上选择 □（实体）、⌀（切口）

图 8-88

和 ◻（曲面片替换）三个按钮之一。必要时，单击 ✗ 按钮来更改操作方向，指定生成的实体化特征。

- ◻（实体）：用实体材料填充由曲面（面组）界定的体积块。
- ◿（切口）：移除曲面（面组）内侧或外侧的材料。
- ◻（曲面片替换）：用曲面（面组）替换指定的实体曲面部分，其中，曲面（面组）边界必须位于实体曲面上。

4）单击 ✓（完成）按钮，完成实体化操作。

8.10.1 实体化操作实例

步骤 1　打开文件

打开随书光盘中的"chap08-10.prt"文件，如图 8-89 所示。

步骤 2　实体化操作

1) 选择曲面 1，在【编辑】菜单中选择【实体化】命令，打开实体化工具操控板。
2) 单击操控板上的 ◿（切口）按钮，单击 ✗ 按钮，使生成的实体化减料特征方向如图 8-90 所示。
3) 单击 ✓ 按钮，完成的实体化效果如图 8-91 所示。
4) 选择曲面 2。在【编辑】菜单中选择【实体化】命令，打开实体化工具操控板。
5) 系统自动选中 ◻（伸出项实体），单击 ✓ 按钮，完成操作，如图 8-92 所示。

步骤 3　建立倒圆角特征

1) 单击 ◝（倒圆角工具）按钮，打开倒圆角工具操控板。在操控板上输入当前倒圆角集的圆角半径为 8。按住 Ctrl 键的同时，选择如图 8-93 所示的 2 条边线。
2) 单击 ✓（完成）按钮，倒圆角效果如图 8-94 所示。

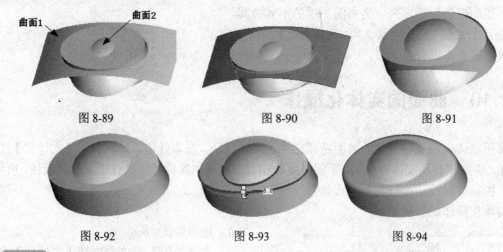

图 8-89　　　　　　图 8-90　　　　　　图 8-91

图 8-92　　　　　　图 8-93　　　　　　图 8-94

步骤 4　建立壳特征

1) 单击 ◻（壳工具）按钮；打开壳工具操控板。在操控板上输入厚度值为"2.5"。

2）使用鼠标中键翻转模型，选择如图 8-95 所示要移除的曲面。

3）单击 ✓（完成）按钮，创建的壳特征如图 8-96 所示。

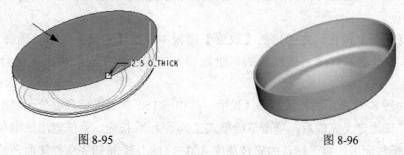

图 8-95　　　　　　　　　　图 8-96

步骤 5　保存文件

单击工具栏中的保存文件按钮 🖫，完成当前文件的保存。

实训 12　瓶盖模型的创建

创建如图 8-97 所示的零件，练习基本曲面特征的建立及编辑。模型创建的思路如图 8-98 所示。

图 8-97

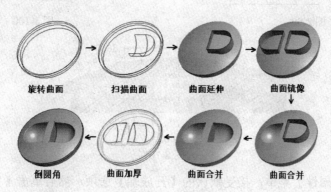

图 8-98

步骤 1　建立新文件

新建一个名为 "chap08-11" 的零件文件，采用 mmns_part_solid 模板。

步骤 2 创建旋转曲面

1）在工具栏上单击旋转工具按钮 ⟡ ，系统显示【旋转】特征操控面板。单击 ◻ 按钮，以明确创建曲面特征。

2）单击【放置】按钮，在弹出的【放置】面板中单击【定义】按钮。选择"FRONT"基准平面作为草绘平面，接受系统默认的草绘视图方向和参考平面，单击【草绘】按钮进入草绘模式。

3）绘制如图 8-99 所示的特征截面（说明：其中 R150 的圆弧的圆心位于"RIGHT"基准平面投影线上）。截面定义完成后，单击草绘模式工具条上 ✔ 按钮。系统退出二维草绘环境，返回旋转特征创建操控面板，接受默认的旋转角度 360°，单击 ✔ 按钮完成旋转曲面特征的创建，如图 8-100 所示。

步骤 3 创建扫描曲面特征

1）在菜单栏中选择【插入】→【扫描】→【曲面】命令。系统显示"曲面：扫描"对话框及【扫描轨迹】菜单。单击【草绘轨迹】选项，系统显示【设置草绘平面】菜单，单击点选"FRONT"基准平面作为草绘面，在【方向】菜单管理器中选择【确定】命令，接受默认的草绘视图方向；在【草绘视图】菜单管理器中选择【缺省】命令，系统进入草绘模式。

2）草绘如图 8-101 所示的截面作为扫描曲面的轨迹线。草绘完成后，单击草绘模式工具条上 ✔ 按钮。

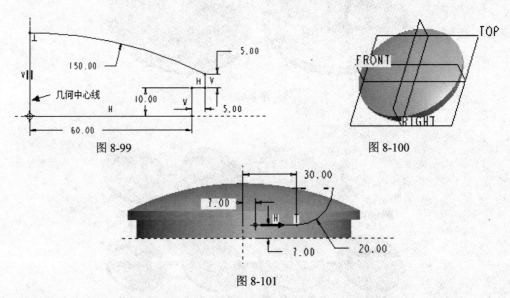

图 8-99

图 8-100

图 8-101

3）系统显示【属性】菜单，接受默认的【开放端】选项，然后单击【完成】项。系统再次进入草绘模式，草绘如图 8-102 所示的截面作为扫描曲面的截面。单击草绘模式工具条上 ✔ 按钮，退出草绘模式。

4）单击"曲面：扫描"对话框中的【确定】按钮，完成扫描曲面特征的创建，如图 8-103 所示。

项目八 曲面设计

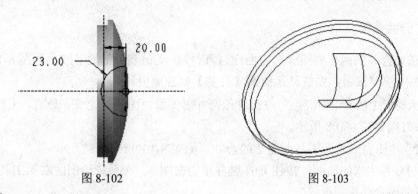

图 8-102　　　　　　　　　　　　　图 8-103

步骤 4　延伸扫描曲面

1）选择上一步骤创建扫描曲面的其中一条边界线，如图 8-104 所示。在菜单栏中选择【编辑】→【延伸】命令，系统显示【曲面延伸】操控面板。

2）单击图标板上的【参照】按钮，弹出【参照】面板。按住 Shift 键，点选扫描曲面的其他边界线。单击操控面板上的 按钮以定义延伸类型为"延伸至平面"。

3）单击图标板上的 按钮暂停曲面延伸，先创建一个临时基准平面。单击基准工具栏上的 按钮，系统显示"基准平面"对话框，单击"TOP"基准平面，并在"平移"文本框中输入"40"。单击【确定】按钮完成偏移平面的创建。

4）选择上一步创建的偏移基准平面 DTM1 作为延伸到的平面，单击 按钮完成扫描曲面的延伸，如图 8-105 所示。

图 8-104　　　　　　　　　　　　　图 8-105

步骤 5　创建镜像曲面

1）在模型树中点选扫描曲面和延伸曲面特征，如图 8-106 所示。

2）在菜单栏中选择【编辑】→【镜像】命令（或单击 按钮），系统显示曲面镜像操控面板。点选"RIGHT"基准平面作为镜像参考面。

3）单击 按钮完成扫描曲面及其延伸曲面的镜像，如图 8-107 所示。

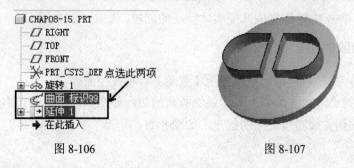

图 8-106　　　　　　　　　　　　　图 8-107

步骤6 合并曲面

1) 点选需要合并的两个曲面（选完曲面 1 后按住 Ctrl 键再选曲面2，如图 8-108 所示，单击右侧工具栏中的 按钮，系统显示曲面【合并】操作面板。

2) 单击操控板上的 按钮和 按钮进行合并后保留曲面侧的定义，最后，工作区中两个曲面上显示箭头方向如图 8-108 所示。

3) 单击 按钮完成曲面1与曲面2的合并，如图 8-109 所示。

4) 选择刚合并生成的曲面，按住 Ctrl 键并单击曲面 3，在系统绘图区右侧工具条单击 按钮，系统显示曲面合并操控板。

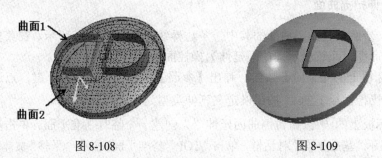

图 8-108　　　　　　　　图 8-109

5) 单击图标板上的 按钮和 按钮进行合并后保留曲面侧的定义，最后工作区中两个曲面上显示箭头方向如图 8-110 所示。

6) 单击 按钮完成前合并曲面与曲面 3 的合并，如图 8-111 所示。

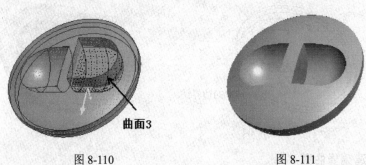

图 8-110　　　　　　　　图 8-111

步骤7 创建薄壁实体特征

1) 选取上一步骤创建的合并曲面。在菜单栏中选择【编辑】→【加厚】命令，系统显示曲面【加厚】操控面板。

2) 在操控面板的文本输入框中输入加厚的厚度值为"1.5"，并接受默认加厚方向，即薄壁造型向曲面内延伸。单击 按钮完成薄壁实体特征的创建，如图 8-112 所示。

步骤8 创建圆角特征

1) 在工具栏中单击 按钮，系统显示【圆角】特征操控面板。

2) 按住 Ctrl 键点选如图 8-113 所示要倒圆角的边，并在操控面板的文本框中输入圆角半径值"1"。单击 按钮完成圆角特征的创建，如图 8-114 所示。

图 8-112　　　　　　　　图 8-113　　　　　　　　图 8-114

步骤 9 保存文件

单击工具栏中的保存文件按钮，完成当前文件的保存。

实训 13　扇叶模型的创建

建立如图 8-115 所示扇叶模型。

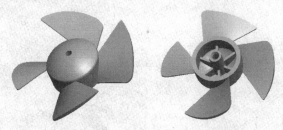

图 8-115

步骤 1 建立新文件

新建一个名为"chap08-12"的零件文件，采用 mmns_part_solid 模板。

步骤 2 创建旋转特征

1）在特征工具栏上单击 按钮，打开旋转工具操控板。单击【放置】按钮，进入【放置】操控板，单击【定义】按钮，打开"草绘"对话框。

2）选择 FRONT 基准面作为草绘平面，RIGHT 基准面作为参照面，单击对话框中的【草绘】按钮，系统进入草绘工作环境。

3）绘制如图 8-116 所示的一条几何中心线和截面。单击草绘命令工具栏中的 按钮，回到旋转特征操控板。接受默认的旋转角度为 360°。在旋转工具操控板上单击 按钮，完成的旋转特征结果如图 8-117 所示。

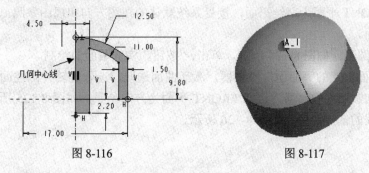

图 8-116　　　　　　　　　　　　　图 8-117

步骤 3 创建孔特征

1）单击工具栏中的 按钮，打开孔特征操控板，单击 （使用标准孔轮廓作为钻孔轮廓）按钮，接着单击 （添加埋头孔）按钮，输入孔的直径为 2，并选择 （钻孔至所有曲面相交）选项，此时孔工具操控板如图 8-118 所示。

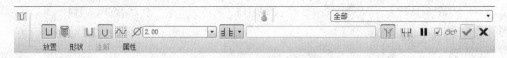

图 8-118

2）进入【放置】面板中，选择凸台的上表面作为孔的放置平面，并按住 Ctrl 键选择特征轴 A_1，系统这时默认放置类型为"同轴"标注方式，以使建立的孔与圆柱同轴。单击"形状"操控板，设置如图 8-119 所示的尺寸参数及选项。

3）单击 按钮，完成孔特征的建立，如图 8-120 所示。

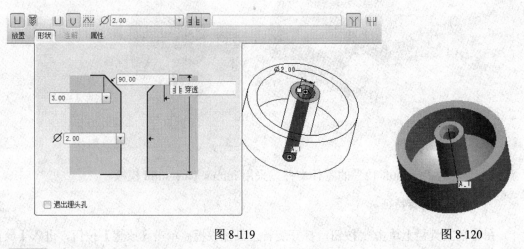

图 8-119   图 8-120

步骤 4 创建第一条投影曲线

1）单击菜单【编辑】→【投影】命令，打开投影特征面板。

2）单击【参照】按钮，系统弹出【参照】面板，如图 8-121 所示。单击【参照】面板中 投影链 右边的三角按钮，系统弹出下拉列表，如图 8-122 所示。选取"投影草绘"选项，【参照】面板显示如图 8-123 所示。单击"草绘"收集器右边的 定义... 按钮，在"草绘"对话框中选择 FRONT 平面为草绘平面，接受系统默认的视图方向和视图参照，单击【确定】按钮，进入草绘界面。

3）绘制一个圆弧，如图 8-124 所示。单击 按钮，完成截面的绘制。

4）单击操控面板上的"曲面"收集器，激活曲面选取，选取旋转外圆柱面前端面作为投影曲面，单击"方向参照"收集器，选取 FRONT 平面为方向参照，如图 8-125 所示。单击鼠标中键，完成投影曲线的创建，结果如图 8-126 所示。

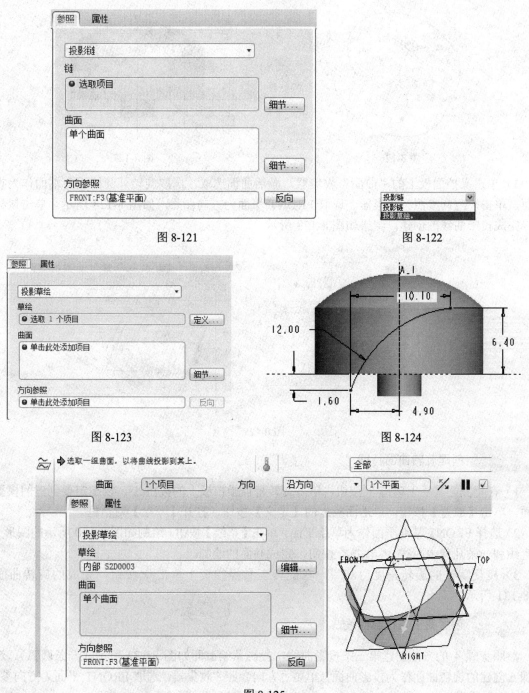

图 8-121   图 8-122

图 8-123   图 8-124

图 8-125

步骤 5 创建第二条投影曲线

1）单击菜单【编辑】→【投影】命令，打开投影特征面板。

2）单击【参照】按钮，系统弹出【参照】面板。单击【参照】面板中 投影链 右边的三角按钮，选取"投影草绘"选项。单击"草绘"收集器右边的 定义… 按钮，打开"草绘"对话框。单击"草绘"对话框中的 使用先前的 按钮，单击【确定】按钮，进入草绘界面。绘制一个圆弧，如图8-127所示。单击 ✓ 按钮，完成截面的绘制。

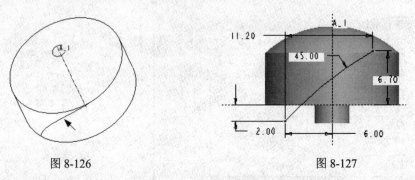

图 8-126　　　　　　　　　　　图 8-127

3）单击操控面板上的"曲面"收集器，激活曲面选取，选取旋转外圆柱面前端面作为投影曲面，单击"方向参照"收集器，选取 FRONT 平面为方向参照，如图 8-128 所示。单击鼠标中键，完成投影曲线的创建，结果如图 8-129 所示。

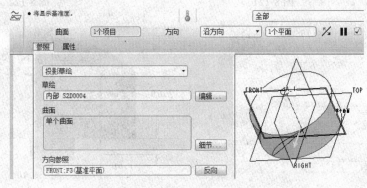

图 8-128

步骤 6　创建旋转曲面特征

1）在特征工具栏上单击 按钮，单击旋转特征操控板上的按钮 ，以指定要创建的模型为曲面。单击【放置】按钮，单击面板上的【定义】按钮，打开【草绘】对话框。

2）选择 FRONT 基准平面作为草绘平面，单击【草绘】按钮。绘制如图 8-130 所示的图形（一条直线和一条几何中心线）。单击 按钮，完成截面的绘制。

3）接受默认的旋转角度 180°。在旋转工具操控板上单击 按钮，完成的旋转曲面如图 8-131 所示。

步骤 7　创建第三条投影曲线

参照步骤 4 的方法创建第三条投影曲线，投影草绘截面如图 8-132 所示（一条圆弧）。选取步骤 6 创建的旋转曲面作为投影曲面，单击"方向参照"收集器，选取 FRONT 平面为方向参照，如图 8-133 所示。单击鼠标中键，完成投影曲线的创建，结果如图 8-134 所示。

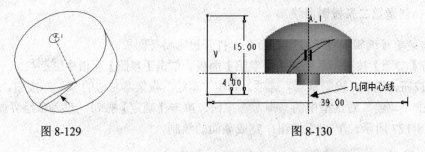

图 8-129　　　　　　　　　　　图 8-130

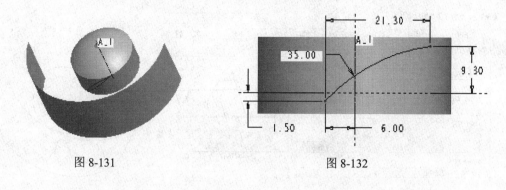

图 8-131　　　　　　　　　图 8-132

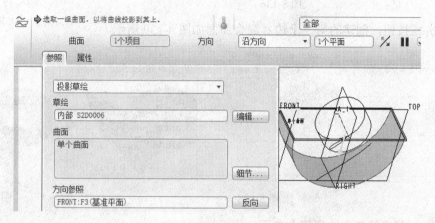

图 8-133

步骤 8　**创建第四条投影曲线**

参照步骤 4 的方法创建第四条投影曲线，投影草绘截面如图 8-135 所示（一条圆弧）。选取步骤 6 创建的旋转曲面作为投影曲面，单击"方向参照"收集器，选取 FRONT 平面为方向参照，如图 8-136 所示。单击鼠标中键，完成投影曲线的创建，结果如图 8-137 所示。然后隐藏步骤 6 创建的旋转曲面。

步骤 9　**创建第一个边界混合曲面**

1）单击工具栏中的 按钮，打开边界混合工具操控板。单击【曲线】按钮，系统弹出如图 8-138 所示面板，点选作为第一个方向的边界曲线 1（步骤 4 所创建的投影曲线），并按住 Ctrl 键的同时选择曲线 2（步骤 7 所创建的投影曲线），如图 8-138 所示。

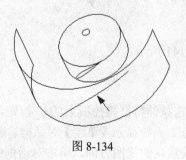　　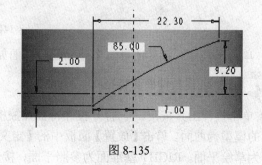

图 8-134　　　　　　　　　图 8-135

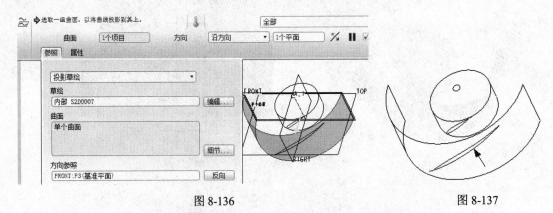

图 8-136　　　　　　　　　　　　　　　图 8-137

2）单击 ✓ 按钮，创建的第一个边界混合曲面如图 8-139 所示。

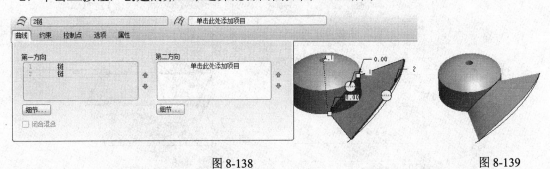

图 8-138　　　　　　　　　　　　　　　图 8-139

步骤 10　创建第二个边界混合曲面

1）单击工具栏中的 按钮，打开边界混合工具操控板。单击【曲线】按钮，系统弹出如图 8-140 所示面板，点选作为第一个方向的边界曲线 1（步骤 5 所创建的投影曲线），并在按住 Ctrl 键的同时选择曲线 2（步骤 8 所创建的投影曲线），如图 8-140 所示。

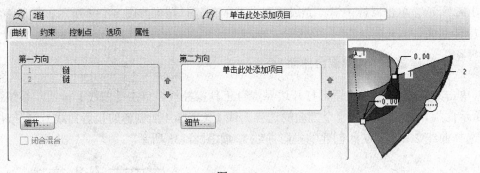

图 8-140

2）单击 ✓ 按钮，创建的第二个边界混合曲面如图 8-141 所示。

步骤 11　创建拉伸曲面特征

1）单击拉伸工具按钮 ，打开拉伸特征操控板，单击拉伸特征操控板上的 按钮，以指定要创建的模型为曲面。单击【放置】面板中的【定义】按钮，系统显示【草绘】对话框。选择 TOP 基准面为草绘平面，RIGHT 基准面为参照平面，接受系统默认的视图方向。单击对话框中的【草绘】按钮，系统进入草绘工作环境。

2）绘制如图 8-142 所示截面，单击草绘命令工具栏中的 ✓ 按钮，完成拉伸截面的绘制。
3）在操控板上输入拉伸深度为 10。单击 ✓（完成）按钮，创建的拉伸曲面如图 8-143 所示。

步骤 12 曲面合并

1）选择步骤 9 创建的边界混合曲面，按住 Ctrl 键选择步骤 11 创建的拉伸曲面，单击 ⌘（合并工具）按钮。在操控板上单击 ⁄（改变要保留的第一面组的侧）按钮，此时如图 8-144 所示。单击 ✓ 按钮，合并后的曲面如图 8-145 所示。

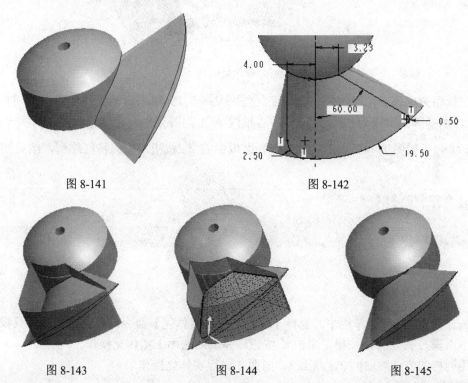

图 8-141　　　　　　　　图 8-142

图 8-143　　　　图 8-144　　　　图 8-145

2）选择刚创建的合并曲面，按住 Ctrl 键选择步骤 10 创建的边界混合曲面。单击 ⌘ 按钮。在操控板上单击 ⁄（改变要保留的第一面组的侧）按钮，此时如图 8-146 所示。单击 ✓ 按钮，合并后的曲面如图 8-147 所示。

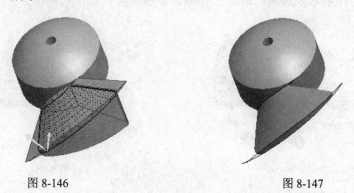

图 8-146　　　　　　　　图 8-147

步骤 13 复制及阵列曲面

1）在绘图区选取上一步骤合并后的曲面，然后选择【编辑】→【复制】命令，再选择【编辑】→【选择性粘贴】命令,在弹出的【选择性粘贴】操控面板中,单击(旋转)按钮,然后选择特征轴 A_1 为旋转轴,输入旋转角度为 90,并在【选项】操控板上取消"隐藏原始几何",如图 8-148 所示。单击☑按钮,完成曲面旋转复制。

图 8-148

2)在模型树中选择刚复制的曲面特征 已移动副本 1。单击阵列工具按钮 ,打开阵列特征操控板,选择阵列类型为"轴",选择中心轴线 A_1 为阵列轴。设定方向 1 的阵列个数为 3,角度间隔为 90,如图 8-149 所示。单击阵列面板中的☑按钮,完成特征阵列,结果如图 8-150 所示。

图 8-149

步骤 14 实体化操作

1)选择曲面 1,在菜单栏中,选择【编辑】→【实体化】命令,打开实体化工具操控板。
2)单击操控板上的 按钮,单击☑按钮,完成的曲面 1 实体化操作。
3)用同样的方法对曲面 2、曲面 3、曲面 4 进行实体化操作。

步骤 15 建立倒圆角特征

单击倒圆角工具按钮 ,打开倒圆角操控板。在操控板上输入当前倒圆角集的圆角半径为 0.8。选择如图 8-151 所示的边线。单击☑按钮,完成倒圆角特征的操作。

图 8-150   图 8-151

步骤 16 建立加强筋

1)单击筋工具按钮 ,打开筋工具操控板。单击【参照】按钮,进入【参照】操控板,单击【定义】按钮,打开"草绘"对话框。

项目八 曲面设计

2）选择 FRONT 基准平面作为草绘平面，RIGHT 基准面为参照平面，接受系统默认的视图方向，单击【草绘】按钮。绘制如图 8-152 所示的一条直线段。

3）单击草绘工具栏中的 ✓ 按钮，完成草图绘制返回特征操控板，输入筋的厚度为"0.8"，单击 ✓ 按钮，完成筋特征的建立，结果如图 8-153 所示。

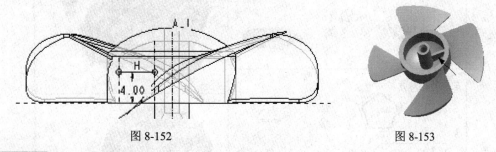

图 8-152　　　　　　　　　　　图 8-153

步骤 17 阵列筋特征

在模型树中选择刚创建的筋特征 ⊞ 筋 1。单击阵列工具按钮 ▦，打开阵列特征操控板，选择阵列类型为"轴"，选择中心轴线 A_1 为阵列轴。设定方向 1 的阵列个数为 6，角度间隔为 60，如图 8-154 所示。单击阵列面板中的 ✓ 按钮，完成特征阵列，结果如图 8-115 所示。

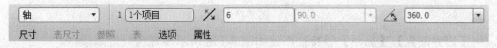

图 8-154

步骤 18 保存文件

单击工具栏中的保存文件按钮 ▭，完成当前文件的保存。

拓展练习

一、思考题：

1. 曲面造型与实体造型相比较有哪些不同，优势在哪里？
2. 简述填充曲面的创建方法及其步骤，请举例说明。
3. 简述在创建边界混合曲面时，需要注意哪些问题，比如满足什么条件的曲线才能够作为曲面的边界。举一个简单的例子来说明如何创建双向的边界混合曲面。
4. 简述如何复制实体曲面。
5. 绘制一个直径为 100mm 的球面，然后将其向外偏移 30mm 创建一个新的曲面。
6. 简述实体化操作的基本方法及思路。

二、上机练习题：

1. 创建如图 8-155 所示足球模型。

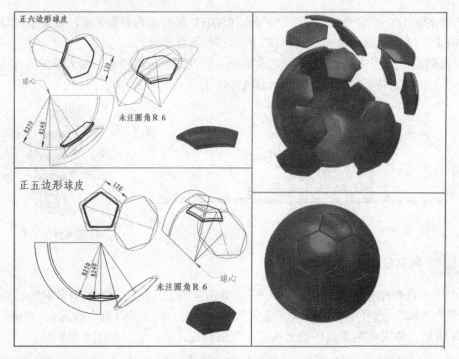

图 8-155

2．用【边界混合】、【加厚】等特征创建如图 8-156 所示零件台灯灯罩模型。

模型创建的步骤如下：

1）单击右侧工具箱中的 ～（基准曲线）按钮，在弹出的【曲线选项】菜单中选择【从方程】命令创建方程式曲线，选取坐标类型为【笛卡尔】，建立的方程式如图 8-157 所示，创建的基准曲线效果如图 8-158 所示。

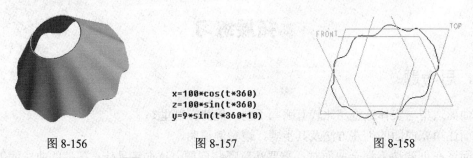

图 8-156　　　　　　　图 8-157　　　　　　　图 8-158

2）单击右侧工具箱中的 □（基准平面）按钮，以基准平面 TOP 为偏移参照，偏移距离为 90，建立一个新的基准平面 DTM1，效果如图 8-159 所示。

3）单击右侧工具箱中的 ※（草绘工具）按钮，以 DTM1 基准平面为草绘平面，绘制如图 8-160 所示的曲线（一个圆），创建后的效果如图 8-161 所示。

4）单击 ♂（边界混合工具）按钮，分别选择如图 8-161 所示的曲线 1，按住 Ctrl 键的同时选择曲线 2，创建边界混合曲面，结果如图 8-162 所示。

5）选取刚创建的边界混合曲面，选择【编辑】→【加厚】命令，打开曲面加厚工具操控板，在操控板的尺寸框中输入加厚的厚度值为 2。完成曲面加厚操作，最终效果如图 8-163 所示。

项目八 曲面设计

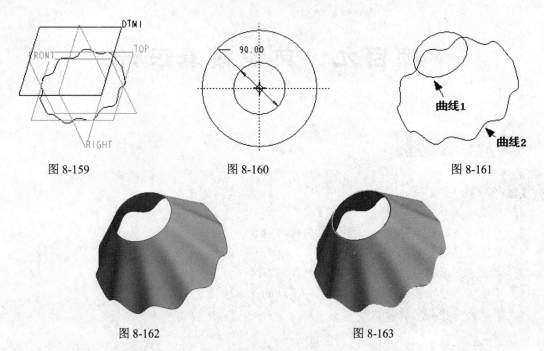

图 8-159　　　　　　　图 8-160　　　　　　　图 8-161

图 8-162　　　　　　　　　　　　图 8-163

3. 打开附盘文件"\chap08\chap08-13.prt",用【边界混合】、【复制】、【合并】、【实体化】特征将如图 8-164 所示的基准曲线创建成如图 8-165 所示的实体模型。

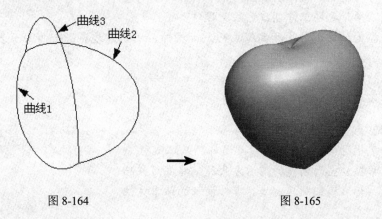

图 8-164　　　　　　　　　　　　图 8-165

项目九　典型模具设计

【教学目标】
1. 会进入模具创建环境
2. 了解模具模块工作界面，掌握常用操作命令
3. 掌握模具设计的基本流程
4. 掌握分型面创建的常用方法及使用技巧
5. 掌握模具标准模架及其他模具零件设计的基本方法
6. 掌握典型模具的设计技巧

【知　识　点】
1. 熟练掌握模具设计各基本环节的操作要领
2. 模具参考模型的加载方法及应用
3. 设置收缩率、毛坯工件创建方法及操作
4. 创建分型面的常用方法和高级技巧，如拉伸、填充、边界混合曲面及复制曲面、阴影曲面或裙边曲面等
5. 分型面的编辑方法
6. 标准模架的创建

【重点与难点】
1. 理解并掌握运用 Pro/E 进行模具设计的基本流程
2. 学习并掌握分型面创建的常用方法及一些高级技巧
3. 掌握模具标准模架及其他模具零件设计的基本方法

【学习方法建议】
1. 课堂：在理解模具设计的基本方法及步骤的前提下，重点学习掌握运用曲面设计方法进行分型面的创建方法
2. 课外：在及时复习巩固曲面设计及模具设计基本方法的基础上，练习运用适当的曲面设计方法创建分型面

【建　议　学　时】
12 学时

9.1　模具设计流程

Pro/ENGINEER 的【制造】→【模具型腔】模块提供了模具设计常用的功能，如设置产品收

缩率、创建毛坯工件、设计分型面、分割模具体积块、设计浇注系统、铸模、开模,以及模型分析等。模架可以采用另一个外挂模块 EMX 来建立,或直接在组件中创建实体特征来产生。用 Pro/ENGINEER 进行模具设计的流程如图 9-1 所示。

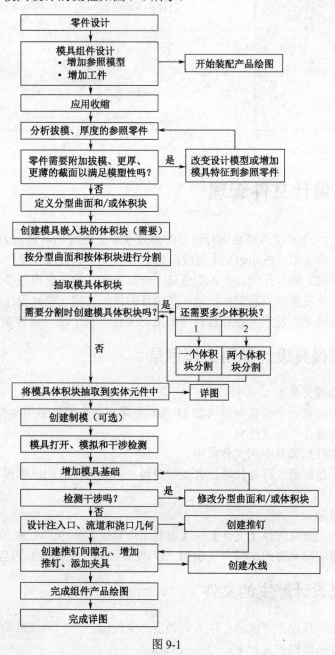

图 9-1

进入【制造】→【模具型腔】模块的具体操作步骤如下。

1)启动 Pro/ENGINEER,选择【文件】→【新建】命令。

2)在弹出的如图 9-2 所示的"新建"对话框中选中【制造】和【模具型腔】单选按钮,并取消选择【使用缺省模板】复选框,单击【确定】按钮。

3)在打开的"新文件选项"对话框中,选择 mmns_mfg_mold 模块,然后单击【确定】按钮,即可进入模具设计界面,如图 9-3 所示。

图 9-2

图 9-3

9.2 模具设计文件管理

在利用 Pro/ENGINEER 模具模块进行设计时要养成一个良好的习惯，即将产品的模具设计当成是一个项目或是一个工程（Project）来完成，为了科学管理模具设计文件，首先要为这个项目建立一个专用的文件夹，将与此项目有关的资料（一般为产品的三维模型零件文件）复制到该文件夹下，并将该文件夹设置为当前工作目录，在项目的执行过程（模具设汁过程）中产生的文件也会一并存入该文件夹下，使整个设计过程中产生的文件一目了然，具体操作流程如下。

9.2.1 创建模具设计专用工作目录

（1）建立模具专用文件夹

在用户计算机的任意一个硬盘分区（如 D 盘）中建立一个模具专用文件夹。例如在 D 盘上建立一个名为"模具设计"的文件夹。

（2）复制相关文件到模具专用文件夹中

模具专用文件夹建好后，将与此项目有关的资料（一般为产品的三维模型零件文件）复制到该文件夹下。

（3）设置工作目录

启动 Pro/ENGINEER，选择【文件】→【设置工作目录】命令，在弹出的"选取工作目录"对话框中选择刚创建的模具专用文件夹（例如"D:\模具设计"文件夹）为当前工作目录。

9.2.2 模具设计产生的文件

Pro/ENGINEER 模具设计完成后产生下列类型的文件（其中"*"为文件的命名，如 plastic.mfg、plastic.asm），各文件后缀的含义如下。

*.mfg：模具型腔文件。

*.asm：所有模具零件的装配文件。

*_ref.prt.：参考模型文件。

*_wrk.prt：毛坯工件文件。

*_vol_1.prt：前模零件文件。

*_vol_2.prt：后模零件文件。

*_molding.prt：铸模零件文件。

*.prt：原始三维模型零件文件。

*.prt：其他设计的模架零件文件。

在进行模具设计时，各组件的文件名可以由用户自行决定，而文件后缀（代表某一类型的文件）则由系统自行给出，如".mfg"文件代表模具制造文件、".asm"文件代表装配文件、".prt"文件代表零件文件。在打开相应的文件时，Pro/ENGINEER 系统将调用相应的软件模块来打开该文件。

9.2.3 模具中各组件的命名方法

用户在利用 Pro/ENGINEER 模具模块进行设计时，模具中各组件的命名也非常重要，特别是目前标准模架在模具行业的广泛应用和与国外先进模具技术交流日益频繁，使得模具组件的命名必须遵守一定的规则。目前较常采用的方法是模具的板类零件按模具标准化命名，其他辅助零件按习惯的中文拼音命名，常用元件的命名含义如下（其中"*"为文件的命名，如 plastic-A.PRT、plastic-B.PRT 等）。

*-A.PRT：A 板（定模板）

*-B.PRT：B 板（动模板）

*-T.PRT：T 板（定模固定板）

*-S.PRT：S 板（推件板）

*-U.PRT：U 板（动模垫板）

*-C.PRT：C 板（垫板）

*-L.PRT：L 板（动模固定板）

*-E.PRT：E 板（顶杆固定板）

*-F.PRT：F 板（顶板）

*-JIAOKOUTAO.PRT：浇口套

*-DINGWEIQUAN.PRT：定位圈

*-DINGGAN.PRT：顶杆

*-DAOTAO.PRT：导套

*-DAOZHU.PRT：导柱

在 Pro/ENGINEER 中进行模具型芯设计时应首先读入设计完成的零件，将事先设计好的坯料装配进来，或直接创建坯料实体，接着设置成品件的收缩率，然后创建模具分型面，利用分型面将坯料实体拆为数个模具体积块，最后将模具体积块转换成模具元件。在整个设计过程中最主要的是分型面的创建，当分型面创建成功后，模具模元件的创建就变得简单了。下面通过几个实训项目分别介绍几种常见分型面的创建及不同模具成型零件的设计过程。

实训 14 轮架模具设计

下面以图 9-4 所示轮架模型为例，介绍拉伸曲面创建分型面的设计和型芯元件的创建。

图 9-4

步骤 1 文件准备

1）将配书光盘"chap09"文件夹复制至计算机"D:\模具设计"文件夹中,将工作目录设置到"D:\模具设计\ chap09\001"文件夹。

2）新建文件：选择【文件】→【新建】命令,在弹出的"新建"对话框中选中【制造】和【模具型腔】单选按钮,在【名称】文本框内输入"lunjia",并取消选中"使用缺省模板"复选框,单击【确定】按钮。

3）在打开的"新文件选项"对话框中,选择 mmns_mfg_mold 模块,然后单击【确定】按钮,即可进入模具设计界面。

步骤 2 采用定位参照方式加载模具参考模型

加载参考模型的方法有两种：一种是使用【模具模型】→【装配】→【参照模型】命令,如图 9-5 所示；另一种是使用【模具模型】→【定位参照零件】命令,如图 9-6 所示。可将设计好的产品三维模型调入模具设计模块中。一般情况下,进行一模一件模具设计常采用【参照模型】命令加载参照模型,也可以采用【定位参照零件】命令加载参照模型；而进行一模多件模具设计则多采用【定位参照零件】命令加载参照模型。

由于本产品是大批量生产,本例采用一模四件布局,使用【定位参照零件】命令加载参照模型。

1）选择如图 9-6 所示菜单管理器中的【模具模型】→【定位参照零件】命令,或单击右侧工具栏中的【模具型腔布局】按钮 。

2）系统将同时弹出"布局"对话框和"打开"对话框,在【打开】对话框中选择文件"lunjia.prt",单击【打开】按钮。在弹出的"创建参照模型"对话框中,接受如图 9-7 所示的参照模型名称"LUNJIA_REF",单击【确定】按钮。

图 9-5

图 9-6

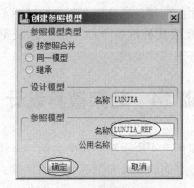
图 9-7

3）在如图 9-8 所示的"布局"对话框中单击【参考模型起点与定向】左下方的按钮，参考零件显示在另一个对话框，选择如图 9-9 所示菜单管理器中的【动态】命令。

4）系统弹出"参照模型方向"对话框（该对话框用以设置参考零件的方位），由于坯料的 Z 轴朝上，而参考零件的 Z 轴朝前，如图 9-10 所示，因此在如图 9-11 所示的"参照模型方向"对话框中的"坐标系移动/定向"选项中选"旋转",【轴】选项中选择【Y】,【值】文本框中输入"-90"，将参考零件的坐标系绕 Y 轴旋转 90°产生一个新的坐标系 REF_ORIGIN，使坯料及参考零件的两个坐标系重合，单击对话框中的【确定】按钮（注：参考模型坐标系旋转方向的确定用左手定则，即用左手大拇指表示旋转轴方向，用四个手指指向表示旋转方向）。

  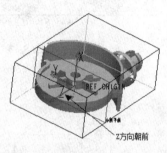

图 9-8　　　　　图 9-9　　　　　图 9-10

5）在如图 9-12 所示的"布局"对话框中选取【布局】选项组下方的【矩形】，在【方向】选项组下方选中【Y 对称】，使参考零件关于 Y 轴对称，成矩形分布。矩形参数设置为：X 方向型腔数为"2"，增量为"80"；Y 方向型腔数为"2"，增量为"60"，单击对话框中的【预览】按钮，在设计区出现的参考模型布局如图 9-13 所示。

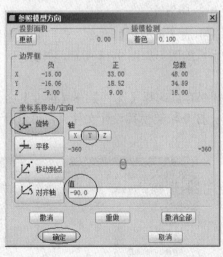 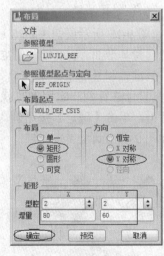

图 9-11　　　　　　　　　　图 9-12

6）预览无误后，在"布局"对话框中单击【确定】按钮，然后选择型腔布置菜单管理器中的【完成/返回】命令，退出型腔的布置功能，如图 9-14 所示。

7）为了使设计区的画面更简洁些，需要将参考模型自身的基准面和基准轴、基准坐标系隐藏，选择如图 9-15 所示模型树中下拉列表中的【层树】命令，在组件列表框中选择如图 9-16 所示参考模型"LUNJIA_REF.PRT"，使层树列表框中显示其图层情况，按住 Ctrl 键，选择如图 9-17 所示所有基准面、所有基准轴和所有基准坐标系图层，并单击鼠标右键，在弹出的快捷菜单中选择【隐藏】命令，隐藏参考模型基准面、基准轴和基准坐标系。再选择快捷菜单中的【保存状态】命令，将层设置保存。

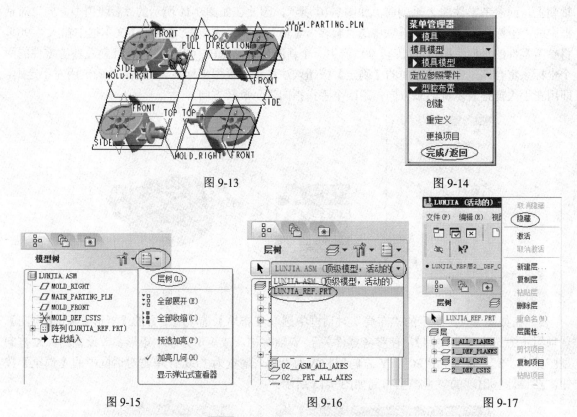

图 9-13　　　　　　　　　　　　　　　图 9-14

图 9-15　　　　　　图 9-16　　　　　　图 9-17

8）选择如图 9-15 所示层树中 下拉列表中的【模型树】命令，返回到模型树列表状态。隐藏参考模型自身基准面、基准轴和基准坐标系后的图形如图 9-18 所示，在设计区只剩下模具模块的基准面、基准轴和基准坐标系。

9）在模具设计进行到一定程度时就要进行保存。选择【文件】→【保存】命令，系统弹出保存文件对话框，单击【确定】按钮确认保存。打开轮架模具设计文件夹，可以看到系统新增了两个文件，如图 9-19 所示。

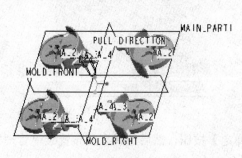

图 9-18

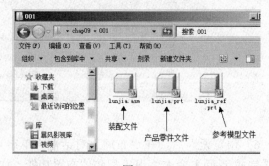

图 9-19

 设置收缩率

塑料制件从热模具中取出并冷却至室温后，其尺寸会缩小，为了补偿这种变化，要在参照模

项目九　典型模具设计　·245·

型上增加一个收缩量，收缩量=收缩率×尺寸。收缩率要根据塑件采用的塑料材料来定，常用塑料材料 ABS 的收缩率为 0.004～0.007，其他塑料材料的收缩率可以查看相关的材料手册。本例中采用的收缩率为 0.005。

1）选择【模具】菜单管理器中的【模具】→【收缩】命令，系统将提示用户选择对象，在图形中任选一个参照模型，接着再选择【按尺寸】命令，如图 9-20 所示。在弹出的对话框中设置尺寸收缩比率，如图 9-21 所示，设置所有尺寸收缩率为"0.005"，单击 ✔ 按钮。

2）选择【模具】菜单管理器中的【完成/返回】命令，退出收缩率功能设置。

步骤 4　采用手动方式设计毛坯工件

毛坯工件是一个能够完全包容参照模型的组件，通过分型面等特征可以将其分割成型芯或型腔等成型零件。毛坯工件的建立方法有两种：手动和自动。本例采用手动方法创建毛坯，自动创建毛坯方法在后面的实例中介绍。

1）选择如图 9-22 所示菜单管理器中的【模具模型】→【创建】→【工件】→【手动】命令，手动创建工件。

2）系统弹出如图 9-23 所示的"元件创建"对话框，在【名称】文本框中输入毛坯工件名称"LUNJIA_WRK"，单击【确定】按钮。系统弹出如图 9-24 所示的"创建选项"对话框，选中【创建特征】，单击【确定】按钮。

图 9-20

图 9-21

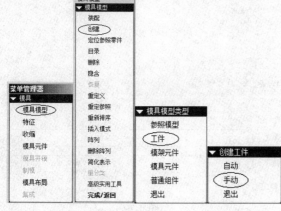

图 9-22

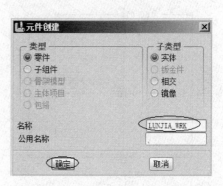

图 9-23

3）选择如图9-25所示菜单管理器中的【实体】→【伸出项】→【拉伸】→【实体】→【完成】命令,以拉伸方式创建毛坯工件。

4）系统在信息提示区弹出拉伸设计操控面板,单击【放置】按钮,再单击【定义】按钮。系统弹出"草绘"对话框,选择如图9-26所示平面分别作为拉伸草绘平面和草绘视图参照平面,设置【草绘】参照方向,单击【草绘】按钮。

5）系统弹出"参照"对话框,选择如图9-27所示平面投影作为水平尺寸参照和垂直尺寸参照。单击【求解】按钮,单击"参照"对话框中的【关闭】按钮。

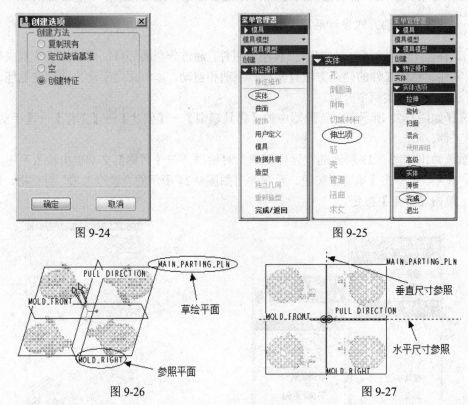

图9-24　　　　　　　　　　　　　　图9-25

图9-26　　　　　　　　　　　　　　图9-27

6）在绘图区绘制如图9-28所示的矩形,单击特征工具栏中的 ✓ 按钮,结束截面绘制。

7）在拉伸设计操控面板中单击【选项】按钮,设置参数如图9-29所示,两侧拉伸的深度都为"30",单击 ✓ 按钮,选择菜单管理器中的【完成/返回】→【完成/返回】命令,结束毛坯工件的创建。结果如图9-30所示。

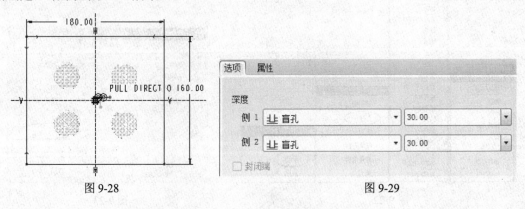

图9-28　　　　　　　　　　　　　　图9-29

项目九　典型模具设计

步骤 5　设计分型面

模具的分型面可以是任何方法建造的曲面特征，它用于分割工件或已有的体积块。本例中创建拉伸曲面作为分型面。

1）选择如图 9-31 所示菜单栏中的【插入】→【模具几何】→【分型面】命令或单击右侧工具栏中的 按钮，进入分型面的设计环境。

图 9-30　　　　　　　　　　　　　图 9-31

2）选择菜单栏中的【插入】→【拉伸】命令或单击右边工具栏中的 按钮，用拉伸平面作为分型面。

3）系统在信息提示区弹出拉伸设计操控面板，单击【放置】按钮，再单击【定义】按钮。选择如图 9-30 所示的 MOLD_FRONT 平面作为草绘平面，其他接受系统默认设置，单击"草绘"对话框中的【草绘】按钮。

4）在如图 9-32 所示的位置绘制直线，单击工具栏中的 按钮，结束截面绘制。

5）在拉伸属性面板中选择对称拉伸方式 ，输入深度值为"180"，单击 按钮。在设计区显示出的分型面如图 9-33 所示。再单击右侧工具栏中的 按钮退出分型面设计。

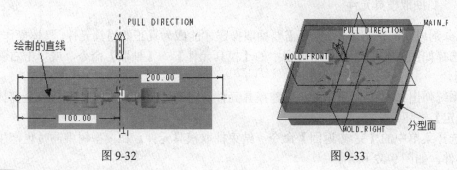

图 9-32　　　　　　　　　　　　　图 9-33

步骤 6　分割模具体积块

本例中采用【分割】命令将整个毛坯工件拆分为上、下两个成型零件，具体步骤如下。

1）选择菜单栏中的【编辑】→【分割】命令，或单击右边工具栏中的 按钮，系统弹出如图 9-34 所示的【分割体积块】菜单管理器，选择【完成】命令。

2）系统弹出如图 9-35 所示的【分割】对话框，要求选择分型面。选择如图 9-33 所示分型面 PART_SURF1 作为模具体积块分割面。

3）单击如图 9-36 所示"选取"对话框中的【确定】按钮，再单击【分割】对话框中的【确定】按钮，结束分型面的选择。

图 9-34　　　　　图 9-35　　　　　　　　图 9-36

4）系统高亮显示毛坯工件的下半部分，并弹出如图 9-37 所示的"属性"对话框，输入型芯体积块名称"core"，为了确认型芯体积块，可在"属性"对话框中单击【着色】按钮，被分割的型芯体积块如图 9-38 所示，单击【确定】按钮。

5）系统高亮显示毛坯工件的上半部分，并弹出"属性"对话框，输入型腔体积块名称"cavity"，单击【着色】按钮，被分割的型腔体积块如图 9-39 所示，单击【确定】按钮，结束模具体积块分割。

图 9-37　　　　　　　图 9-38　　　　　　　图 9-39

步骤 7　抽取模具元件

以上分割成功的两个体积块，还需要抽取操作才能成为真正的模具元件，具体操作步骤如下。

1）选择如图 9-40 所示菜单管理器中的【模具元件】→【抽取】命令，或单击右侧工具栏内的 按钮。

2）系统弹出如图 9-41 所示的"创建模具元件"对话框，单击 按钮，选取全部体积块，再单击【确定】按钮。

3）选择菜单中的【完成/返回】命令，结束抽取模具元件。在模型树中同时也产生抽取的模具元件零件，如图 9-42 所示。

4）单击顶部工具栏中的 按钮，系统弹出"保存对象"对话框，接受文件名"LUNJIA.ASM"，单击【确定】按钮保存文件。

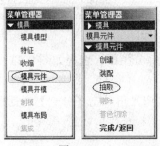

图 9-40　　　　　　　　　　　图 9-41

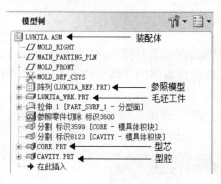

图 9-42

步骤 8 铸模

1）在铸模前先将分型面隐藏，单击顶部工具栏中的遮蔽切换按钮，系统弹出如图 9-43 所示的"遮蔽—取消遮蔽"对话框，单击过滤选项组中的【元件】按钮，按住 Ctrl 键，选择元件 LUNJIA_REF、LUNJIA_WRK，再单击【遮蔽】按钮，将部分元件遮蔽。

2）如图 9-44 所示，单击过滤选项组中的【分型面】按钮，单击所有分型面按钮，再单击【遮蔽】按钮，将分型面隐藏。单击【关闭】按钮，关闭"遮蔽—取消遮蔽"对话框。

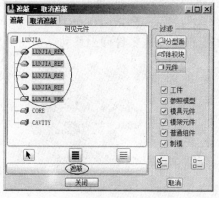

图 9-43

图 9-44

3）选择如图 9-45 所示菜单管理器中的【制模】→【创建】命令。在如图 9-46 所示提示区输入零件名称"lunjia_molding"，单击两次按钮。在模型树中同时新增制模零件"lunjia_molding"。

图 9-45

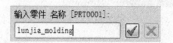

图 9-46

步骤9 开模

为了能够看清模具的内部结构,并检查开模时的干涉情况,Pro/ENGINEER 提供了模具打开功能。

1)选择如图 9-47 所示菜单管理器中的【模具开模】→【定义间距】→【定义移动】命令进行开模模拟。

2)系统提示选择要移动的零件,选择 CAVITY.PRT 型腔零件,并单击【确定】按钮,如图 9-48 所示。

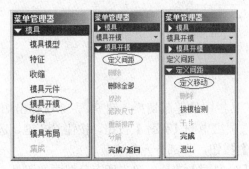

图 9-47　　　　　　　　　　　　图 9-48

3)系统提示选择分解方向,选取如图 9-49 所示的上表面作为移动方向的垂直表面,图中出现一个朝上的红色箭头,在提示区输入移动距离"100",单击✓按钮。

4)选择菜单管理器中的【完成】命令,CAVITY.PRT 型腔零件向上移动,如图 9-50 所示。

图 9-49　　　　　　　　　　　　图 9-50

5)继续选择菜单管理器中的【定义间距】→【定义移动】命令。系统提示选择要移动的零件,选择 CORE.PRT 型芯零件,并单击【确定】按钮,如图 9-51 所示。

6)系统提示选择分解方向,选取如图 9-52 所示的 CORE.PRT 型芯零件侧边作为移动方向参照,图中出现一个朝上的红色箭头,在提示区输入移动距离"-100",单击✓按钮。选择菜单管理器中的【完成】命令,CORE.PRT 型芯零件向下移动,如图 9-53 所示。选择菜单管理器中的【完成/返回】命令,结束开模操作。

图 9-51　　　　　　　　　　　　图 9-52

7)单击顶部工具栏中的 按钮,单击【确定】按钮保存文件。

8）选择如图9-54所示菜单栏中的【文件】→【关闭窗口】命令，关闭当前对话框。

9）选择菜单栏中的【文件】→【拭除】→【不显示】命令，系统弹出如图9-55所示的"拭除未显示的"对话框，单击【确定】按钮，将对话框中显示的所有模具相关文件从内存中拭除，为下一个模具设计做准备，以免发生文件名重叠冲突现象。

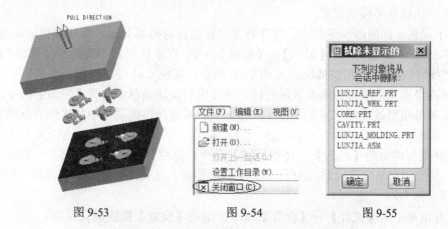

图9-53　　　　　　图9-54　　　　　　图9-55

实训15　电话机外壳模具设计

以图9-56所示的零件为例介绍裙边曲面创建分型面的设计和模具元件的创建。

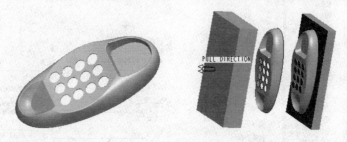

图9-56

步骤1　文件准备

1）将配书光盘"chap09"文件夹复制至计算机"D:\模具设计"文件夹中，将工作目录设置到"D:\模具设计\chap09\002"文件夹。

2）新建文件。选择【文件】→【新建】命令，在弹出的"新建"对话框中选中【制造】和【模具型腔】，在【名称】文本框内输入"tell"，并取消选中【使用缺省模板】复选框，单击【确定】按钮。

3）在打开的"新文件选项"对话框中，选择mmns_mfg_mold模块，然后单击【确定】按钮，即可进入模具设计界面。

步骤2　采用装配方法加载模具参考模型

本例采用一模一件布局。

1）选择如图9-57所示菜单管理器中的【模具模型】→【装配】→【参照模型】命令。

2）系统弹出"打开"对话框，选择文件"tell.prt"，单击【打开】按钮。

3）系统在设计区显示打开参考模型，并弹出装配设计操控面板，单击【放置】按钮，打开【放置】控制面板，参照如图9-58所示约束关系，在【约束类型】下拉列表中选择相应约束选项，并选择相应基准平面，装配好后，单击✔按钮，完成模具参考模型的加载。

4）接受参考模型名称为"TELL_REF"，单击【确定】按钮。选择菜单管理器中的【完成/返回】命令，结束参考模型装配。

5）为了使设计区的画面更简洁，需要将参考模型自身的基准面、基准轴和基准坐标系隐藏，选择如图9-59所示模型树中的【显示】→【层树】命令，在组件列表中选择参考模型"TELL_REF.PRT"，模型树列表显示其图层情况，如图9-60所示，按住Ctrl键，选择所有基准面、所有基准轴和所有基准坐标系图层，并单击鼠标右键，在弹出的快捷菜单中选择【隐藏】命令，如图9-61所示，隐藏参考模型基准面、基准轴和基准坐标系。再选择快捷菜单中的【保存状态】命令，将层设置保存。

6）选择模型树中的【显示】→【模型树】命令，返回到模型树列表状态。隐藏参考模型自身基准面、基准轴和基准坐标系后的图形如图9-62所示，在设计区只剩下模具模块的基准面、基准轴和基准坐标系。

7）选择菜单中的【文件】→【保存】命令，单击【确定】按钮确认保存。

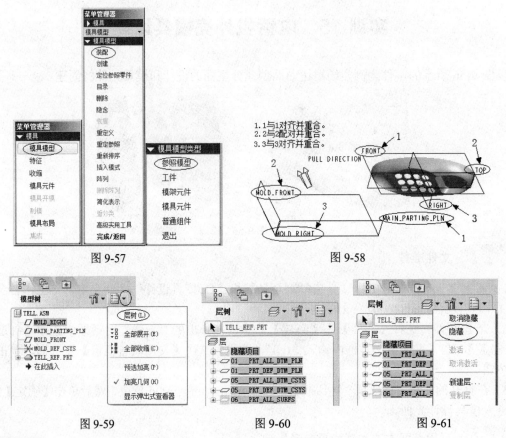

图9-57　　　　　　　　　　　图9-58

图9-59　　　　图9-60　　　　图9-61

步骤 3　设置收缩率

1）选择【模具】菜单管理器中的【模具】→【收缩】命令，系统将提示用户选择对象，在图形中选择参照模型。接着再选择【按尺寸】命令。在弹出的对话框中设置尺寸收缩比率，如图9-63所示，设置所有尺寸收缩率为"0.005"，单击✔按钮。

项目九 典型模具设计 ·253·

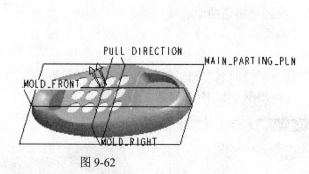

图 9-62

图 9-63

2）选择【模具】菜单管理器中的【完成/返回】命令，退出收缩率功能设置。

步骤 ⑦ 采用自动方式设计毛坯工件

1）选择菜单管理器中的【模具模型】→【创建】→【工件】→【自动】命令，自动创建工件。或单击右侧工具栏中的【自动工件】按钮 。

2）系统提示选择原点坐标系，选择如图 9-64 所示模具坐标系（MOLD_DEF_CSYS）作为工件的定位参考坐标。

3）在"自动工件"对话框中如图 9-65 所示设置参数，设置统一偏距值为"20"，将整体尺寸 X 修改为"250"，Y 修改为"140"，+Z 修改为"50"，-Z 修改为"25"。单击【预览】按钮，观看毛坯工件的形状，无误后单击【确定】按钮，完成毛坯工件的创建，其形状如图 9-66 所示。

4）选择菜单管理器中的【完成/返回】命令，退出【模具模型】菜单。

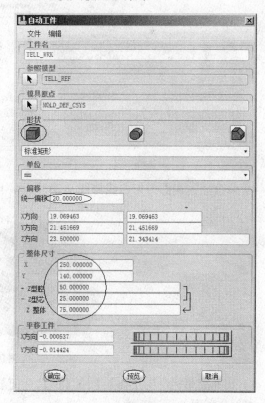

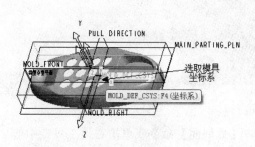

图 9-64

图 9-65

步骤5 设计分型面

本例中采用裙边曲面创建分型面,在创建裙边曲面之前,要先创建侧面影像线。

1) 选择菜单栏中的【插入】→【侧面影像曲线】命令,或直接单击右侧工具栏中的 ⌒ 按钮。

2) 系统弹出如图9-66所示的"侧面影像曲线"对话框,对话框中所有的参数均采用默认的设置,直接单击【预览】按钮,可看到如图9-67所示的侧面影像曲线。

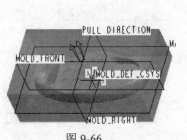
图 9-66

图 9-66

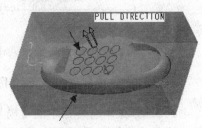
图 9-67

3) 系统自动找到的侧面影像曲线并不完全符合要求,如图9-68所示的底部一条曲线没有落在底平面上,需要修改。选择"侧面影像曲线"对话框中的【环选取】参数,单击【定义】按钮,系统弹出"环选取"对话框,切换到【链】选项卡,选取链环编号 1-1,单击【下部】按钮,再单击【确定】按钮,如图9-69所示。

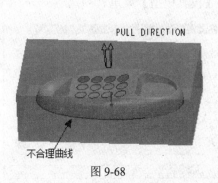
图 9-68

图 9-69

4) 修改后的侧面影像曲线如图9-70所示,再单击【确定】按钮,完成侧面影像曲线的修改。

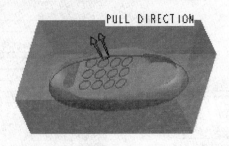
图 9-70

5) 选择菜单栏中的【插入】→【模具几何】→【分型面】命令或单击右边工具栏中的 ▱ 按钮,进入分型面的设计环境。

6）再选择菜单栏中的【编辑】→【裙边曲面】命令或单击右边工具栏中的 按钮。

7）系统提示选取包含曲线的特征，双击如图9-71所示模型树中的"SILH_CURVE_1"曲线，再单击如图9-72所示"选取"对话框中的【确定】按钮，选择菜单管理器中的【完成】命令，在"裙边曲面"对话框中显示曲线已定义的信息，单击【确定】按钮，再单击右侧工具栏中的 按钮，完成裙边曲面的创建。

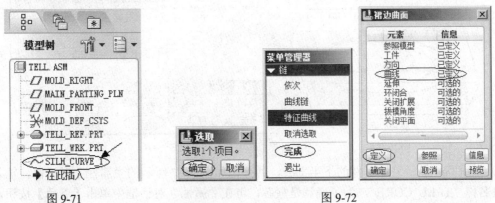

图9-71   图9-72

8）选择菜单栏中的【视图】→【可见性】→【着色】命令，在弹出的如图9-73所示"搜索工具"对话框中选择分型面PART_SURF_1，单击 >> 按钮，再单击【关闭】按钮，在设计区显示出的分型面如图9-74所示。选择菜单管理器中的【完成/返回】命令，退出分型面设计。

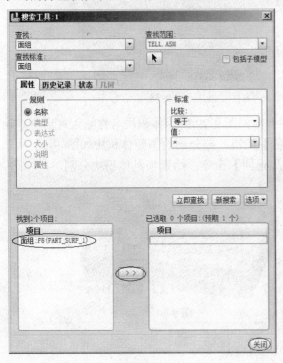

图9-73   图9-74

步骤 6 分割模具体积块

1）选择菜单栏中的【编辑】→【分割】命令，或单击右边工具栏中的 按钮，系统弹出【分割体积块】菜单管理器，选择【完成】命令。

2）系统弹出"分割"对话框，要求选择分型面。选择如图 9-75 所示裙边分型面 PART_SURF_1 作为模具体积块分割面。

3）单击如图 9-76 所示"选取"对话框中的【确定】按钮，再单击分割对话框中的【确定】按钮，结束分型面的选择。

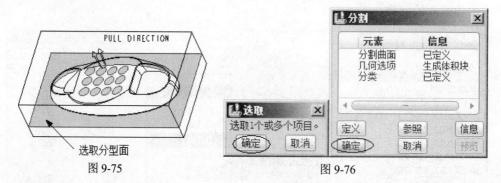

图 9-75　　　　　　　　　　　　图 9-76

4）系统高亮显示毛坯工件的下半部分，并弹出如图 9-77 所示的"属性"对话框，输入型芯体积块名称"TELL_CORE"，为了确认是型芯，可在"属性"对话框中单击【着色】按钮，被分割的型芯体积块如图 9-78 所示，单击【确定】按钮。

 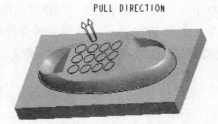

图 9-77　　　　　　　　　　　　图 9-78

5）系统高亮显示毛坯工件的上半部分，并弹出如图 9-79 所示体积块名称输入对话框，输入型腔体积块名称"TELL_CAVITY"，单击【着色】按钮，被分割的型腔体积块如图 9-80 所示，单击【确定】按钮。选择菜单管理器中的【完成/返回】命令，结束模具体积块分割。

 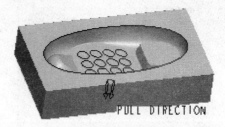

图 9-79　　　　　　　　　　　　图 9-80

步骤 7　抽取模具元件

1）选择菜单管理器中的【模具元件】→【抽取】命令或单击右侧工具栏中的 按钮。

2）系统弹出如图 9-81 所示"创建模具元件"对话框，单击 按钮。选取全部体积块，再单击【确定】按钮。

3）选择菜单管理器中的【完成/返回】命令，结束抽取模具元件。在模型树中同时也产生抽取的模具元件零件，如图 9-82 所示。

项目九 典型模具设计

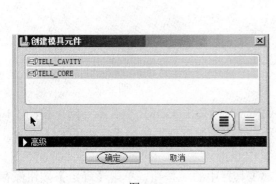

图 9-81

图 9-82

4）单击顶部工具栏中的 按钮，接受文件名"TELL.ASM"，单击【确定】按钮保存文件。

步骤 8 铸模

1）在铸模前先将部分元件和分型面隐藏，单击顶部工具栏中的 按钮，系统弹出如图 9-83 所示"遮蔽—取消遮蔽"元件对话框，单击过滤选项组中的【元件】按钮，按住 Ctrl 键选择元件 TELL_REF、TELL_WRK，再单击【遮蔽】按钮，将部分元件遮蔽。

2）单击过滤选项组中的【分型面】按钮，单击所有分型面按钮 ，再单击【遮蔽】按钮，将分型面隐藏。单击【关闭】按钮，关闭"遮蔽—取消遮蔽"分型面对话框，如图 9-84 所示。

图 9-83

图 9-84

3）选择菜单管理器中的【制模】→【创建】命令。在提示区输入零件名称"TELL_MOLDING"，单击两次 按钮。在模型树中同时新增制模零件"TELL_MOLDING"。

步骤 9 开模

1）选择菜单管理器中的【模具开模】→【定义间距】→【定义移动】命令进行开模模拟。

2）系统提示选择要移动的零件，选取 TELL_CAVITY 型腔零件，并单击【确定】按钮，如图 9-85 所示。

3）系统提示选择分解方向，选取如图 9-86 所示的上表面作为移动方向的垂直表面，图中出现朝上红色箭头，在提示区文本框中输入移动距离"100"，单击 按钮。选择菜单管理器中的【完成】命令。

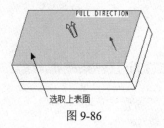

图 9-85　　　　　　　　　　　　　图 9-86

图 9-87

4）用同样的方法将 TELL_CORE 型芯零件向下移动"100"，结果如图 9-87 所示。选择菜单管理器中的【完成/返回】命令，结束开模操作。

5）单击顶部工具栏中的 按钮，单击【确定】按钮保存文件。选择菜单栏中的【文件】→【关闭窗口】命令，关闭当前对话框。选择菜单栏中的【文件】→【拭除】→【不显示】命令，系统弹出"拭除"对话框，单击【确定】按钮。

实训 16　按键模具设计

下面以图 9-88 所示的按键模型为例，介绍用阴影曲面创建分型面的设计和模具元件的创建。

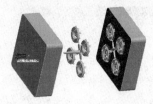

图 9-88

步骤 1　文件准备

1）将配书光盘"chap09"文件夹复制至计算机"D:\模具设计"文件夹中，将工作目录设置到"D:\模具设计\ chap09\003"文件夹。

2）新建文件。选择【文件】→【新建】命令，在弹出的"新建"对话框中选中【制造】和【模具型腔】单选按钮，在【名称】文本框内输入"anjian"，并取消选中【使用缺省模板】复选框，单击【确定】按钮。

3）在打开的"新文件选项"对话框中，选择 mmns_mfg_mold 模块，然后单击【确定】按钮，即可进入模具设计界面。

步骤 2　采用定位参照方式加载模具参考模型

本例采用一模四件布局，使用【定位参照零件】命令加载参照模型。

1）选择菜单管理器中的【模具模型】→【定位参照零件】命令，或单击工具栏中的【模具型腔布局】按钮。

2）系统将同时弹出"布局"对话框和"打开"对话框，在"打开"对话框中选择文件"anjian.prt"，单击【打开】按钮。在弹出的"创建参照模型"对话框中，接受参照模型名称为"ANJIAN_REF"，单击【确定】按钮。

3）在"布局"对话框中单击【参考模型起点与定向】左下方的按钮，系统弹出【获得坐标系类型】菜单管理器和元件窗口，选择菜单管理器中的【动态】命令。

4）系统弹出"参照模型方向"对话框（该对话框用以设置参考零件的方位），使用默认的设置，直接输入 X 轴的旋转角度为"90"，按回车键后可以观察到 Z 轴方向（开模方向）已改变，如图 9-89 所示。

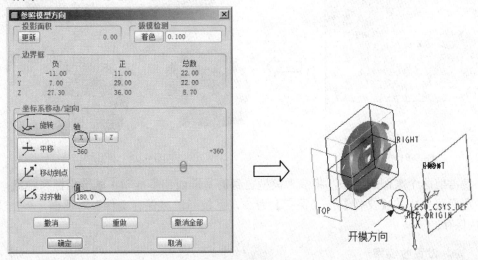

图 9-89

5）在【坐标系移动/定向】选项中单击【平移】按钮，进行坐标系的移动，将 X、Y、Z 方向的位置均移动到模型中点，完成坐标系的调整，如图 9-90 所示。在"参照模型方向"对话框中单击【确定】按钮，返回"布局"对话框。

6）在如图 9-91 所示的"布局"对话框中选取【布局】选项组下方的【矩形】单选按钮，矩形参数设置为：X 方向型腔数为"2"，增量为"32"；Y 方向型腔数为"2"，增量为"32"，单击对话框中的【预览】按钮，在设计区出现的参考模型布局如图 9-92 所示。预览无误后，在【布局】对话框中单击【确定】按钮，然后选择型腔布置菜单管理器中的【完成/返回】命令，退出型腔的布置功能。

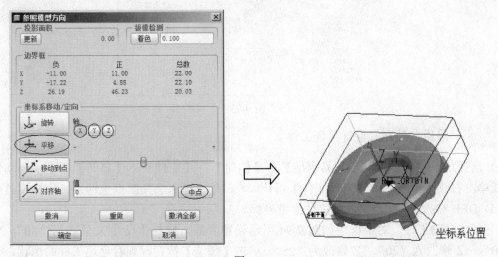

图 9-90

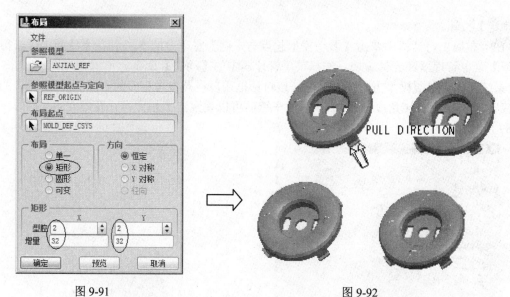

图 9-91   图 9-92

7) 参考前两个案例的方法,将参考模型自身的基准面和基准轴、基准坐标系隐藏。

8) 选择菜单中的【文件】→【保存】命令,系统弹出"保存文件"对话框,单击【确定】按钮确认保存。

步骤 3 设置收缩率

在右侧工具栏中单击【按比例收缩】按钮,系统将提示用户选择对象,在图形中任选一个参照模型,将弹出【按比例收缩】对话框,再选取刚才选取模型的坐标系 REF_ORIGIN,如图 9-93 所示。在"按比例收缩"对话框中输入收缩率为"0.005",单击 按钮。选择【模具】菜单管理器中的【完成/返回】命令,退出收缩率功能设置。

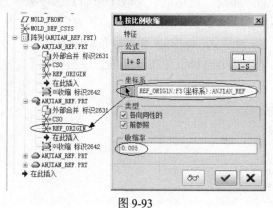

图 9-93

步骤 4 采用自动方式设计毛坯工件

1) 选择菜单管理器中的【模具模型】→【创建】→【工件】→【自动】命令,自动创建工件,或单击右侧工具栏中的【自动工件】按钮。系统提示选择原点坐标系,选择模具坐标系(MOLD_DEF_CSYS)作为工件的定位参考坐标。

2) 在"自动工件"对话框中如图 9-94 所示设置参数,将整体尺寸 X 修改为"80",Y 修改为"80",+Z 修改为"20",-Z 修改为"25"。单击【预览】按钮,观看毛坯工件的形状,无误后单击【确定】按钮，完成毛坯工件的创建，其形状如图 9-95 所示。

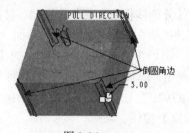

图 9-94　　　　　　　　　图 9-95

3）在模型树中选中工件，然后将其激活。在菜单栏中执行【插入】→【倒圆角】命令，然后按住 Ctrl 键依次选取如图 9-96 所示工件的 4 个边进行倒圆角，输入尺寸为"5"，在操控板单击 ✓ 按钮，完成倒圆角操作，结果如图 9-97 所示。

图 9-96　　　　　　　　　图 9-97

步骤 5　设计分型面

本例中利用阴影曲面创建分型面。

1）单击右侧工具栏中的 按钮，进入分型面的设计环境。选择菜单栏中的【编辑】→【阴影曲面】命令，系统弹出阴影曲面对话框，此时系统要求选取参照模型，在绘图区中按住 Ctrl 键选取 4 个参照模型，再单击【完成参考】命令，如图 9-98 所示。

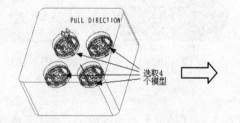

图 9-98

2）此时系统要求选取关闭平面（删除参照），在绘图区中选取参照模型扣勾上的平面作为关闭平面，再单击【完成/返回】命令，如图 9-99 所示。

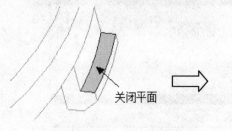

图 9-99

3）在"阴影曲面"对话框中单击【确定】按钮，得到阴影分型面。将其他元件隐藏后即可观察到结果，如图9-100所示，工具栏中单击✔按钮，退出分型面模式。

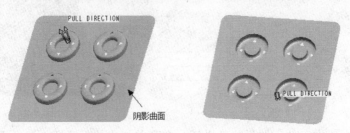

图9-100

步骤6 分割模具体积块

1）单击右边工具栏中的按钮，系统弹出【分割体积块】菜单管理器，使用默认设置，直接单击选择【完成】命令。在绘图区中选取刚才创建的阴影分型面作为分割界面，如图9-101所示。

2）单击"选取"对话框中的【确定】按钮，再单击"分割"对话框中的【确定】按钮。

3）系统高亮显示毛坯工件的下半部分，并弹出"属性"对话框，在"属性"对话框中的"名称"文本框中输入型芯体积块名称"ANJIAN_MOVE"，在"属性"对话框中单击【着色】按钮，被分割的型芯体积块如图9-102所示，单击【确定】按钮。

4）系统高亮显示毛坯工件的上半部分，并弹出"属性"对话框，在"属性"对话框中的"名称"文本框中输入型腔体积块名称"ANJIAN_FIXED"，单击【着色】按钮，被分割的型腔体积块如图9-103所示，单击【确定】按钮，结束模具体积块分割。

图9-101　　　　　图9-102　　　　　图9-103

步骤7 抽取模具元件

1）选择菜单管理器中的【模具元件】→【抽取】命令或单击右侧工具栏内的按钮。系统弹出如图9-104所示的"创建模具元件"对话框，单击按钮，选取全部体积块，再单击【确定】按钮。选择菜单管器中的【完成/返回】命令，结束抽取模具元件。

图9-104

2)单击顶部工具栏中的 按钮,系统弹出"保存对象"对话框,接受文件名"ANJIAN.ASM",单击【确定】按钮保存文件。

步骤 8 创建浇注系统

1)参照前面案例相关方法把分型面及部分工件隐藏。

2)先创建主流道:在菜单栏中执行【插入】→【旋转】命令,然后定义内部草绘,选取 MOLD_FRONT 平面作为草绘平面,如图 9-105 所示。进入草绘模式后,在模型中间位置建立旋转轴,然后绘制一个梯形轮廓,如图 9-106 所示。单击工具栏中的 按钮,结束截面绘制。

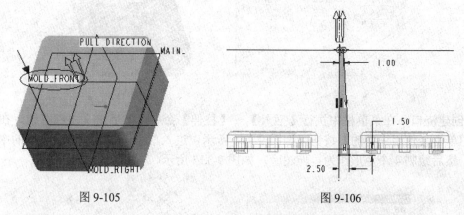

图 9-105   图 9-106

3)打开操控面板中的【相交】选项,设置相交元件为型腔和型芯元件,如图 9-107 所示,然后在操控面板中单击 按钮,得到主流道,如图 9-108 所示。

图 9-107   图 9-108

4)下面创建分流道:隐藏上面的型腔元件,只显示型芯元件。在菜单栏中执行【插入】→【流道】命令,在弹出的【形状】菜单管理器中单击【半倒圆角】命令,如图 9-109 所示。系统要求确认流道直径,输入尺寸"4.0",单击 按钮。此时需要选取草绘平面,选取型芯元件上平面作为草绘平面,如图 9-110 所示。

5)使用默认设置进入草绘模式后,绘制流道的轨迹,如图 9-111 所示,单击工具栏中的 按钮,结束截面绘制。在弹出的"相交元件"对话框中,选取型芯作为相交元件,单击【确定】按钮,如图 9-112 所示。

6)最后在"流道"对话框中单击【确定】按钮,完成操作后,即可观察到切割出的分流道,如图 9-113 所示。

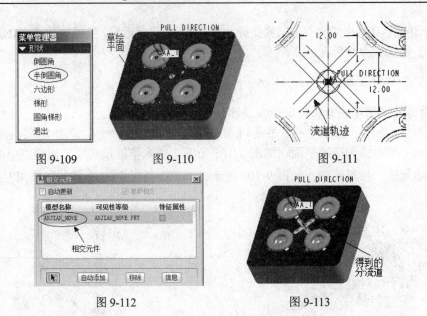

图 9-109　　　　图 9-110　　　　　　图 9-111

图 9-112　　　　　　　　　　　图 9-113

7）创建浇口：在菜单栏中执行【插入】→【拉伸】命令，然后定义内部草绘，在"草绘"对话框中单击【使用先前的】按钮，如图 9-114 所示。进入草绘模式后，选取流道的中心位置作为参照，然后绘制 4 个矩形作为拉伸轮廓，如图 9-115 所示。

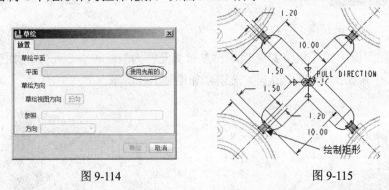

图 9-114　　　　　　　　　　　　图 9-115

8）草图绘制完成后，将轮廓向开模方向拉伸，设置尺寸为"0.3"，相交元件使用默认的设置，在操控板中单击 ✓ 按钮，得到浇口，如图 9-116 所示，此时浇注系统设计完成。

步骤9　铸模

1）将之前隐藏的型腔元件取消隐藏。
2）选择菜单管理器中的【制模】→【创建】命令。在系统弹出的文本框中输入零件名称"anjian_molding"，单击两次 ✓ 按钮。在模型树中同时新增制模零件"lunjia_molding"，创建出的铸模零件如图 9-117 所示。

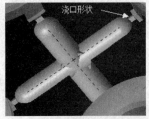

图 9-116

图 9-117

步骤 10 开模

1）选择菜单管理器中的【模具开模】→【定义间距】→【定义移动】命令进行开模模拟。参考前面案例进行操作，完成开模模拟后的结果如图 9-118 所示。

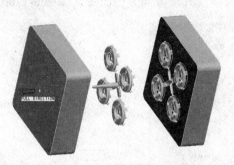

图 9-118

2）单击顶部工具栏中的 ⌶ 按钮，单击【确定】按钮保存文件。

实训 17　对讲机外壳模具设计

下面以图 9-119 所示零件为例介绍用复制曲面等方法创建分型面。

图 9-119

步骤 1 文件准备

1）将配书光盘"chap09"文件夹复制至计算机"D:\模具设计"文件夹中，将工作目录设置到"D:\模具设计\ chap09\004"文件夹。

2）新建文件。选择【文件】→【新建】命令，在弹出的"新建"对话框中选中【制造】和【模具型腔】单选按钮，在【名称】文本框内输入"bable"，并取消选中【使用缺省模板】复选框，单击【确定】按钮。

3）在打开的"新文件选项"对话框中，选择 mmns_mfg_mold 模块，然后单击【确定】按钮，即可进入模具设计界面。

步骤 2 采用定位参照方式加载模具参考模型

本例采用一模两腔布局。

1）单击右侧工具栏中的【模具型腔布局】 ⌶ 按钮，系统同时弹出"布局"对话框和"打开"对话框，在"打开"对话框中选择文件"bable.prt"，单击【打开】按钮。在弹出的"创建参照模型"对话框中，接受参照模型名称为"BABLE_REF"，单击【确定】按钮。

2）在"布局"对话框中单击【参考模型起点与定向】左下方的按钮，系统弹出【获得坐标系类型】菜单管理器和元件窗口，选择菜单管理器中的【动态】命令。

3）系统弹出"参照模型方向"对话框，使用默认的设置，直接输入 X 轴的旋转角度为"90"，按回车键后可以观察到 Z 轴方向（开模方向）已改变，如图 9-120 所示。

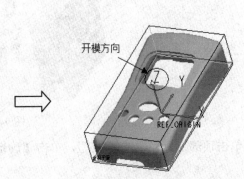

图 9-120

4）在如图 9-121 所示的"布局"对话框中选取【布局】选项组下方的【矩形】，矩形参数设置为：X 方向型腔数为"2"，增量为"140"；Y 方向型腔数为"1"，选取【方向】选项组下方的【Y 对称】，单击对话框中的【预览】按钮，在设计区出现的参考模型布局如图 9-122 所示。预览无误后，在"布局"对话框中单击【确定】按钮，然后选择型腔布置菜单管理器中的【完成/返回】命令，退出型腔的布置功能。

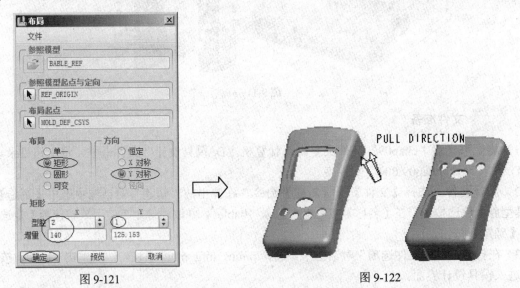

图 9-121　　　　　　　　　图 9-122

5）参考前面案例的方法，将参考模型自身的基准面和基准轴、基准坐标系隐藏。

6）选择菜单中的【文件】→【保存】命令，系统弹出"保存文件"对话框，单击【确定】按钮确认保存。

步骤3 设置收缩率

在右侧工具栏中单击【按比例收缩】按钮，系统将提示用户选择对象，在图形中任选一个参照模型,将弹出"按比例收缩"对话框,再选取刚才选取模型的坐标系 REF_ORIGIN。在"按比例收缩"对话框中输入收缩率为"0.005",单击✓按钮。选择【模具】菜单管理器中的【完成/返回】命令,退出收缩率功能设置。

步骤 4 采用自动方式设计毛坯工件

1)单击右侧工具栏中的【自动工件】按钮▱。系统提示选择原点坐标系,选择模具坐标系(MOLD_DEF_CSYS)作为工件的定位参考坐标。

2)在"自动工件"对话框中如图 9-123 所示设置参数,将整体尺寸 X 修改为"280",Y 修改为"180",+Z 修改为"50",-Z 修改为"30"。单击【预览】按钮,观看毛坯工件的形状,无误后单击【确定】按钮,完成毛坯工件的创建,其形状如图 9-124 所示。

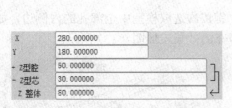

图 9-123

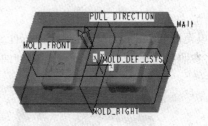

图 9-124

3)在模型树中选中工件,然后将其激活。在菜单栏中执行【插入】→【倒圆角】命令,然后按住 Ctrl 键依次选取如图 9-125 所示工件的 4 个边进行倒圆角,输入尺寸为"15",在操控板单击✓按钮,完成倒圆角操作,结果如图 9-126 所示。

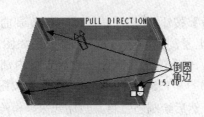

图 9-125

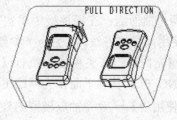

图 9-126

步骤 5 创建主分型面

参照模型中有许多孔,这些孔需要进行填充,Pro/E 在复制曲面时提供了填充功能,可以快速填充曲面中的孔。

1)单击右侧工具栏中的▱按钮,进入分型面的设计环境。

2)复制实体面:先将毛坯工件隐藏,将选取过滤器设置为"几何",然后选取模型上的一个曲面,如图 9-127 所示。在工具栏中依次单击【复制】按钮▱与【粘贴】按钮▱,进行曲面的复制,使用右键快捷菜单中的【实体曲面】命令,如图 9-128 所示。

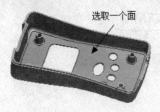

图 9-127

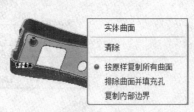

图 9-128

3）排除轮廓面：按住 Ctrl 键单击模型外轮廓的面，将其排除（包括孔的内侧面），如图 9-129 所示。打开操控板中的【选项】选项面板，然后选中【排除曲面并填充孔】，此时孔的收集器将被激活，如图 9-130 所示。

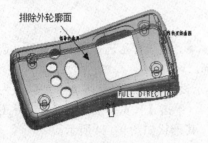 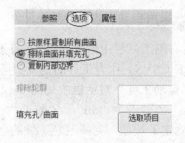

图 9-129　　　　　　　　　　图 9-130

4）填充曲面上的孔：在绘图区中按住 Ctrl 键依次选取模型中全部孔的内侧边，如图 9-131 所示。将参照模型隐藏起来，即可观察到曲面填充的效果，如图 9-132 所示。

图 9-131　　　　　　　　　　图 9-132

5）得到两个曲面组：在操控板中单击【应用】按钮 ✓，系统随即生成复制曲面组，如图 9-133 所示。使用同样的方法，在另一个参照模型上复制出同样的曲面组，效果如图 9-134 所示。

6）创建填充曲面：在菜单栏中执行【编辑】→【填充】命令，然后定义内部草绘，选取 MAIN_PARTING_PLN 基准平面作为草绘平面，如图 9-135 所示，单击【草绘】按钮后进入草绘模式，首先【使用边】□ 命令抽取模型的外轮廓，然后绘制圆弧将其封闭起来，再绘制外部的矩形，如图 9-136 所示。

图 9-133　　　　　　　　　　图 9-134

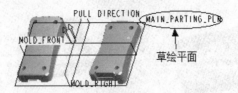

图 9-135

项目九　典型模具设计

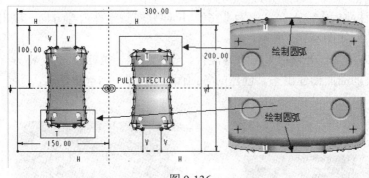

图 9-136

草图绘制完成后，即可观察到平整曲面的预览图形，如图 9-137 所示。在操控板中单击 ✓ 按钮完成操作。此时有 4 处曲面缺口没有封闭，分别在模型的两侧，如图 9-138 所示。

图 9-137

图 9-138

7）创建混合曲面：在工具栏中单击【边界混合工具】按钮 ，首先选取一条边，再按住 Shift 键选取缺口处的边链作为第一条线，如图 9-139 所示，然后按住 Ctrl 键选取平整曲面边链作为第二条线，选取完成后即可观察到预览图形，如图 9-140 所示。在操控板中单击【应用】按钮 ✓，系统随即生成混合曲面，将缺口封闭起来，如图 9-141 所示。

图 9-139

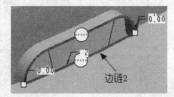
图 9-140

图 9-141

8）创建拉伸曲面：先将毛坯工件取消隐藏，使用拉伸曲面的方法，将模型的另一侧的缺口用拉伸出来的曲面与填充曲面进行合并，从而把缺口补起来。

① 单击右侧工具栏中的 按钮，系统在信息提示区弹出拉伸设计操控面板，单击【放置】按钮，再单击【定义】按钮。选择如图 9-142 所示的毛坯工件的侧面作为草绘平面，其他接受系统默认设置，单击"草绘"对话框中的【草绘】按钮。

② 利用【使用边】 命令抽取如图 9-143 所示的曲面边界外轮廓，绘制的图形如图 9-144 所示，单击工具栏中的 ✓ 按钮，结束截面绘制。

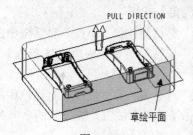
图 9-142

图 9-143

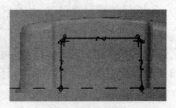
图 9-144

③ 在拉伸属性面板中输入深度值为"26",拉伸方向朝零件内部方向,单击☑按钮。在设计区显示出的拉伸曲面如图 9-145 所示。

9) 用同样的方法(一处缺口采用边界混合、一处创建一拉伸曲面),将另一参照模型分型面相同 2 处缺口位置的曲面创建出来。创建的各曲面结果如图 9-146 所示。

图 9-145

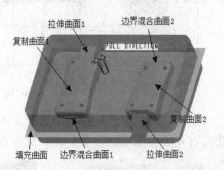
图 9-146

10) 合并曲面组:

① 按住 Ctrl 键选取如图 9-146 所示左边参照模型处的边界混合曲面 1 和复制曲面 1,再在工具栏中单击【合并工具】按钮 ,将它们合并起来。再按住 Ctrl 键选取刚合并面组和拉伸曲面 1,单击【合并工具】按钮 ,在合并操控面板上单击【选项】按钮,在其弹出的面板中单击【连接】选项,如图 9-147 所示,并注意连接方向,在操控板中单击【应用】按钮☑,将左边参照模型处 3 个曲面进行了合并。

② 然后对另一个参照模型处的 3 个曲面组也进行合并。最后按住 Ctrl 键选取平整曲面和两个合并曲面组,在工具栏中单击【合并工具】按钮 ,将它们合并起来,得到分型面组,如图 9-148 所示。

图 9-147

图 9-148

11) 单击右侧创建分型面工具栏中的☑按钮,退出分型面模式。

步骤 6 分割模具体积块

1) 单击右边工具栏中的 按钮,系统弹出【分割体积块】菜单管理器,使用默认设置,直接单击选择【完成】命令。在绘图区中选取上一步骤创建的分型面作为分割界面。单击"选取"对话框中的【确定】按钮,再单击"分割"对话框中的【确定】按钮。

2) 系统高亮显示毛坯工件的下半部分,并弹出"属性"对话框,在"属性"对话框中的"名称"文本框中输入型芯体积块名称"BABLE_MOVE",在"属性"对话框中单击【着色】按钮,被分割的型芯体积块如图 9-149 所示,单击【确定】按钮。

3) 系统高亮显示毛坯工件的上半部分,并弹出"属性"对话框,在"属性"对话框中的"名称"文本框中输入型腔体积块名称"BABLE_FIXED",单击【着色】按钮,被分割的型腔体积块如图 9-150 所示,单击【确定】按钮,结束模具体积块分割。

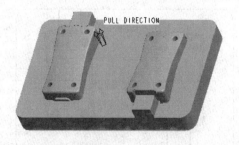 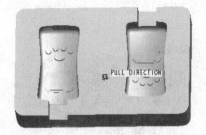

图 9-149　　　　　　　　　　图 9-150

步骤 7　创建镶针分型面

1）将毛坯工件、参照模型、分型面及刚分割出来的"BABLE_FIXED"模具体积块隐藏，再单击右侧工具栏中的 按钮，进入分型面的设计环境。

2）单击右侧工具栏中的 按钮，系统弹出拉伸设计操控面板，单击【放置】按钮，再单击【定义】按钮。选择 MAIN_PARTING_PLN 基准平面作为草绘平面，其他接受系统默认设置，单击"草绘"对话框中的【草绘】按钮。

3）选取【使用边】 命令抽取如图 9-151 所示的各型芯底部轮廓，绘制的图形如图 9-152 所示，单击工具栏中的 按钮，结束截面绘制。

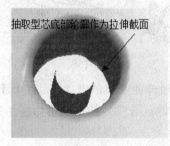 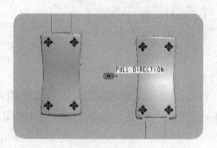

图 9-151　　　　　　　　　　图 9-152

4）在拉伸操控面板中，单击【选项】按钮，在弹出的面板深度选项中如图 9-153 所示设置参数，单击 按钮。在设计区显示出的拉伸曲面如图 9-154 所示。

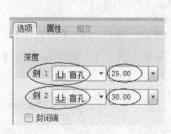 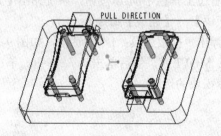

图 9-153　　　　　　　　　　图 9-154

5）再次单击右侧工具栏中的 按钮，系统弹出拉伸设计操控面板，单击【放置】按钮，再单击【定义】按钮。选择如图 9-155 所示型芯体积块底部平面作为草绘平面，其他接受系统默认设置，单击"草绘"对话框中的【草绘】按钮。

6）选取【创建同心圆】命令按钮 ，利用刚才的拉伸特征作为参照，绘制相同大小的 8 个圆，如图 9-156 所示，单击工具栏中的 按钮，结束截面绘制。

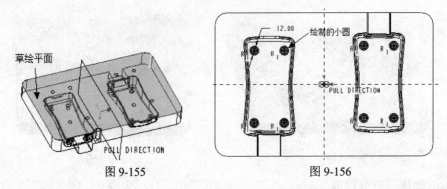

图 9-155　　　　　　　　　　图 9-156

7) 在拉伸操控面板中，改变拉伸方向使其朝下，输入深度值为"5.0"，单击【选项】按钮，在弹出的面板中勾选"封闭端"选项，如图 9-157 所示，单击 ✓ 按钮。在设计区显示出的拉伸曲面如图 9-158 所示。

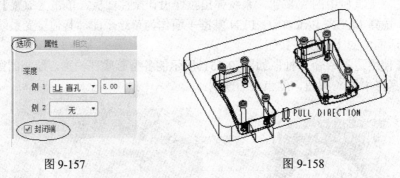

图 9-157　　　　　　　　　　图 9-158

8) 合并曲面组：按住 Ctrl 键选取上面创建的两拉伸曲面，单击【合并工具】按钮 ，将选取的 2 个拉伸曲面进行了合并，注意合并时的方向问题。合并后的曲面组如图 9-159 所示，即为镶件分型面。

9) 单击右侧创建分型面工具栏中的 ✓ 按钮，退出分型面模式。

步骤 8　分割镶针模具体积块

1) 单击右边工具栏中的 按钮，系统弹出【分割体积块】菜单管理器，选择【一个体积块】→【模具体积块】→【完成】命令。

2) 系统弹出"搜索工具：1"对话框，如图 9-160 所示，选取左侧【项目】栏中选择"面组：F23（BABLE_MOVE）"，然后单击 >> 按钮。单击"搜索工具：1"对话框中的【关闭】按钮完成分割模具体积块的选取。

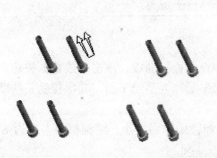

图 9-159

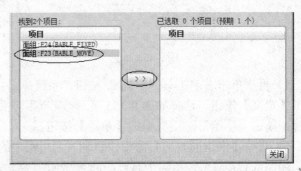

图 9-160

3）在绘图区中选取上一步骤创建的镶针分型面作为分割界面，如图 9-161 所示。单击"选取"对话框中的【确定】按钮，在弹出的【岛】菜单管理器中勾选如图 9-162 所示的选项，选择好后，单击【岛】菜单管理器中的【完成选取】命令。再单击"分割"对话框中的【确定】按钮。

4）系统高亮显示镶针，并弹出"属性"对话框，在"属性"对话框中的"名称"文本框中输入镶针体积块名称"XZ"，在"属性"对话框中单击【着色】按钮，被分割的镶针体积块如图 9-163 所示，单击【确定】按钮。结束镶针体积块分割。

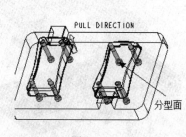

图 9-161

图 9-162

步骤 9　抽取模具元件

选择菜单管理器中的【模具元件】→【抽取】命令。系统弹出如图 9-164 所示的"创建模具元件"对话框，单击■按钮，选取全部体积块，再单击【确定】按钮。选择菜单管理器中的【完成/返回】命令，结束抽取模具元件。

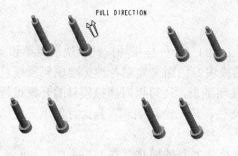

图 9-163

图 9-164

步骤 10　铸模

1）将镶针分型面隐藏。

2）选择菜单管理器中的【制模】→【创建】命令。在系统弹出的文本框中输入零件名称"BABLE_MOLDING"，单击两次✓按钮。在模型树中同时新增制模零件"BABLE_MOLDING"，到此模型树如图 9-165 所示。

步骤 11 开模

选择菜单管理器中的【模具开模】→【定义间距】→【定义移动】命令进行开模模拟。参考前面案例进行操作，完成开模模拟后的结果如图 9-166 所示。

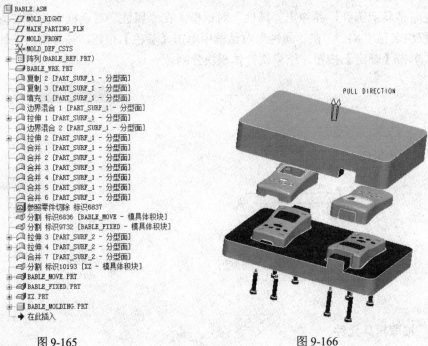

图 9-165　　　　　　　　　　　　　　　　图 9-166

步骤 12 保存文件

单击顶部工具栏中的 按钮，单击【确定】按钮保存文件。

9.3　模架及其他模具零件设计

EMX（Expert Moldbase Extension）是 Pro/E 系统中的一个外挂模块，此模块需要单独安装，安装好后，菜单栏内多了一个【EMX6.0】菜单，该模块专门用来建立各种标准模架及模具标准件和滑块、斜销等附件，能够自动产生模具工程图及明细表，还可以对模拟模具的开模过程进行动态仿真和干涉检查，并可将仿真结果输出为视频文件，是一个功能非常强大且使用方便的模具设计工具。

下面以对讲机壳体零件为例，介绍用 EMX 创建模架及其他模具零件。

9.3.1　EMX 项目准备

1）启动 Pro/ENGINEER，选择【文件】→【设置工作目录】命令，选择 "D:\模具设计\ chap09\ 004\finish" 文件夹作为当前工作目录。（注：即先前对讲机外壳零件完成后的模具组件目录）

2）选择菜单栏中的【EMX6.0】→【项目】→【新建】命令或单击右侧工具栏中的 按钮，系统弹出"项目"对话框，设置如图 9-167 所示，输入项目名称 KTMJ，零件前缀 KT，主要单位为毫米，单击 按钮，完成 EMX 项目的新建操作。

3）单击右侧工具栏中的 按钮，在"打开"对话框中双击"bable.asm"，将壳体装配件装入模架设计环境。

4）系统弹出【元件放置】操控面板，单击【放置】按钮，打开【放置】控制面板，参照如图 9-168 所示约束关系，在【约束类型】下拉列表中选择相应约束选项，并选择相应基准平面，装配好后，单击 按钮，完成壳体装配体的载入，结果如图 9-169 所示。

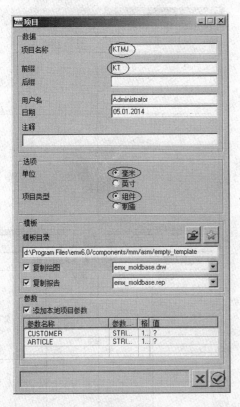

图 9-167

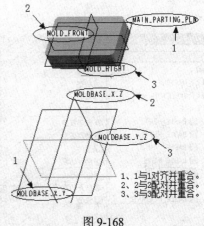

图 9-168

5）选择如图 9-170 所示菜单栏中的【EMX6.0】→【项目】→【分类】命令，系统弹出"分类"对话框，各个元件定义如图 9-171 所示，修改 BABLE_FIXED 模型类型为"插入定模"。单击 按钮，完成项目分类操作。

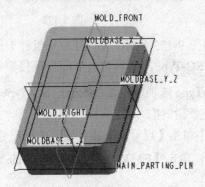

图 9-169

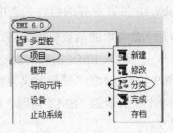

图 9-170

9.3.2 加载标准模架

1）选择菜单栏中的【EMX6.0】→【模架】→【组件定义】命令或单击右侧工具栏中的 按钮，系统打开如图 9-172 所示的"模架定义"对话框，单击对话框中的【从文件载入组件定义】按钮，进行标准模架的加载。

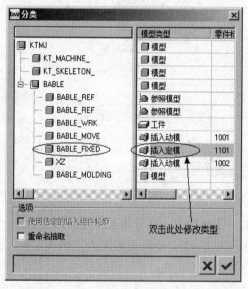

图 9-171　　　　　　　　　　　　图 9-172

2）系统弹出"载入 EMX 组件"对话框，如图 9-173 所示，在【EMX 组件】选项组中选择供应商为 futaba_s，并在保存的组件列表中选择 SC-Type，在预览区立即出现模架示意图，从图中可以看出这是一款简单的两板模模架。双击 SC-Type 选项或单击 按钮，SC-Type 被载入到【模架定义】中。单击"载入 EMX 组件"对话框中的 按钮。

3）在如图 9-174 所示的"模架定义"对话框中单击【尺寸】下拉按钮，选择尺寸"300x400"，系统弹出如图 9-175 所示的"EMX 问题"对话框，单击【EMX 问题】对话框中的 按钮，更新所有的元件尺寸。

项目九 典型模具设计

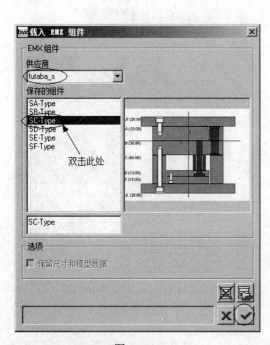

图 9-173　　　　　　　　　　　　　图 9-174

4）在设计区内观看到模架如图 9-176 所示，这时 A 板和 B 板的总厚为 70，低于工件毛坯的总厚 80，下面将要修改 A 板和 B 板的参数。注：在前面建立工件毛坯尺寸时，毛坯工件总高为"80"，其中在 XY 平面上的高度（+Z）为"50"，在 XY 平面下的高度（-Z）为"30"，所以 A 板厚度设为"80"，B 板的厚度设为"60"。

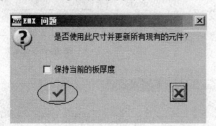 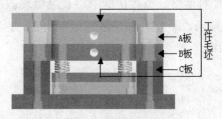

图 9-175　　　　　　　　　　　　　图 9-176

5）如图 9-177 所示在"模架定义"对话框的主视图中选取 A 板并单击鼠标右键，A 板被红色显亮，同时系统弹出"板"对话框。如图 9-178 所示，在对话框中将厚度值修改成"80"，单击 ✓ 按钮或按鼠标中键，返回到"模架定义"对话框。

6）与上步相同的方法，在"模架定义"对话框的主视图中选取 B 板并单击鼠标右键，B 板被红色显亮，同时系统弹出"板"对话框。在对话框中将厚度值修改成"60"，单击 ✓ 按钮或按鼠标中键，返回到"模架定义"对话框。

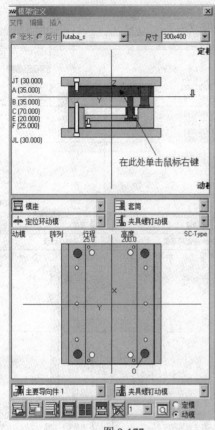
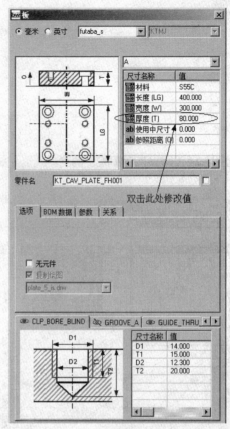

图 9-177　　　　　　　　　图 9-178

7）同样的方法将 C 板的厚度改成"100"。

8）由于模板厚度进行了修改，所以可以发现模架中的导柱、导套和弹簧的长度都不够，如图 9-179 所示。下列需要对这三者长度进行修改。

① 在"模架定义"对话框的主视图中选取如图 9-180 所示导柱并单击鼠标右键，导柱被红色显亮，同时系统弹出"导向件"对话框。在对话框中将长度值修改成"127"，如图 9-181 所示，单击 ✓ 按钮或按鼠标中键，返回到"模架定义"对话框。

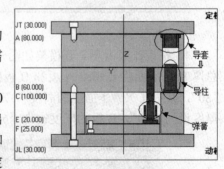

图 9-179

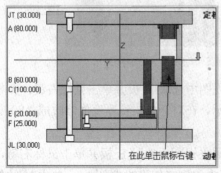
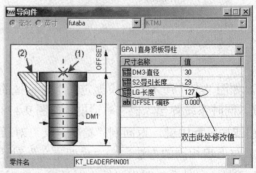

图 9-180　　　　　　　　　图 9-181

② 在"模架定义"对话框的主视图中选取如图 9-182 所示导套并单击鼠标右键，导套被红色显亮，同时系统弹出"导向件"对话框。在对话框中将长度值修改成"79"，如图 9-183 所示，单击 ✓ 按钮或按鼠标中键，返回到"模架定义"对话框。

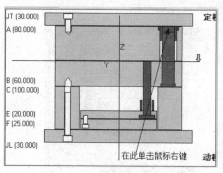

图 9-182

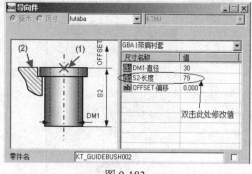

图 9-183

③ 在"模架定义"对话框的主视图中选取如图 9-184 所示弹簧并单击鼠标右键，弹簧被红色显亮，同时系统弹出"弹簧"对话框。在对话框中将"LENGTH_SPRING-长度"值修改成"55"，如图 9-185 所示，单击 ✓ 按钮或按鼠标中键，返回到"模架定义"对话框。

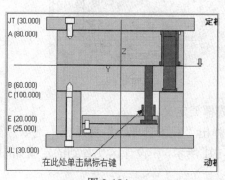

图 9-184

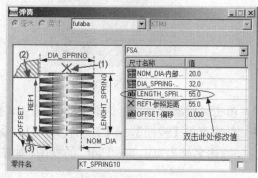

图 9-185

9）在"模架定义"对话框的主视图中可以看到如图 9-186 所示 A 板的厚度为 80、B 板的厚度为 60 和 C 板的厚度为 100。在设计区内观看到的模架如图 9-187 所示。

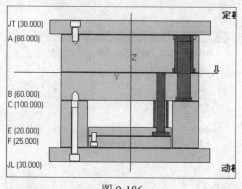

图 9-186

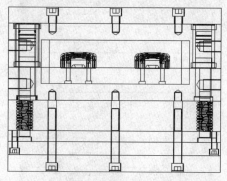

图 9-187

10）装配元件：选择菜单栏中的【EMX6.0】→【模架】→【元件状态】命令或单击右侧工具栏中的 按钮。系统弹出【元件状态】选项卡，单击 按钮全选全部项目，如图 9-188 所示，再单击 ✓ 按钮，系统自动更新模型，完成其他元件的加载。

11）在"模架定义"对话框，单击对话框中的【打开型腔对话框】按钮，如图9-189所示，进行模架的开框操作。同时系统弹出"型腔"对话框，在"型腔阵列"选项栏中选取单个选项，在"型腔切口"选项栏中单击【在定模中创建单个矩形切口】按钮，并设置各参数如图9-190所示。单击 ✓ 按钮，返回到"模架定义"对话框。

图 9-188

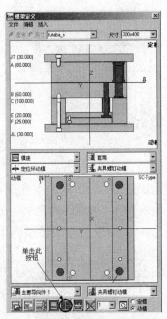

图 9-189

12）单击"模架定义"对话框中的 ✓ 按钮，完成模架定义。

13）单击菜单【视图】→【视图管理器】，系统弹出"视图管理器"对话框。选取"简化表示"选项，双击名称为"01_Fix_Half"的视图，如图9-191所示，在设计区观看到的定模如图9-192所示。

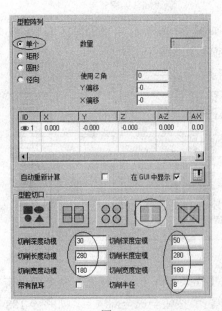

图 9-190

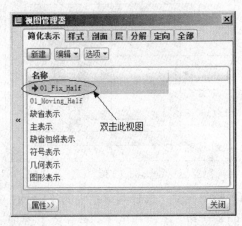

图 9-191

14）继续在"简化表示"选项中双击名称为"01_Moving_Half"的视图，在设计区观看到的动模如图 9-193 所示。双击"简化表示"选项中"主表示"，再单击"视图管理器"对话框中的【关闭】按钮，退出"视图管理器"对话框。

图 9-192

图 9-193

9.3.3 加载其他标准件

1. 装配定位环和浇口套

1）单击右侧工具栏中的按钮，进入"模架定义"对话框，在添加设备栏中选择【定位环定模】选项，如图 9-194 所示。

2）系统弹出"定位环"对话框，选择类型为 LRSS，高度设为"10"，直径设为"100"，如图 9-195 所示。按鼠标中键确认设置，系统提示选取放置平面，选取如图 9-196 所示的模架上表面。单击"选取"对话框中的【确定】按钮。生成的定位环如图 9-197 所示。

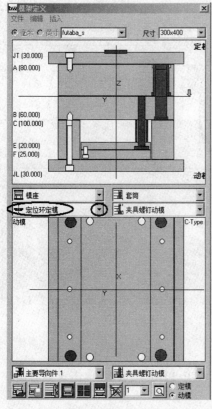
图 9-194

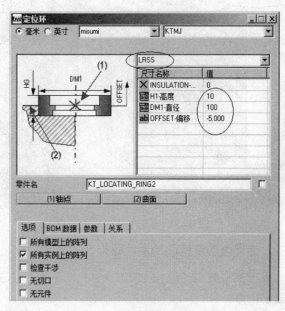
图 9-195

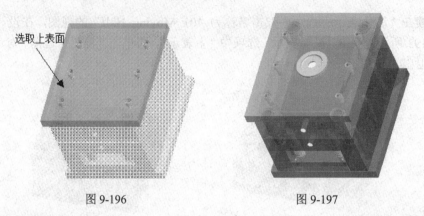

图 9-196　　　　　　　　　图 9-197

3）在添加设备下拉列表中选择【主流道衬套】选项，如图 9-198 所示，系统弹出"主流道衬套"对话框，选择类型为"SJAC"，直径为"13"，内径为"3"，将长度调整为"95"，浇口半径为"11"，头部高为"10"，偏移为"-5"，如图 9-199 所示。按鼠标中键确认设置，生成的浇口套如图 9-200 所示。

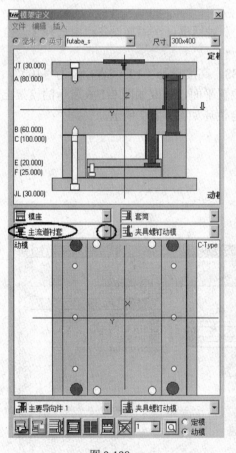

图 9-198

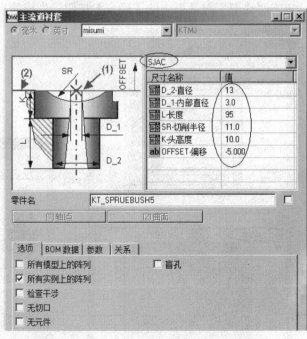

图 9-199

2．装配型腔及型芯的紧固螺钉

1）在模型树中选取 BABLE.ASM 以及 KT_CLP_PLATE_FH001.PRT，单击鼠标右键，选择【隐藏】命令。

2）单击右侧工具栏中的 按钮，系统弹出"草绘"对话框，选取 A 板顶面作为草绘平面，

项目九 典型模具设计

接受默认设置,单击【确定】按钮,系统进入草绘模式。在草绘工具栏中选择创建几何点命令按钮 ×,几何点的位置如图 9-201 所示。绘制完成后,单击工具栏中的 ✓ 按钮,结束几何点的创建。

3）单击右边工具栏中的【定义螺钉】命令按钮,系统弹出"螺钉"对话框,选择 hasco 公司,选择名称为"Z30I 内六角",设置直径为"8",长度设为"50",并选中【沉孔】复选框,如图 9-202 所示。

4）单击 (1)点|轴 按钮,选择螺钉放置点,选取刚创建的基准点,单击"选取"对话框中的【确定】按钮。

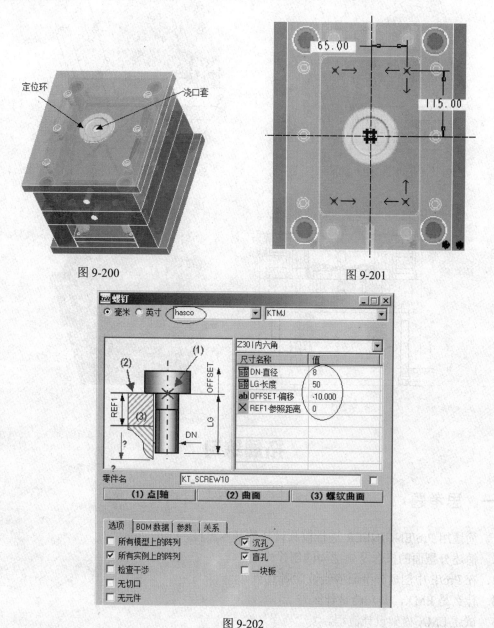

图 9-200　　　　　　　　　图 9-201

图 9-202

5）单击 (2)曲面 按钮,如图 9-203 所示选择 A 板上表面作为螺钉头定位面,单击"选取"对话框中的【确定】按钮。

6）单击 (3)螺纹曲面 按钮,如图 9-204 所示选择型腔的上表面作为螺纹起始面,再单击"选取"对话框中的【确定】按钮。按鼠标中键确认,完成螺钉的创建。

7)用同样的方法加载型芯的紧固螺钉,完成后将视图换成左视图,加载元件的壳体模具,如图 9-205 所示,效果如图 9-206 所示。

8)其他标准件的载入、修改方法与前述方法类似,在此不再复述。

9)单击顶部工具栏中的 按钮,单击【确定】按钮保存文件。

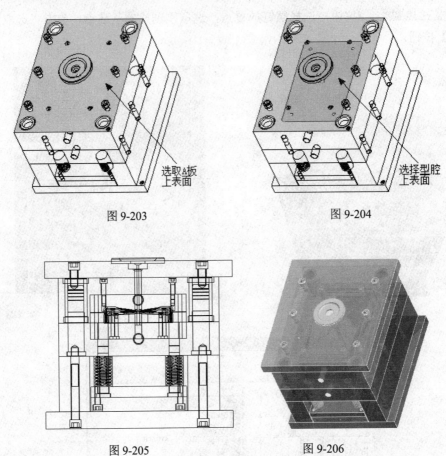

图 9-203　　　　　　　图 9-204

图 9-205　　　　　　　图 9-206

拓展练习

一、思考题

1. 简述用 Pro/ENGINEER 进行模具设计的基本流程。
2. 简述分型面的概念及分型面的创建规则。
3. 在 Pro/E 中创建分型面应当注意哪几点?
4. 什么是 EMX,其功能是什么?
5. 试述 EMX 模架设计流程。
6. 简述一模多腔模具的参照模型的两种装配方法。
7. 简述模具开模或模具打开过程及定义移动的规则。

二、试选择配书光盘"chap09\005"文件夹中图 9-207～图 9-216 的任一产品进行模具设计，要求完成如下任务。

1. 试根据产品批量合理布局。
2. 根据产品材料设置合理的收缩率。
3. 选择合适的毛坯工件大小。
4. 设计合理的分型面。
5. 对毛坯工件进行分割并抽取模具体积块。
6. 定义和模拟模具开模操作。
7. 进行模架及其他模具零件设计。

材料：POM 中、小批量生产

图 9-207（盖板）

材料：PC 中、小批量生产

图 9-208（相机外壳）

材料：PC 大批量生产

图 9-209（扇叶）

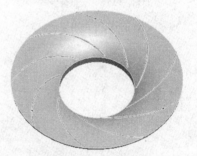

材料：PC 大批量生产

图 9-210（扇叶盖）

材料：PP 大批量生产

图 9-211（支架）

材料：ABS 大批量生产

图 9-212（轮子）

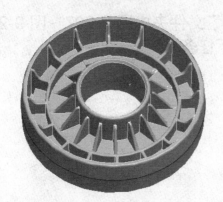

材料：ABS　　大批量生产

图 9-213（轮子）

材料：ABS　　大批量生产

图 9-214（电池盖）

材料：PVC　　大批量生产

图 9-215（构件）

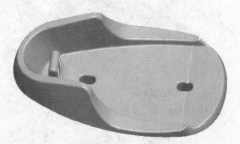

材料：ABS　　大批量生产

图 9-216（充电座）

项目十 工程图设计

【教 学 目 标】
1. 理解工程图工作环境含义，能合理设置工程图配置文件
2. 理解各种视图的含义，掌握常用视图创建方法
3. 会工程图模板的创建
4. 掌握尺寸标注的方法，合理标注尺寸
5. 掌握尺寸公差和形位公差标注方法
6. 掌握表面粗糙度标注方法
7. 掌握注释及其他标注
8. 掌握视图的修改方法

【知 识 点】
1. 工程图模板的创建
2. 各种视图的创建
3. 尺寸标注
4. 尺寸公差和形位公差的标注
5. 表面粗糙度、注释及其他标注

【重点与难点】
1. 各种剖视图的创建
2. 形位公差基准的创建，形位公差的标注
3. 工程图配置文件参数的合理设置

【学习方法建议】
1. 课堂：理解每个命令的含义，多动手操作实践，勤于动脑
2. 课外：复习机械制图有关知识，课前预习，课后练习，多上机练习提高操作的熟练程度

【建 议 学 时】
10 学时

在产品设计的务实流程中，为了方便设计的细节讨论和制造施工，就需要更清楚的方式来表达产品模型各个视角的形状和其内部构造，就需要生成平面的工程图。建立的工程图与原有的三维零件模型具有尺寸相关性，并且 2D 工程图具有 3D 产品图所无法取代的优越性：例如 3D 立体图无法像 2D 工程图一样，完整地标上加工时需要的各种尺寸精度和符号等，很多出现于复杂零件中的凹孔或斜槽，并不是单向立体图所能清楚表示的，但通过 2D 工程图，就能补其不足。设计工程图的国外和我国的要求不尽相同，设置好工程图的配置文件，对工程图的绘制可以事半功倍。

10.1 工程图环境简介

单击工具栏中的新建按钮 ,系统会打开如图 10-1 所示的"新建"对话框,在类型栏中选择"绘图",输入文件名(系统默认的文件名为 drw0001)。单击【确定】按钮,系统打开"新制图"对话框,如图 10-2 所示。

图 10-1

图 10-2

在"缺省模型"栏中左键单击【浏览】按钮,选取要创建工程图的三维模型。如果是为当前已经打开的模型创建工程图,则不需要此步骤。根据零件大小或设计要求选择图纸大小及图纸的放置方向(横向或坚向),我国常用的是 A0 至 A4 的图纸,左键单击【确定】按钮,系统会进入如图 10-3 所示的工程图环境。

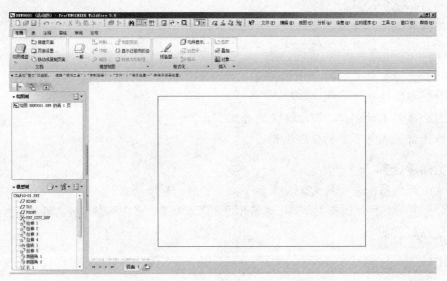

图 10-3

10.2 工程图设计基础

在绘图模块中,使用工程图设置文件来控制工程图的外观。Pro/ENGINEER 默认的设置文件中有很多工程图参数选项,其中包括文本高度、箭头大小、箭头类型、公差显示以及工程图的单位。默认值可以被单个工程图即时修改或永久修改,也可以建立和保存多个工程图设置文件,以便以后使用。

10.2.1 工程图配置文件中参数的设置

Pro/ENGINEER 系统有一个默认的工程图参数配置文件,基本上可以满足用户的设计需要,但有些参数还是需要用户另行设置,以满足国家制图标准的设计需要。

设置工程图配置文件参数可以按以下步骤进行。

1)启动 Pro/ENGINEER 进入工程图模块后,选择如图 10-4 所示菜单栏中的【文件】→【绘图选项】命令,系统弹出"选项"对话框,如图 10-5 所示。

图 10-4   图 10-5

表 10-1 列出的是按照国家制图标准创建工程图可能需要设置的参数。

表 10-1 按国家制图标准可能需要修改的选项参数设置

选项/描述	默认值/参考值
Tol_display/尺寸公差显示	Yes/no
Angdim_text_orientation/角度尺寸文本放置方式	Horizontal/parallel_above(水平/平行)
Text_orientation/尺寸文本放置方式	Horizontal/parallel(水平/平行)
Hidden_tangent_edges/隐藏的相切边	Default/erased(默认/删除)
Show_total_unfold_seam/转折剖面边的显示	Yes/no

表 10-2 列出的是涉及我国制图标准的一些绘图参数及其描述,Pro/ENGINEER 野火 5.0 在"选项"对话框中列出的参数值大多都符合我国工程图标准参数设置,一般不需要用户进行单独设置。

表 10-2 我国制图标准涉及的工程图参数选项及描述

选项/描述	默认值/参考值
Projection_type/投影视角	Drawing_units/工程图单位
Tol_display/尺寸公差显示	Def_view_text_height/视图注释的文字高度
Drawing_text_height/尺寸文字高度	Angdim_text_orienation/角度尺寸文本放置方式
Text_orientaion/尺寸文本放置方式	Draw_arrow_length/设置尺寸标注箭头的长度

续表

选项/描述	默认值/参考值
Draw_arrow_style/设置尺寸箭头样式	Draw_arrow_width/设置尺寸标注箭头的宽度
Leader_elbow_length/引线弯曲的长度	Crossec_arrow_length/截面箭头的长度
Crossec_arrow_width/截面箭头的宽度	Witness_line_delta/尺寸界面在尺寸箭头外的延伸量
Dim_leader_length/尺寸箭头在尺寸界线之外时，设置尺寸引线的长度	Hidden_tangent_edges/隐藏的相切边
Thread_standard/带有轴的螺纹孔显示标准	Axis_line_offset/中心轴超出轮廓
Circle_axis_offset/中心轴超出圆轮廓	Radial_pattern_axis_circle/旋转阵列特征的定位中心圆显示
Gtol_datums/几何公差基准符号的显示	Show_total_unfold_seam/转折剖面边的显示
Decimal_marker/在辅助尺寸中用小数点显示	

2）选项设置完毕后，单击对话框中的按钮，系统弹出"另存为"对话框，选择保存在Pro/ENGINEER 的工作目录下（例如工作目录"D:\proe 5.0"），在"名称"文本框中输入文件"活动绘图1.dtl"，单击【OK】按钮，如图 10-6 所示。

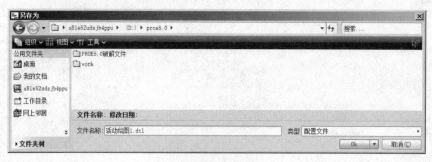

图 10-6

3）用户需要使用"活动绘图 1.dtl"中的参数设置时，可选择【文件】→【绘图选项】命令，系统弹出"选项"对话框，在对话框中单击按钮，找到"活动绘图 1.dtl"文件，并打开它，接着再单击"选项"对话框中的【应用】按钮即可将"活动绘图 1.dtl"中的参数设置应用到当前文件中，如图 10-7 所示。

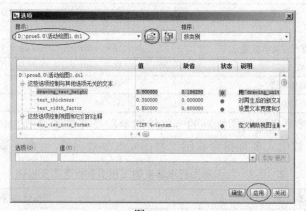

图 10-7

10.2.2 工程图模板的创建

工程图模板是设计者绘制工程图的固定格式，由图框和表格组成，是工程图中反映有关信息的载体。利用模板创建设计者习惯的图框格式,有利于提高效率。

下面通过一个实例介绍创建模板的具体方法。具体操作步骤如下:

步骤1 图幅、图框的设定

1) 执行【文件】→【新建】命令,在"新建"对话框"类型"中选择"格式"选项。输入名称"A4",单击【确定】按钮。

2) 系统弹出"新格式"对话框,选择"横向",选择"标准大小"为"A4",单击【确定】按钮,进入格式设计界面,如图 10-8 所示。

图 10-8

3) 切换到【草绘】选项卡,单击上侧【偏移边】工具按钮,如图 10-9 所示。系统弹出【偏距操作】菜单,选择【单一图元】选项,选取绘图区中的矩形右侧边,输入偏距值为"-5",单击鼠标中键,选取上侧边,输入偏距值为"5",单击鼠标中键,选取左侧边,输入偏距值为"25",单击鼠标中键,单击下侧边,输入偏距值为"-5",单击中键,完成偏距,如图 10-10 所示。

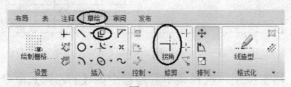

图 10-9

4) 再单击【草绘】选项卡工具栏中如图 10-9 所示的【拐角】命令,按住 Ctrl 键的同时逐一选取相交偏距线,生成图框如图 10-11 所示。

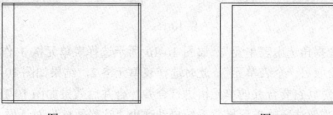

图 10-10   图 10-11

步骤 2 创建标题栏

1）切换到【草绘】选项卡，再单击【表】工具按钮，系统弹出【创建表】菜单，如图 10-12 所示。在菜单中选择【升序】→【左对齐】→【按长度】→【顶点】选项，如图 10-13 所示，信息栏提示"确定表的右下角"，单击图框的右下角的顶点，信息栏提示 用绘图单位（MM）输入第一列的宽度[退出]，在文本框中输入"30"，按回车键，依次输入"20"、"15"、"15"、"20"、"25"、"15"，按两次回车键。信息栏提示 用绘图单位（MM）输入第一行的高度[退出]，输入"8"，按回车键，再依次输入"8"、"8"、"8"、"8"、"8"、"8"，按两次回车键，完成输入。表格绘制完成，如图 10-14 所示。

图 10-12

图 10-13

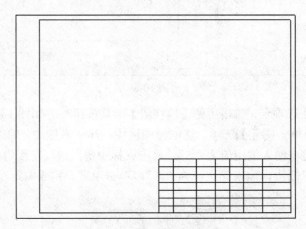

图 10-14

2）单击【合并单元格】按钮，选择菜单管理器中的【行&列】命令，如图 10.15 所示。

图 10-15

系统提示"为一个拐角选出表单元"，如图 10-16 所示选择表单元格 1 作为第一个拐角表单元；系统继续提示"拾取另一个表单元"，此时选择表单元格 2，结果如图 10-17 所示。

3）用同样的方法对其它要合并的单元格进行合并，合并后效果如图 10-18 所示。

4）双击标题栏中需要注释的单元格，系统自动弹出"注释属性"对话框，如图 10-19 所示。

在其"文本"中先后输入如下字符"XX 职业技术学院"、"制图"、"审核"、"日期"、"材料"、"比例"、"图号"、"序号"、"材料名称"、"数量"、"备注"等字符。注意每输入完一段字符，要执行一次系统命令。

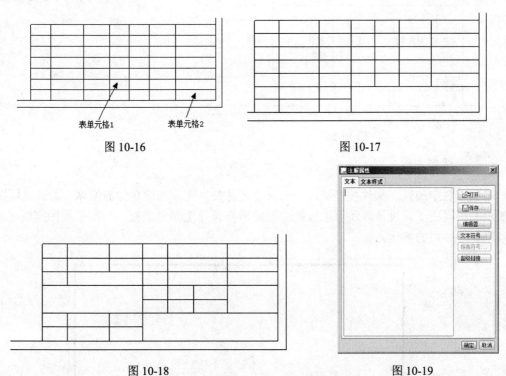

图 10-16　　　　　　　　　　　图 10-17

图 10-18　　　　　　　　　　　图 10-19

5）然后窗选所有创建的注释，按住右键，系统弹出快捷菜单，执行【文本样式】命令，如图 10-20 所示。系统弹出"文本样式"对话框，在此对话框中设置字体为 font，字体高度为 6，设置位置水平居中，设置位置垂直居中，如图 10-21 所示。单击【确定】按钮，表格如图 10-22 所示。

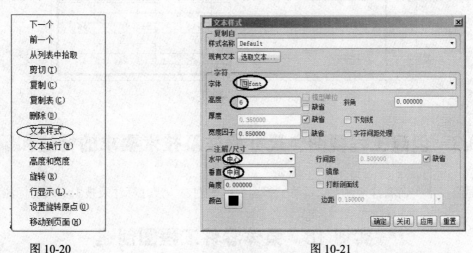

图 10-20　　　　　　　　　　　图 10-21

步骤3　加粗图框

切换到【草绘】选项卡，按着 Ctrl 键，在视图中选取图框的四条边，单击右键，在快捷菜单选取【线造型】选项，弹出的"修改线造型"对话框，在"属性"栏中将宽度值改为 2，如图 10-23

所示。单击"修改线造型"对话框的【应用】按钮,工程图模板如图 10-24 所示

图 10-22

图 10-23

 保存文件

单击工具栏中的保存文件按钮 ,选定一个文件夹,完成当前文件的保存。以后就可以使用此模板绘制工程图了。设计者还可以根据自己的需要设计更多的模板,启用工程图模板的方法,读者可以参考后面的案例。

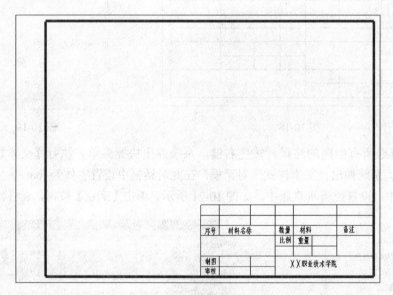

图 10-24

10.3 创建工程视图、尺寸标注及技术要求的标注和编写

下面用一个实训项目来跟大家讲解工程图视图的创建、尺寸标注及技术要求的标注和编写。

实训 18 泵体零件工程图创建

 打开模型文件

打开配书光盘"chap10"文件夹中的"chap10-01.prt"模型文件,如图 10-25 所示。

项目十 工程图设计

步骤2 创建剖面

1）单击菜单【视图】→【视图管理器】命令或在工具栏中单击【视图管理器】按钮，系统弹出如图10-26所示的"视图管理器"对话框。

2）选取"剖面"选项，单击【新建】按钮，输入剖面名称为"A"，如图10-27所示，按回车键弹出如图10-28所示【剖截面创建】菜单，接受【剖截面创建】菜单中【平面】→【单一】选项，然后单击【完成】命令。

3）选取FRONT基准平面作为剖截平面，创建的A剖面如图10-29所示。

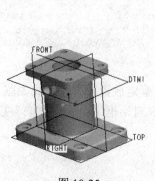
图 10-25

图 10-26

图 10-27

4）用相同的方法创建剖面B（如图10-30所示）、剖面C（如图10-31所示）。注意：创建剖面B时选取DTM1基准平面作为剖截平面，创建剖面C时选取RIGHT基准平面作为剖截平面。

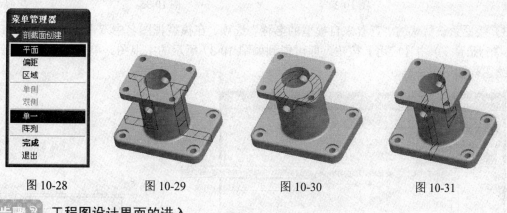

图 10-28 　　图 10-29 　　图 10-30 　　图 10-31

步骤3 工程图设计界面的进入

1）单击工具栏中的新建按钮，系统打开"新建"对话框，在类型栏中选择"绘图"，输入文件名"chap10-01"。单击【确定】按钮，系统打开"新制图"对话框。

2）在"新制图"对话框中确定"缺省模型"栏中要创建工程图的三维模型为"chap10-01.prt"。"指定模板"栏中选择"格式为空"选项，单击格式样右侧的【浏览】按钮，在打开窗口中调入配盘文件夹"chap10"内的"a3.frm"标准图纸，回到"新制图"对话框，如图10-32所示。

3）单击"新制图"对话框的【确定】按钮，进入绘图设计界面，界面内A3标准图纸已调入。

步骤4 创建主视图

1）如图 10-33 所示进入【布局】命令栏，单击【创建普通视图】按钮（或者在主绘图区空白处长按右键，在弹出的快捷菜单中选取【插入普通视图】命令）如图 10-34 所示。

图 10-32　　　　　　　　　　　　　　图 10-33

2）系统提示选取绘制视图的中心点，在图纸的左上角单击，确定放置位置，生成如图 10-35 所示图形。系统此时弹出如图 10-36 所示"绘图视图"对话框，在对话框中"视图方向"栏内有三种定向方法。

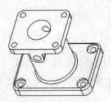

图 10-34　　　　　　　　　　　　　　图 10-35

3）接受系统默认的"查看来自模型的名称"选项，在模型视图名中双击选取"FRONT"，如图 10-36 所示。单击【应用】按钮，即可得到如图 10-37 所示的主视图。单击【关闭】按钮，关闭"绘图视图"对话框。

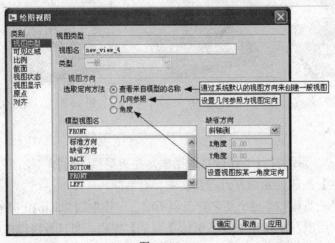
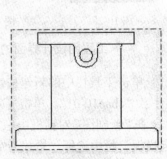

图 10-36　　　　　　　　　　　　　　图 10-37

提示：

亦可通过"几何参照"选项来创建如图 10-37 所示的主视图，步骤如下：

在"视图方向"选取"几何参照"选项,在"参照 1"栏中接受参照位置为"前",选取零件的 FRONT 基准平面作为参照 1;在"参照 2"栏中选择参照位置为"顶",选取零件的 TOP 基准平面作为参照 2。如图 10-38 所示,单击"绘图视图"对话框中的【应用】按钮,即可得到如图 10-37 所示的主视图。单击【关闭】按钮,关闭"绘图视图"对话框。

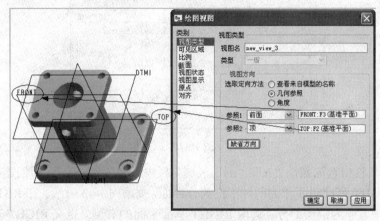

图 10-38

步骤 5 编辑主视图

1)更改比例:双击刚创建的主视图,系统再次弹出"绘图视图"对话框,在"类别"栏中选取"比例"选项,系统默认比例为 1:1,如图 10-39 所示。(如需要更改,可选"定制比例",再输入比例值)

2)消隐不可见轮廓线:选择"绘图视图"对话框中"类别"栏中的"视图显示"选项,在"显示样式"栏中选择"消隐",在"相切边显示样式"栏中选择"无",如图 10-40 所示。单击对话框的【应用】按钮。

图 10-39

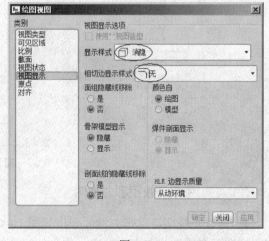

图 10-40

3)将主视图改为半剖视图:选择"绘图视图"对话框中"类别"栏中的"截面"选项,在"剖面选项"栏中选取"2D 剖面"选项,点击窗口中的 ✚ (将横截面添加到视图)按钮,在其下面的"名称"栏内弹出如图 10-41 所示的选项,内部包含前面步骤创建的 A、B、C 三个剖截面。

图 10-41

4)在"名称"栏内选取截面"A","剖切区域"栏内设定为"一半"(即创建半剖视图)。"参照"栏内选取 RIGHT 基准平面作为剖与不剖的分界面,如图 10-42 所示。在 RIGHT 面边上出现小箭头,箭头所指方向为剖切部分,选取 RIGHT 基准平面的右侧,定义 RIGHT 基准平面右侧为剖视,单击【应用】按钮,单击【关闭】按钮,关闭"绘图视图"对话框。

5)修改剖面线:选取主视图上的剖面线并用鼠标左键双击,系统弹出【修改剖面线】菜单管理器,依次选取【X 元件】→【间距】→【剖面线】→【修改模式】→【值】,弹出"输入间距值"的文本框,输入剖面线间距值为"6",单击鼠标中键,完成修改,得到如图 10-43 所示的半剖主视图。

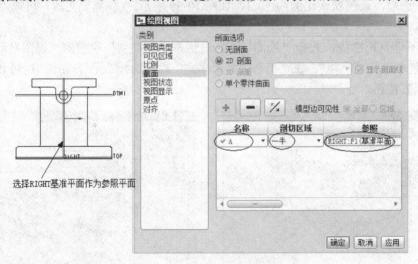

图 10-42

步骤 6 生成俯视图和左视图

1)选取主视图,单击右键,弹出如图 10-44 所示的快捷菜单,选取【插入投影视图】命令,在主视图下方适当位置点击一点,作为俯视图的放置位置。

2)调整视图位置:在绘图区长按鼠标右键,系统弹出如图 10-45 所示快捷菜单,取消【锁定视图移动】的勾选,然后再对主视图及俯视图进行选取并移动到合适位置。

3)同样的方法,在主视图右边适当位置点击一点,作为左视图的放置位置,生成图形如图 10-46 所示。

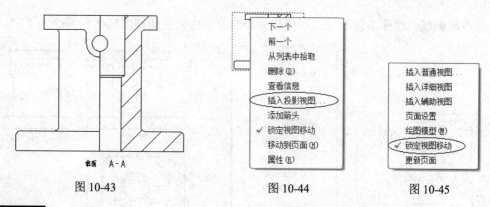

图 10-43　　　　　　　图 10-44　　　　　　　图 10-45

提示：

生成俯视图和左视图时，参照上一步骤对视图进行"消隐不可见轮廓线"的操作。

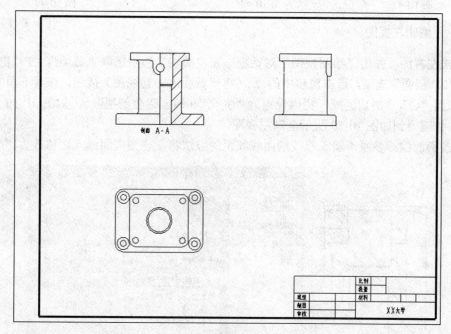

图 10-46

步骤 7 编辑俯视图

1）双击俯视图，系统弹出"绘图视图"对话框。选择"绘图视图"对话框中"类别"栏中的"截面"选项，在"剖面选项"栏中选取"2D 剖面"选项。

2）点击窗口中的 ✚（将横截面添加到视图）按钮，在其下面的"名称"栏内选取截面"B"，"剖切区域"栏内设定为"一半"（即创建半剖视图）。"参照"栏内选取 FRONT 基准平面作为剖与不剖的分界面。在 FRONT 面边上出现小箭头，箭头所指方向为剖切部分，选取 FRONT 基准平面的下方，定义 FRONT 基准平面下方为剖视，单击【应用】按钮，得到如图 10-47 所示的半剖俯视图。单击【关闭】按钮，关闭"绘图视图"对话框。

3）添加剖面箭头（给截面 B 注释剖切位置）：选取俯视图，单击右键，在弹出的快捷菜单中，选取【添加箭头】命令，如图 10-48 所示。系统提示：给箭头选出一个截面在其处垂直的视图。选取主视图作为剖面箭头的放置视图，创建的剖面箭头如图 10-49 所示。

4）修改剖面线：参照步骤 5 修改剖面线间距的方法将俯视图剖面线间距值改为"6"。

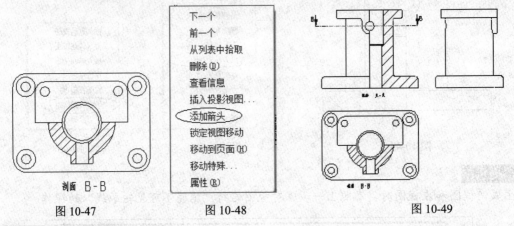

图 10-47　　　　　　　图 10-48　　　　　　　　图 10-49

步骤 8　编辑左视图

1）双击左视图，弹出"绘图视图"对话框。在"类别"栏中选取"截面"，在"剖面选项"栏中选取"2D 剖面"选项，点击窗口中的 + （将横截面添加到视图）按钮，在其下面的"名称"栏内选取截面"C"，"剖切区域"栏内设定为"完全"（即创建全剖视图），如图 10-50 所示。单击【应用】按钮得到如图 10-50 所示全剖左视图。

2）修改剖面线：参照步骤 5 修改剖面线间距的方法将左视图剖面线间距值改为"6"。

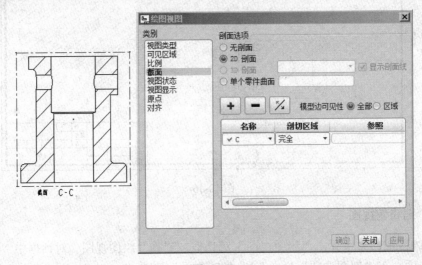

图 10-50

步骤 9　创建零件轴线

1）切换到【注释】选项卡，按住键盘上的 Ctrl 键，在绘图区选取主视图、俯视图和左视图，单击工具栏中的　　按钮，系统弹出"显示模型注释"对话框，切换到基准选项卡，如图 10-51 所示。单击　　按钮，显示所有的基准轴线，再单击对话框中的【确定】按钮，完成轴线的创建。对创建的轴线进行一定的编辑（删除、拉长和缩短相应轴线），结果如图 10-52 所示。

提示：
选取轴线，单击右键，在弹出的快捷菜单内可通过【拭除】命令删除轴线。

项目十 工程图设计

图 10-51

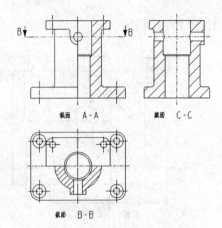

图 10-52

步骤 10 无公差尺寸的标注

在 Pro/E 中标注尺寸的方式有两种：一种是由系统根据模型的实际尺寸自动创建尺寸，另一种方式是手动创建尺寸。也可以结合使用这两种方式进行尺寸标注。

- 自动标注：切换到【注释】选项卡，按住键盘上的 Ctrl 键，在绘图区选取主视图、俯视图和左视图，单击工具栏中的 按钮，系统弹出【显示模型注释】对话框，切换到尺寸选项卡 ，单击 按钮，在绘图区显示所有的尺寸，再单击对话框中的【确定】按钮，完成尺寸的自动标注。但自动标注常常不理想，要通过修改、编辑完善尺寸。
- 手动标注：下列利用这种标注方式进行讲解。

1）切换到【注释】选项卡，单击【尺寸—新参照】命令按钮 ，如图 10-53 所示。弹出如图 10-54 所示【依附类型】菜单，选取【图元上】选项，左键选取支架的上底边和下底边，如图 10-55 所示，在适当的位置单击中键，结果零件高度尺寸标注如图 10-56 所示。（提示：手动标注的方法与草绘状态下标注尺寸方法一样）

图 10-53

图 10-54

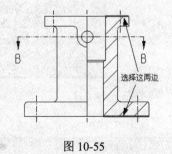

图 10-55

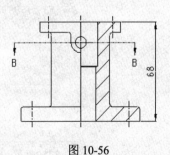

图 10-56

2）标注零件其它尺寸后的结果如图 10-57 所示。

3）箭头反向：选取尺寸 $\phi 8$，$\phi 6$，单击右键，选取快捷菜单中的【反向箭头】命令，即可得到如图 10-58 所示图形。

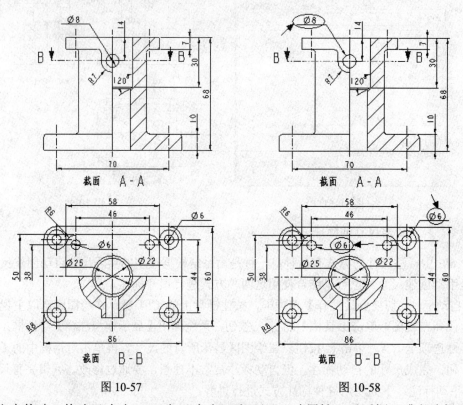

图 10-57　　　　　　　　　　　　图 10-58

4）文字修改：修改尺寸φ6，双击尺寸φ6，打开"尺寸属性"对话框（或者选择尺寸φ6，单击右键选取【属性】命令），选择"显示"选项卡，对话框中有文本输入"前缀"、"后缀"以及【文本符号】按钮等选项。在文本框内输入如图 10-59 所示的文字。其中"⌴φ12▽2"的输入是单击"显示"对话框内的 文本符号... 按钮，在弹出的如图 10-59 所示"文本符号"对话框中输入的，此对话框内常用的机械符号都可以找到。

图 10-59

5）用同样的方法，在另一 $\phi 6$ 尺寸前面加入前缀"4X"，回车，在下一行中输入"通孔"，更改后的图形如图 10-60 所示。

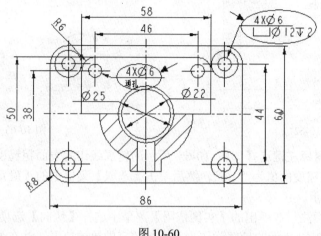

图 10-60

步骤 11 带尺寸公差的尺寸标注

1）标注公差：选取 $\phi 25$ 尺寸并用鼠标双击，打开"尺寸属性"对话框（或者选择尺寸 $\phi 25$，单击右键选取【属性】命令），在"公差模式"栏中选取"加-减"选项，在"小数位数"栏中将小数位数改为"3"，在"上公差"栏中输入"0.025"，在"下公差"栏中输入"0"，如图 10-61 所示。单击"尺寸属性"对话框【确定】按钮，完成 $\phi 25$ 尺寸公差的标注，如图 10-62 所示。

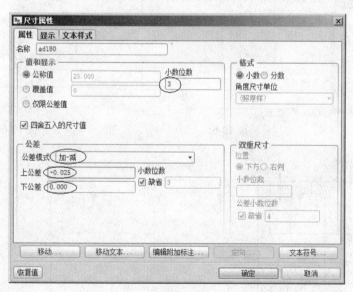

图 10-61

步骤 12 标注表面粗糙度

1）在【注释】选项卡中单击【表面光洁度】命令按钮，如图 10-63 所示，系统弹出【得到符号】菜单，在菜单中选择【检索】选项，系统弹出"打开"对话框，在"打开"对话框中双击 machined 文件夹，在打开的文件夹中选择"standard1.sym"文件，然后单击【打开】按钮。

2）在系统弹出的【实例依附】菜单，选择【图元】选项，如图 10-64 所示。

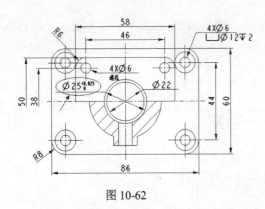

图 10-62

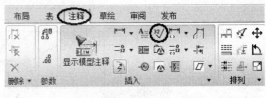

图 10-63

3）在主视图用鼠标左键选择如图 10-65 所示的轮廓线作为表面粗糙度的放置位置，并在弹出的信息栏中输入粗糙度的值为"1.6"，然后单击【选取】菜单中的【确定】命令，完成第一次标注，如图 10-66 所示。

4）继续粗糙度标注，在弹出的【实例依附】菜单中选择【法向】选项，如图 10-64 所示。在主视图选择如图 10-67 所示的轮廓线作为表面粗糙度的放置位置，并在弹出的信息栏中输入粗糙度的值为"1.6"，完成此次标注，如图 10-68 所示。

5）继续粗糙度标注，结果如图 10-68 所示。

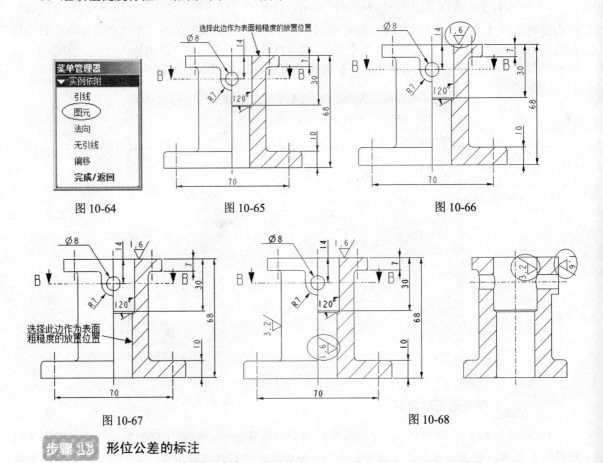

步骤 13　形位公差的标注

1）在形位公差的标注前要设置基准，选择如图 10-69 所示的【注释】→【插入】→【模型基准轴】，系统弹出"轴"对话框，在"名称"栏内输入 A，"类型"栏单击　　　　　按钮，如

图 10-70 所示。

2）单击"轴"对话框中的【定义】按钮，弹出【基准轴】菜单，选取【过柱面】选项，选择如图 10-71 所示的柱面（即圆柱的外圆柱面），然后单击"轴"对话框的【确定】按钮，即可完成轴的创建。

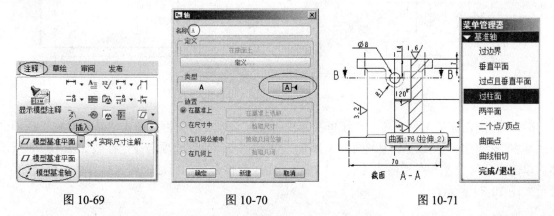

图 10-69　　　　　　图 10-70　　　　　　图 10-71

3）选择如图 10-72 所示的【注释】→【几何公差】，系统弹出"几何公差"对话框，单击垂直度⊥按钮，如图 10-73 所示。

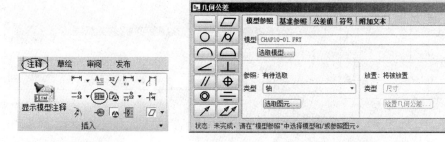

图 10-72　　　　　　　　　　　图 10-73

4）单击【选取图元】按钮，选取刚刚创建的基准轴 A，如图 10-74 所示。

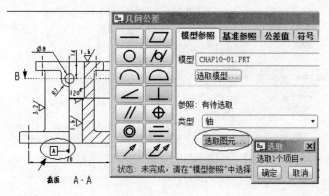

图 10-74

5）在"放置"栏内的"类型"选项中，选择"带引线"选项，接着选取如图 10-75 所示的边作为形位公差引线引出位置，选取后单击【依附类型】菜单的【完成】命令，系统提示选取形位公差放置位置，在图形适当位置的单击一下。形位公差标注如图 10-76 所示。

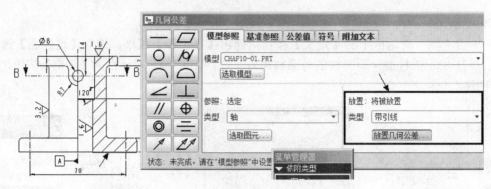

图 10-75

6) 双击刚创建的形位公差，系统再次弹出"几何公差"对话框，单击"基准参照"选项卡，在"基本"栏内选择基准 A，如图 10-77 所示。单击"公差值"选项卡设定参数如图 10-78 所示。然后单击"几何公差"对话框的【确定】按钮，完成形位公差的标注，用鼠标移动形位公差的位置至如图 10-79 所示。

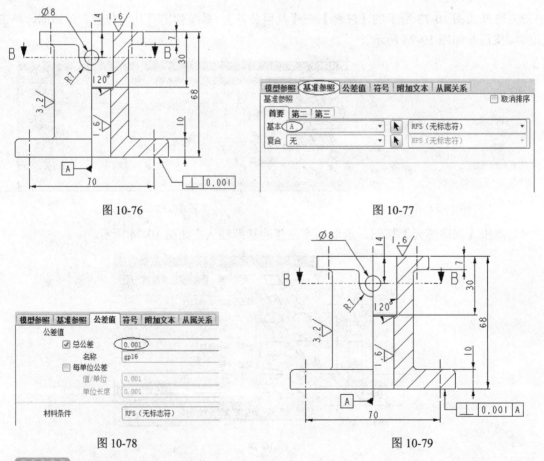

图 10-76　　　　　　　　　　　　　图 10-77

图 10-78　　　　　　　　　　　　　图 10-79

步骤 14 书写技术要求

1) 选择如图 10-80 所示的【注释】→【注解】，在弹出的【注解类型】菜单中接受系统默认的所有选项，单击【进行注解】，系统要求给出注释的位置，在图纸的右下角空白处单击确认文字的放置位置，在上方提示的 输入注解 信息栏中输入文字："技术要求："，回车，再继续输入："所有未注倒圆角均为R2。",连续两次回车,完成注释的输入。

2)双击刚创建的注解文字,弹出"注解属性"对话框。选择"文本样式"选项卡,取消勾选的文字高度位缺省,改为6。如图10-81所示。适当移动注释,完成注释的修改。

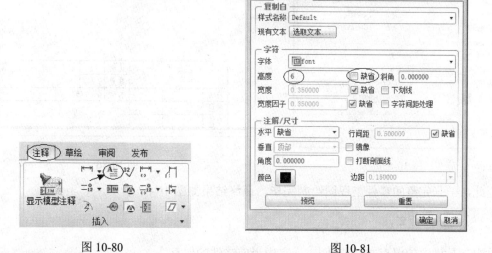

图 10-80　　　　　　　　　　　图 10-81

步骤15 增加轴测图

1)进入【布局】命令栏,单击【创建普通视图】按钮,系统提示选取绘制视图的中心点,在图纸的右下角空白处单击作为图形放置位置,系统弹出的"绘图视图"对话框,在"视图方向"栏中选择"模型视图名"中的"缺省方向"选项,如图10-82所示。

2)在"绘图视图"对话框"类别"栏中的"视图显示"选项卡内,设置"显示样式"栏中为"消隐","相切边显示样式"栏中为"缺省",如图10-83所示。单击对话框的【确定】按钮,完成轴测图的加入。适当的移动轴测图的位置,结果如图10-84所示。

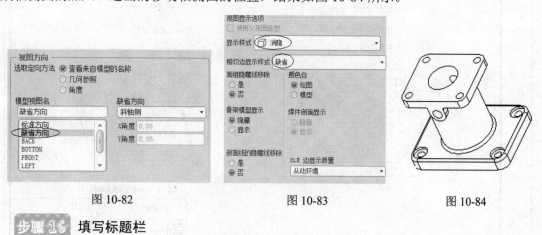

图 10-82　　　　　　图 10-83　　　　　　图 10-84

步骤16 填写标题栏

1)切换到【注释】选项卡,双击标题栏内的空白处,弹出"注释属性"对话框,在"文本"栏中输入"支架",在"文本样式"栏中修改参数如图10-85所示。继续修改输入其它标题栏空白处,完成后如图10-86所示。

图 10-85

图 10-86

至此，一张完整的零件工程图绘制完毕，最终结果如图 10-87 所示。

步骤 17 保存文件

单击工具栏中的保存文件按钮 ，完成当前文件的保存。

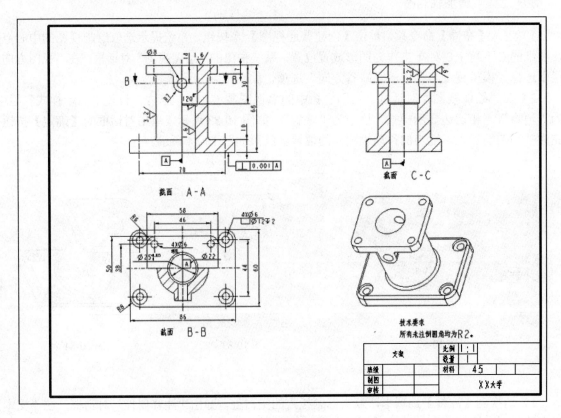

图 10-87

10.4 工程视图的其他创建方法

下面通过一个实训项目来介绍局部剖视图、断面图及局部放大视图创建的具体方法。

实训 19 轴类零件工程图创建

步骤 1 创建剖面

1) 打开配书光盘"chap10"文件夹中的"chap10-02.prt"模型文件。

2) 在工具栏中单击【视图管理器】按钮，选取"剖面"选项，单击【新建】按钮，分别创建截面 A、截面 B、截面 C。（提示：选取 DTM3 基准平面作为剖截平面创建剖面 A，如图 10-88 所示。选取 DTM4 基准平面作为剖截平面创建剖面 B，如图 10-89 所示。选取 TOP 基准平面作为剖截平面创建剖面 C，如图 10-90 所示。）

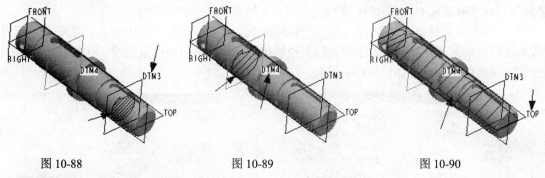

图 10-88　　　　　　　　图 10-89　　　　　　　　图 10-90

步骤 2 工程图设计界面的进入

单击工具栏中的新建按钮，在类型栏中选择"绘图"，输入文件名"chap10-02"。单击【确定】按钮，在"新制图"对话框中确定"缺省模型"栏中要创建工程图的三维模型为"chap10-02.prt"。"指定模板"栏中选择"格式为空"选项，单击格式栏右侧的【浏览】按钮，在打开窗口中调入配盘文件夹"chap10"内的"A3.frm"标准图纸，单击"新制图"对话框的【确定】按钮，进入绘图设计界面，界面内 A3 标准图纸已调入。

步骤 3 更改图纸的全局比例

在绘图设计界面的左下角双击的 比例:1.000 文字，信息栏提示 输入比例的值 时，在信息文本框内输入全局比例为 3，按回车结束比例输入。

步骤 4 创建主视图

1) 进入【布局】命令栏，单击【创建普通视图】按钮。系统提示选取绘制视图的中心点，在绘图区合适位置单击左键，确定放置位置。系统此时弹出"绘图视图"对话框。

2) 接受系统默认的"查看来自模型的名称"选项，在模型视图名中选取"TOP"，单击【应用】按钮。选择"绘图视图"对话框中"类别"栏中的"视图显示"选项，在"显示样式"栏中选择"消隐"，在"相切边显示样式"栏中选择"无"，单击【确定】按钮，即可得到如图 10-91

所示的主视图。

步骤 5 创建零件轴线

切换到【注释】选项卡，在绘图区选取刚创建的主视图，单击工具栏中的 按钮，系统弹出"显示模型注释"对话框，切换到基准选项卡，单击 按钮，显示所有的基准轴线，再单击对话框中的【确定】按钮，完成轴线的创建。结果如图10-92所示。

图 10-91　　　　　　　　　　　　　　　　　图 10-92

步骤 6 将主视图变为局部剖切视图

1）切换到【布局】选项卡，双击主视图，弹出"绘图视图"对话框。在"类别"栏中选取"截面"选项，在"剖面选项"栏内选取"2D剖面"，单击 ➕ 按钮，弹出如图10-93所示的选项，"名称"栏内选取截面C，"剖切区域"栏选取为"局部"。

2）系统提示选择截面间断的中心点，在如图10-94所示的位置点击一点，系统提示用样条曲线将要剖视的区域封闭起来，在主视图上绘制如图10-95所示的样条曲线。单击【确定】按钮，完成局部剖视图的创建，如图10-96所示。

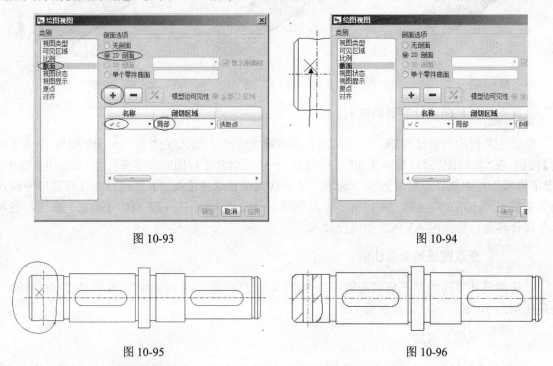

图 10-93　　　　　　　　　　　　　　　　　图 10-94

图 10-95　　　　　　　　　　　　　　　　　图 10-96

3）切换到【注释】选项卡，选取"截面C-C"文字，在"截面C-C"文字上按住右键，在弹出的快捷菜单上选择【拭除】命令，拭除文字"剖面C-C"。

步骤 7 创建断面图

1）切换到【布局】选项卡，单击【创建普通视图】 按钮。系统提示选取绘制视图的中心点，在绘图区合适位置单击左键，确定放置位置。系统此时弹出"绘图视图"对话框。

2）在"视图方向"栏内选择"几何参照"，"参照 1"栏内选择"前"，选取 DTM3 基准平面作为参照 1，"参照 2"栏内选择"顶"，选取 FRONT 基准平面作为参照 2，如图 10-97 所示，单击【应用】按钮。选择"绘图视图"对话框中"类别"栏中的"视图显示"选项，在"显示样式"栏中选择"消隐"，在"相切边显示样式"栏中选择"无"，单击【确定】按钮，即可得到如图 10-98 所示的视图。

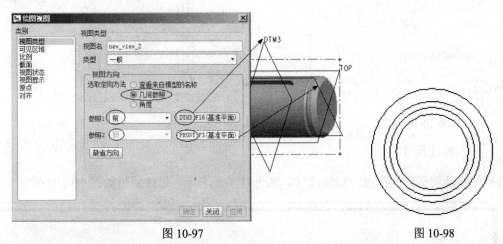

图 10-97　　　　　　　　　　　　　　　图 10-98

3）双击刚创建的视图，弹出"绘图视图"对话。在"类别"栏中选取"截面"，"剖面选项"栏内选取"2D 剖面"，单击 + 按钮，"名称"栏内选取截面 A，"剖切区域"栏为"完全"，"模型边可见性"选取"区域"，如图 10-99 所示。

4）参照前一案例中创建轴线和添加剖面箭头的方法，建立刚创建的断面图的轴线和添加剖面箭头。同样的办法创建另一个断面图，参照上一案例修改剖面线的方法将剖面线的间距值统一设置为"5"，结果如图 10-100 所示。

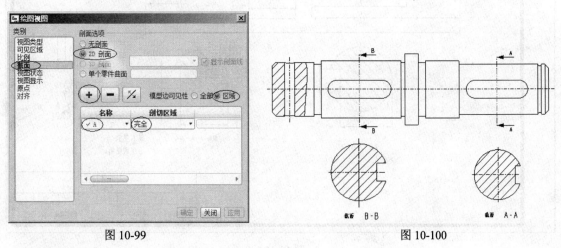

图 10-99　　　　　　　　　　　　　　　图 10-100

步骤 8　创建局部放大图

1）切换到【布局】选项卡，单击【创建详细视图】命令按钮 详细…，如图 10-101 所示。系统提示：在一现有视图上选取要查看细节的中心点，单击如图 10-102 所示点，并用样条曲线把要放大的区域框选，接着系统提示选择放置的位置，在适当的位置单击，即可完成局部放大图，如图 10-103 所示。

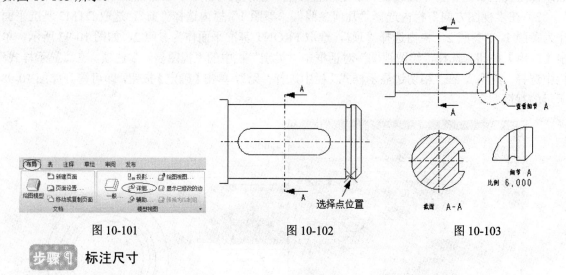

图 10-101　　　　　图 10-102　　　　　图 10-103

步骤 9　标注尺寸

将视图拖动到适当的位置，标注尺寸，加上技术要求等，最终结果如图 10-104 所示。

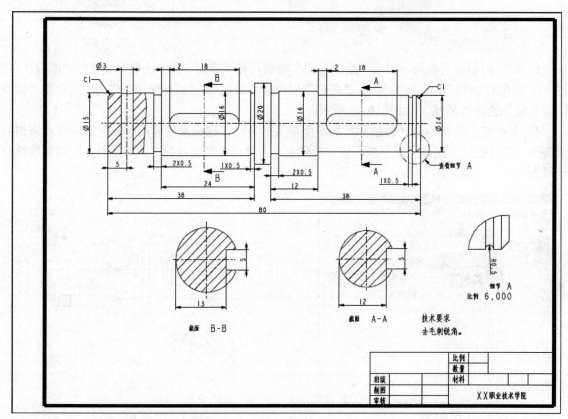

图 10-104

步骤 10　保存文件

单击工具栏中的保存文件按钮 ，完成当前文件的保存。
下面通过一个实训项目来介绍阶梯剖视图创建的具体方法。

实训 20　板类零件工程图创建

步骤 1　打开三维模型

打开配书光盘"chap10"文件夹中的"chap10-03.prt"模型文件。

步骤 2　工程图设计界面的进入

单击工具栏中的新建按钮 ,在类型栏中选择"绘图",输入文件名"chap10-03"。单击【确定】按钮,在"新制图"对话框中确定"缺省模型"栏中要创建工程图的三维模型为"chap10-03.prt"。"指定模板"栏中选择"格式为空"选项,单击格式样右侧的【浏览】按钮,在打开窗口中调入配盘文件夹"chap10"内的"a3.frm"标准图纸,单击"新制图"对话框的【确定】按钮,进入绘图设计界面,界面内 A3 标准图纸已调用。

步骤 3　更改图纸的全局比例

在绘图设计界面的左下角双击的 比例:1.000 文字,信息栏提示 输入比例的值时,在信息文本框内输入全局比例为 2,按回车结束比例输入。

步骤 4　创建主视图

1）进入【布局】命令栏,单击【创建普通视图】按钮。系统提示选取绘制视图的中心点,在绘图区合适位置单击左键,确定放置位置。系统此时弹出"绘图视图"对话框。

2）接受系统默认的"查看来自模型的名称"选项,在模型视图名中选取"FRONT",单击【应用】按钮。选择"绘图视图"对话框中"类别"栏中的"视图显示"选项,在"显示样式"栏中选择"消隐",在"相切边显示样式"栏中选择"无",单击【确定】按钮,即可得到主视图。

步骤 5　生成俯视图和左视图

1）选取主视图,长按右键,在弹出的快捷菜单中选取【插入投影视图】命令,在主视图下方适当位置点击一点,作为俯视图的放置位置。同样的方法在主视图的右边创建左视图。生成俯视图和左视图时,参照上一步骤对视图进行"消隐"的操作。

2）参照之前介绍的创建轴线的方法建立各视图的轴线,结果如图 10-105 所示。

步骤 6　创建阶梯剖视图

1）切换到【布局】选项卡,双击主视图,弹出"绘图视图"对话框。在"类别"栏中选取"截面","剖面选项"栏内选取"2D 剖面",单击 按钮,增加一个截面,在弹出的【剖截面创建】菜单中选择【偏移】→【双侧】→【单一】→【完成】命令,如图 10-105 所示。

2）在信息栏中输入截面的名称"A",按回车键,系统自动进入零件的三维设计模块,在弹出的【设置草绘平面】菜单中,选择零件的上表面作为草绘平面,在【方向】菜单管理器中选择【确定】命令,接受默认的草绘视图方向;在【草绘视图】菜单管理器中选择【缺省】命令,系统进入草绘界面,在视图中绘制如图 10-107 所示的三条直线,单击草绘工具栏内的 按钮,完成截面的绘制,退出草绘界面。

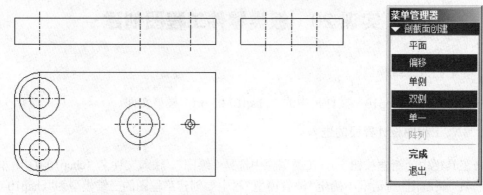

图 10-105　　　　　　　　　　　图 10-106

3）系统自动回到工程图界面，单击"绘图视图"对话框的【确定】按钮。完成主视图更改为剖视图的操作。再次选取主视图，单击右键，在弹出的快捷菜单中选取【添加箭头】命令，单击选取俯视图，完成剖面箭头的添加，结果如图 10-108 所示。

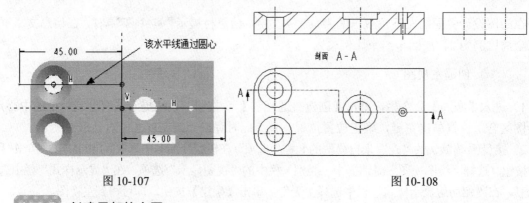

图 10-107　　　　　　　　　　　图 10-108

步骤 2　创建局部放大图

1）切换到【布局】选项卡，单击【创建详细视图】命令按钮 详细...，系统提示：在一现有视图上选取要查看细节的中心点，单击如图 10-109 所示点，并用样条曲线把要放大的区域框选，接着系统提示选择放置的位置，在适当的位置单击，即可完成局部放大图，如图 10-110 所示。

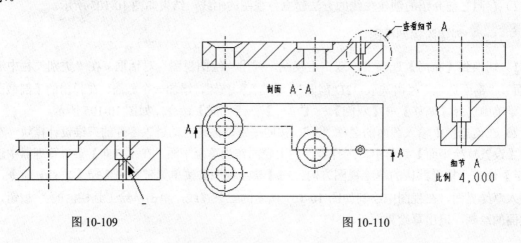

图 10-109　　　　　　　　　　　图 10-110

项目十 工程图设计

步骤 8 标注尺寸

参照之前介绍的标注尺寸的方法,完成工程图绘制,结果如图 10-111 所示。

步骤 9 保存文件

单击工具栏中的保存文件按钮 ,完成当前文件的保存。

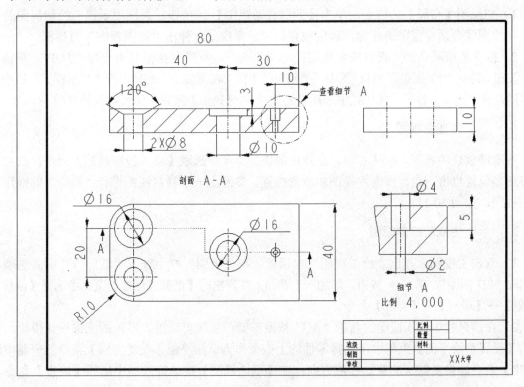

图 10-111

下面通过一个实训项目来介绍旋转剖视图创建的具体方法。

实训 21 支架类零件工程图创建

步骤 1 打开三维模型

打开配书光盘"chap10"文件夹中的"chap10-04.prt"模型文件。

步骤 2 工程图设计界面的进入

单击工具栏中的新建按钮 ,在类型栏中选择"绘图",输入文件名"chap10-04"。单击【确定】按钮,在"新制图"对话框中确定"缺省模型"栏中要为之创建工程图的三维模型为"chap10-04.prt"。"指定模板"栏中选择"格式为空"选项,单击格式样右侧的【浏览】按钮,在打开窗口中调入配盘文件夹"chap10"内的"a3.frm"标准图纸,单击"新制图"对话框的【确定】按钮,进入绘图设计界面,界面内 A3 标准图纸已调用。

步骤 3 更改图纸的全局比例

在绘图设计界面的左下角双击 比例:1.000 文字,信息栏提示⇨输入比例的值时,在信息文本框内输入全局比例为 2,按回车结束比例输入。

步骤 4 创建俯视图

1)切换到【布局】选项卡,单击【创建普通视图】按钮。系统提示选取绘制视图的中心点,在绘图区合适位置单击左键,确定放置位置。系统此时弹出"绘图视图"对话框。

2)接受系统默认的"查看来自模型的名称"选项,在模型视图名中选取"TOP",单击【应用】按钮。选择"绘图视图"对话框中"类别"栏中的"视图显示"选项,在"显示样式"栏中选择"消隐",在"相切边显示样式"栏中选择"无",单击【确定】按钮,即可得到俯视图。

步骤 5 生成主视图

选取刚创建的视图,按住右键,在弹出的快捷菜单中选取【插入投影视图】命令,在主视图上方适当位置点击一点,作为主视图的放置位置。参照上一步骤对视图进行"消隐"的操作。生成主视图,如图 10-112 所示。

步骤 6 生成阶梯剖视图

1)双击主视图,弹出"绘图视图"对话框。在"类别"栏中选取"截面","剖面选项"栏内选取"2D 剖面",单击 + 按钮,增加一个截面,在弹出的【剖截面创建】菜单中选择【偏移】→【双侧】→【单一】→【完成】命令。

2)在信息栏中输入截面的名称"A",按回车键,系统自动进入零件的三维设计模块,在弹出的【设置草绘平面】菜单中,选择零件的上表面作为草绘平面,在【方向】菜单管理器中选择【确定】命令,接受默认的草绘视图方向;在【草绘视图】菜单管理器中选择【缺省】命令,系统进入草绘界面,在视图中绘制如图 10-113 所示的两条直线,单击草绘工具栏内的 ✓ 按钮,完成截面的绘制,退出草绘界面。

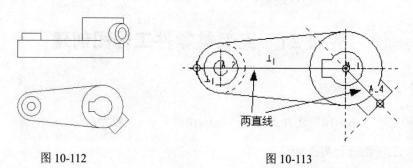

图 10-112   图 10-113

3)系统自动回到工程图界面,在"剖切区域"栏内选择"全部(对齐)","参照"栏内选择"A_1"轴,如图 10-114 所示,单击"绘图视图"对话框的【确定】按钮。完成主视图更改为剖视的操作。

4)再次选取主视图,按住右键,在弹出的快捷菜单中选取【添加箭头】命令,单击选取俯视图,完成剖面箭头的添加,结果如图 10-115 所示。

5)加上轴测图,插入轴线,标注尺寸,完成零件工程图的绘制,结果如图 10-116 所示。

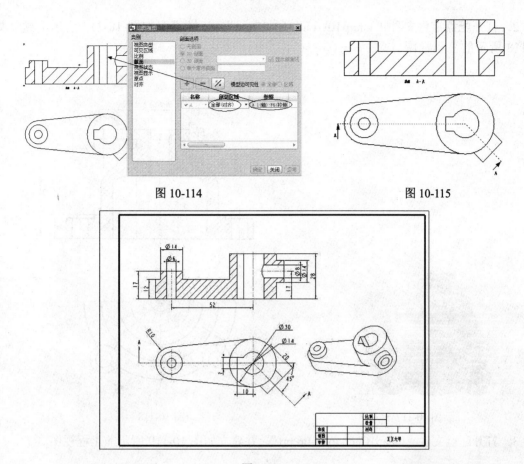

图 10-114　　　　　　　　　　　　图 10-115

图 10-116

步骤 7 保存文件

单击工具栏中的保存文件按钮 ，完成当前文件的保存。

拓展练习

一、思考题

1. 简述建立一个纵向的 A2 样式的工程图模板文件的步骤。
2. 简述建立一般视图的方法。
3. 简述建立投影视图的方法。
4. 简述建立全剖、局部视图的方法。
5. 简述建立阶梯剖、旋转剖视图的方法。
6. 简述如何设置尺寸公差，请举例说明。简述如何插入几何公差，请举例说明。
7. 工程图中自动显示的尺寸与手动标注的尺寸有什么区别？

二、上机练习题

1. 将项目四拓展练习中的上机练习题 2 建立的三维模型转换成工程视图。

2．打开配盘零件文件"\chap10\ chap10-05.prt"，三维模型如图 10-117 所示，建立如图 10-118 所示的工程视图。

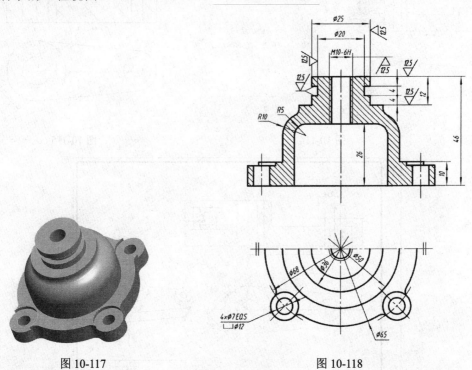

图 10-117　　　　　　　　　图 10-118

3．打开配盘文件"\chap10\ chap10-06.prt"，并建立如图 10-119 所示的工程视图。

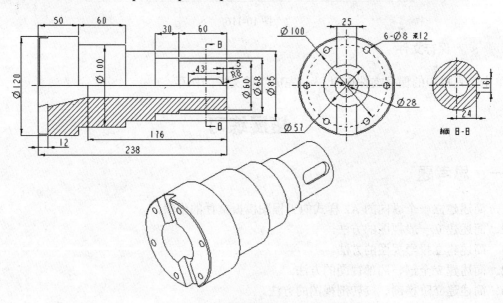

图 10-119